AMBIENTE

A492 Ambiente : tecnologias / Organizadora, Cibele Schwanke. –
Porto Alegre : Bookman, 2013.
xii, 257 p. : il. color. ; 25 cm.

ISBN 978-85-8260-001-6

1. Meio ambiente. 2. Conservação e proteção.
I. Schwanke, Cibele.

CDU 502.1

Catalogação na publicação: Ana Paula M. Magnus – CRB10/2052

CIBELE SCHWANKE
Organizadora

AMBIENTE
TECNOLOGIAS

bookman
2013

Gerente editorial: *Arysinha Jacques Affonso*

Colaboraram nesta edição:

Coordenadora editorial: *Sandra Chelmicki*

Editora: *Verônica de Abreu Amaral*

Assistente editorial: *Danielle Teixeira*

Capa e projeto gráfico: *Paola Manica*

Leitura final: *Carla Rosa Araújo Cunha*

Ilustração: *Thiago André Severo de Moura*

Editoração: *Techbooks*

A série Tekne engloba publicações voltadas à educação profissional, técnica e tecnológica.
Av. Jerônimo de Ornelas, 670 – Santana
90040-340 – Porto Alegre – RS
Fone: (51) 3027-7000 Fax: (51) 3027-7070

Unidade São Paulo
Av. Embaixador Macedo Soares, 10.735 – Pavilhão 5 – Cond. Espace Center
Vila Anastácio – 05095-035 – São Paulo – SP
Fone: (11) 3665-1100 Fax: (11) 3667-1333

SAC 0800 703-3444 – www.grupoa.com.br

IMPRESSO NO BRASIL
PRINTED IN BRAZIL

Autores

Cibele Schwanke (Org.)
Bióloga. Mestre em Geociências pela Universidade Federal do Rio Grande do Sul (UFRGS). Doutora em Ciências pela UFRGS. Professora do Instituto Federal de Educação, Ciência e Tecnologia do Rio Grande do Sul (IFRS).

Aline Grunewald Nichele
Química. Mestre em Química pela UFRGS. Doutoranda em Educação pela Universidade do Vale do Rio dos Sinos (UNISINOS). Professora do IFRS.

Ana Cristina Borba da Cunha
Química. Mestre em Engenharia de Minas, Metalúrgica e de Materiais pela UFRGS. Doutora em Química pela UFRGS. Professora Adjunta da Fundação Universidade Federal de Ciências da Saúde de Porto Alegre (UFCSPA).

Catarina da Silva Pedrozo
Bióloga. Mestre em Biociências pela Pontifícia Universidade Católica do Rio Grande do Sul (PUC-RS). Doutora em Ecologia e Recursos Naturais pela Universidade Federal de São Carlos (UFSCAR). Professora Associada da UFRGS.

Cláudio V. S. Farias
Administrador de Empresas. Mestre em Economia pela UNISINOS. Doutorando em Desenvolvimento Rural pela UFRGS. Professor do IFRS.

Cristina Simões da Costa
Engenheira de Alimentos. Mestre em Ciência e Tecnologia Agroindustrial pela Universidade Federal de Pelotas (UFPEL). Doutora em Ciência e Tecnologia Agroindustrial pela UFPEL. Professora do IFRS.

Diego Hepp
Biólogo. Mestre em Diagnóstico Genético e Molecular pela Universidade Luterana do Brasil (ULBRA). Doutorando em Genética e Biologia Molecular pela UFRGS. Técnico de Laboratório do IFRS.

Eliana Lima da Fonseca
Engenheira Agrônoma. Mestre em Agrometeorologia pela UFRGS. Doutora em Sensoriamento Remoto pelo Instituto Nacional de Pesquisas Espaciais (INPE). Professora Adjunta da UFRGS.

Elisabeth Ibi Frimm Krieger
Engenheira Química. Mestre em Ecologia pela UFRGS. Doutora em Ciências Ambientais pela UFRGS. Professora do IFRS.

Giandra Volpato
Engenheira de Alimentos. Mestre em Engenharia de Alimentos pela Universidade Federal de Santa Catarina (UFSC). Doutora em Engenharia Química pela UFRGS. Professora do IFRS.

Luiz Felipe Velho
Engenheiro Cartógrafo. Mestre em Sensoriamento Remoto pela UFRGS. Doutorando em Sensoriamento Remoto pela UFRGS. Professor do IFRS.

Magali da Silva Rodrigues
Engenheira Química. Mestre em Engenharia pela UFRGS. Doutora em Ecologia pela UFRGS. Professora do IFRS.

Márcia Bündchen
Bióloga. Mestre em Botânica pela Universidade Federal do Paraná (UFPR). Doutora em Ecologia e Conservação pela UFPR. Professora do IFRS.

Maria Teresa Raya-Rodriguez
Engenheira Química. Mestre em Ecologia pela UFRGS. Doutora em Ecologia e Recursos Naturais pela UFSCAR. Docente PPG-Ecologia/UFRGS.

Marilia Assunta Sfredo
Engenheira de Alimentos. Mestre em Engenharia Química pela Universidade Federal de Uberlândia (UFU). Doutora em Engenharia Química pela UFU. Professora do IFRS.

Marise Keller Santos
Engenheira Química. Mestre em Engenharia de Produção pela UFRGS. Doutoranda em Engenharia de Minas, Metalúrgica e de Materiais pela UFRGS. Professora do IFSul.

Mônica L. Fiorese
Engenheira Química. Mestre em Engenharia de Alimentos pela UFSC. Doutora em Engenharia Química pela UFSC. Professora Adjunta da Universidade Estadual do Oeste do Paraná (UNIOESTE).

Nara Regina Atz
Química. Mestre em Engenharia de Minas, Metalúrgica e de Materiais pela UFRGS. Doutora em Engenharia de Minas, Metalúrgica e de Materiais pela UFRGS. Professora do IFRS.

Nelson Augusto Flores Machado
Geólogo. Mestre em Geociências pela UFRGS. Doutor em Ecologia e Recursos Naturais pela UFSCAR. Pesquisador do Centro de Ecologia da UFRGS.

Regina Felisberto
Química Industrial. Mestre em Ciência do Solo pela UFRGS. Doutoranda em Engenharia dos Materiais pela UFRGS. Professora do IFRS.

Rodrigo J. S. Jacques
Engenheiro Agrônomo. Mestre em Microbiologia Agrícola pela Universidade Federal de Viçosa (UFV). Doutor em Ciência do Solo pela UFRGS. Professor do Departamento de Solos da Universidade Federal de Santa Maria (UFSM).

Simone Caterina Kapusta
Oceanóloga. Mestre em Ecologia pela UFRGS. Doutora em Ciências/Ecologia pela UFRGS. Professora do IFRS.

Suzana Maria Fagondes de Freitas
Bióloga. Mestre em Ecologia pela UFRGS. Responsável Técnica do Centro de Ecologia da UFRGS.

Telmo Francisco Manfron Ojeda
Engenheiro Químico. Mestre em Engenharia de Minas, Metalúrgica e de Materiais pela UFRGS. Doutor em Ciências dos Materiais pela UFRGS. Doutor em Ciência do Solo pela UFRGS. Professor do IFRS.

Apresentação

O Instituto Federal de Educação, Ciência e Tecnologia do Rio Grande do Sul (IFRS), em parceria com as editoras do Grupo A Educação, apresenta mais um livro especialmente desenvolvido para atender aos **eixos tecnológicos definidos pelo Ministério da Educação**, os quais estruturam a educação profissional técnica e tecnológica no Brasil.

A **Série Tekne**, projeto do Grupo A para esses segmentos de ensino, se inscreve em um cenário privilegiado, no qual as políticas nacionais para a educação profissional técnica e tecnológica estão sendo valorizadas, tendo em vista a ênfase na educação científica e humanística articulada às situações concretas das novas expressões produtivas locais e regionais, as quais demandam a criação de novos espaços e ferramentas culturais, sociais e educacionais.

O Grupo A, assim, articula sua experiência e seu amplo reconhecimento no mercado editorial à qualidade de ensino, pesquisa e extensão de uma instituição pública federal voltada ao desenvolvimento da ciência, inovação, tecnologia e cultura. O conjunto de obras que compõe a coleção produzida em **parceria com o IFRS** se constitui em uma proposta de apoio educacional que busca ir além da compreensão da educação profissional e tecnológica como instrumentalizadora de pessoas para ocupações determinadas pelo mercado. O fundamento que permeia a construção de cada livro tem como princípio a noção de uma educação científica, investigativa e analítica, contextualizada em situações reais do mundo do trabalho.

Cada obra desta coleção apresenta capítulos desenvolvidos por professores e pesquisadores do IFRS, cujo conhecimento científico e experiência docente vêm contribuir para uma formação profissional mais abrangente e flexível. Os resultados desse trabalho representam, portanto, um valioso apoio didático para os docentes da educação técnica e tecnológica, uma vez que a coleção foi construída com base em **linguagem pedagógica e projeto gráfico inovadores**. Por sua vez, os estudantes terão a oportunidade de interagir de forma dinâmica com textos que possibilitarão a compreensão teórico-científica e sua relação com a prática laboral.

Por fim, destacamos que a Série Tekne representa uma nova possibilidade de sistematização e produção do conhecimento nos espaços educativos, que contribuirá de forma decisiva para a supressão da lacuna do campo editorial na área específica da educação profissional técnica e tecnológica. Trata-se, portanto, do começo de um caminho percorrido que pretende contribuir para a criação de infinitas possibilidades de formação profissional crítica com vistas aos avanços necessários às relações educacionais e de trabalho.

Clarice Monteiro Escott
Maria Cristina Caminha de Castilhos França
Coordenadoras da coleção Tekne/IFRS

Sumário

Nara Regina Atz
Ana Cristina Borba da Cunha
Regina Felisberto

capítulo 1

Química ambiental e constituição do ambiente

O mundo atual tem sofrido as consequências do crescimento populacional e os impactos a ele associados. Hoje, o planeta possui aproximadamente 7 bilhões de habitantes, população suficiente para ocasionar graves desequilíbrios ambientais. Embora tenhamos tecnologia e conhecimento, e os investimentos governamentais tenham aumentado nas áreas de controle das emissões de poluentes ambientais, ainda há muito a ser feito. Nosso grande desafio é viver com qualidade sem destruir os recursos naturais ainda existentes. Usamos o ar, a água e o solo sem medirmos as consequências.

Este capítulo apresenta um pouco mais sobre a estrutura da Terra e das três esferas básicas que a constituem: atmosfera, hidrosfera, litosfera.

Ao longo da leitura, apresentamos aspectos relevantes sobre estas esferas, bem como ferramentas que permitirão o entendimento de questões químicas que afetam diretamente a biosfera – a esfera onde a vida se manifesta.

OBJETIVOS

Após o estudo deste capítulo, você deverá ser capaz de:

- Distinguir o enquadramento das classes de águas de superfícies e subterrâneas conforme as resoluções vigentes.
- Calcular o Índice de Qualidade de Água (IQA_{CETESB}) e analisar os gráficos de IQA_{CETESB}, enquadrando os corpos hídricos.
- Reconhecer a importância e a função da atmosfera e as principais reações que ocorrem.
- Interpretar a legislação CONAMA relacionada a poluentes atmosféricos e a implicação na saúde humana.
- Definir o que é solo, como se forma e qual a sua constituição básica.
- Buscar orientações legais sobre a disposição de resíduos.

Qual é a importância da atmosfera?

>> **IMPORTANTE**
O Brasil desfruta de rica biodiversidade, possui a maior reserva de água doce do mundo e um terço das florestas tropicais que ainda restam no planeta. Porém, as leis ainda não são suficientes e satisfatórias para a inibição eficaz da poluição das águas, da atmosfera, do solo, da devastação de nossas florestas e do meio ambiente como um todo. Nosso país cultua o extrativismo a qualquer preço e certamente pagará por isso.

A vida na Terra é mantida pela energia proveniente do sol e pelas interações entre sistemas físicos e biológicos em contínuo reciclo, tornando o planeta um sistema autossustentável e em evolução.

A região do planeta que contém todo o conjunto de seres vivos e na qual a vida é permanentemente possível é chamada de **biosfera**, que engloba:

- a atmosfera (ar);
- a hidrosfera (água);
- a litosfera (solo).

A **atmosfera** constitui a camada gasosa que circunda e envolve, como um manto, toda a superfície da Terra, ou seja, a hidrosfera e a litosfera. Atua protegendo a Terra contra a radiação cósmica de alta energia e eletromagnética do sol.

O ar que compõe a atmosfera em que vivemos é uma mistura de gases que evoluiu com o tempo de existência da Terra. Dois bilhões de anos atrás, a concentração de oxigênio atmosférico produzido era muito baixa. Nessa época, o oxigênio era produzido pela ação fotoquímica da luz do sol na água. Porém, o nível de oxigênio aumentou consideravelmente quando as plantas começaram a produzir oxigênio por fotossíntese.

>> **NO SITE**
Para entender os conceitos de atmosfera, hidrosfera, litosfera e tecnosfera assista ao vídeo de *Geografia* no ambiente virtual de aprendizagem: www.bookman.com.br/tekne.

Os principais gases que compõem atualmente a atmosfera terrestre são:

- oxigênio diatômico (21% de O_2);
- nitrogênio diatômico (78% de N_2);
- dióxido de carbono (0,04% de CO_2);
- argônio (1% de ar).

A concentração desses gases é mantida relativamente constante na biosfera pela fotossíntese e pela respiração. A grande importância da atmosfera é que ela fornece o CO_2 usado na fotossíntese, e o nitrogênio, que é convertido pelas bactérias fixadoras de nitrogênio, utilizável pelas plantas e essencial na construção de biomoléculas.

>> PARA SABER MAIS

Conheça a estrutura e a composição da atmosfera acessando o material da Environmental Science Published for Everybody Round the Earth (ESPERE) (UHEREK, 2004). Disponível no ambiente virtual de aprendizagem.

Geralmente, a atmosfera é descrita em camadas, que são caracterizadas por gradientes específicos de temperatura. As camadas que compõem a atmosfera são definidas em altitudes aproximadas, podendo existir alguma variação entre elas.

O Quadro 1.1 descreve as principais camadas que compõem a atmosfera, sua altitude aproximada, suas características térmicas e também as espécies químicas presentes nas mesmas.

» DICA
No Capítulo 3, *Microbiologia*, são abordados interessantes aspectos sobre as bactérias fixadoras de nitrogênio.

Quadro 1.1 » Regiões que compõem a atmosfera e os principais gases presentes nelas

Camadas	Altitude (km)*	Espécies químicas	Característica da camada em relação à temperatura
Troposfera	18	N_2, O_2, CO_2, H_2O	Quedas na temperatura à medida que a altitude aumenta.
Estratosfera	50	O_2 e O_3	Há um aumento da temperatura com a altitude. A temperatura atinge seu máximo na sua parte superior devido à presença do ozônio (O_3).
Mesosfera	90	O_2^+ e NO^+	Há uma queda na temperatura devido à diminuição da concentração de espécies que absorvem energia, especialmente o ozônio. Aparecem espécies iônicas e atômicas.
Termosfera	> 90	O^+, O_2^+ e NO^+	A temperatura pode chegar até 1.200 °C devido à absorção de radiação de alta de energia de comprimento de ondas em torno de 200 nm. Aparecem espécies iônicas e atômicas.

*Altitudes definidas acima da superfície terrestre.

Fonte: Martins et al. (2003) e Mozeto (2001).

A **troposfera** é a camada que se estende da superfície terrestre até, aproximadamente, 18 km em direção ao céu. Contém 85% da massa atmosférica.

» **NO SITE**
Acesse o ambiente virtual de aprendizagem e saiba mais sobre a troposfera.

É na troposfera que acontece a maior parte das reações químicas envolvendo as espécies presentes na atmosfera. Nela residem os principais mecanismos de remoção de substâncias e processos climáticos e meteorológicos.

O limite entre a troposfera e a próxima camada (estratosfera) caracteriza-se por um decréscimo progressivo da temperatura com o aumento da altitude.

Na **estratosfera**, em torno de 50 km, a temperatura obedece a um gradiente positivo. Este gradiente ocorre devido à formação de ozônio nesta camada. A Figura 1.1 mostra as diferentes camadas que compõem a atmosfera, assim como suas dimensões, em quilômetros, a partir da superfície da Terra.

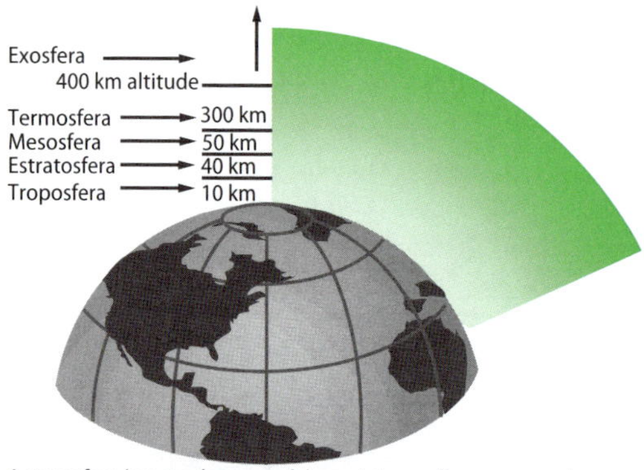

A atmosfera (mostrada em verde) consiste em diversas camadas e tamanhos (Km). Do ponto de vista da superfície da Terra a camada mais baixa é a troposfera e a mais alta, já no espaço, é a exosfera.

Figura 1.1 Camadas da atmosfera.
Fonte: University of Cambridge (c1999).

» **ASSISTA AO FILME**
O vídeo *Ozzy Ozone* mostra de uma forma crítica, divertida e de fácil entendimento a necessidade de proteção da camada de ozônio e prevenção aos raios UV. Disponível no ambiente virtual de aprendizagem.

O gás ozônio (O_3) se forma na estratosfera devido à absorção de luz solar com alta energia, que incide nas moléculas de oxigênio molecular diatômico (O_2). A reação que ocorre é:

$$O + O_2 \rightarrow O_3$$

A presença desse gás nessa camada é importante para absorção de radiação ultravioleta da luz solar (UV), que tem comprimentos de onda (λ) mais curtos, entre 220 a 280 nm. A reação que ocorre é:

$$O_3 + \text{radiação UV da luz solar } (hv) \rightarrow O_2 + O$$

A radiação UV-A, embora seja a região da luz UV solar menos prejudicial aos seres vivos, não pode ser absorvida nem pelo O_3 ou por qualquer gás presente na atmosfera limpa. Já a faixa de radiação UV-B solar é absorvida pelo ozônio, porém, sua filtração pelo O_3 não é total.

A radiação de luz UV solar que atinge a superfície terrestre tem comprimento de onda entre 280 e 400 nm, que compreende as faixas de radiação UV-A solar ($320 < \lambda < 400$ nm) e UV-B ($280 < \lambda \leq 320$ nm).

Sabe-se que a superfície da Terra recebe em torno de 10 a 30% de radiação UV-B, sendo que essa variação dependente da latitude (BAIRD; CANN, 2011). A diminuição em 1% na concentração de O_3 das camadas altas da atmosfera permitiria a entrada na superfície da Terra de aproximadamente 2% a mais de luz UV-B solar.

Essa fração a mais de radiação UV-B solar pode trazer consequências danosas para os seres vivos, pois a exposição prolongada aos raios UV-B bronzeia a pele humana acarretando, no entanto, um tipo de câncer de pele incurável, além de interferir no sistema imunológico e no crescimento de alguns animais e plantas. Isso ocorre porque a luz solar ultravioleta UV-B pode ser absorvida por moléculas de DNA.

WWW.

» **NO SITE**
Visite o material do Instituto Brasileiro do Meio Ambiente e dos Recursos Naturais Renováveis (IBAMA), disponível no ambiente virtual de aprendizagem.

A composição da atmosfera tem se modificado devido às interações biológicas e geológicas que ocorrem nas interfaces com a litosfera e a hidrosfera:

- Gases e compostos voláteis, por exemplo, são gerados em emissões biogênicas a partir de solos e oceanos.
- Compostos reduzidos de enxofre são produzidos por plantas e microrganismos em oceanos.
- Grandes quantidades de cinzas e dióxido de enxofre (SO_2) são produzidas durante erupções vulcânicas.
- O gás metano (CH_4) é emitido por vegetação em áreas alagadas e por vazamento em depósitos naturais.

» O que são ciclos atmosféricos?

A existência da biosfera e sua estabilidade dependem do fluxo dos elementos químicos formadores de matéria orgânica. Esse fluxo deve ser contínuo e cíclico. A origem desses elementos químicos são a água, o ar e o solo. Entre esses elementos destaca-se o carbono (C), que pode ser encontrado:

- No ar atmosférico na forma de gás CO_2.
- Nos solos e nas águas na forma de íon hidrogênio carbonato (HCO_3^-) ou íon carbonato (CO_3^{2-}).

WWW.

» **NO SITE**
Leia o artigo *Processos geológicos de fixação de carbono na Terra e aquecimento global*, de João Cláudio Toniolo e Celso Dal Ré Carneiro (2010), disponível no ambiente virtual de aprendizagem.

Átomos de carbono podem combinar-se entre si formando longas cadeias e, ao reagirem com outros elementos, tais como, o hidrogênio, nitrogênio, oxigênio, formam moléculas orgânicas. Para que essas moléculas se formem é necessária a introdução de energia no sistema que, geralmente, provém da luz solar.

As transformações químicas que ocorrem na atmosfera são de uma forma geral denominadas de **ciclos biogeoquímicos**, pois o transporte dos elementos é feito biologica, geologica e quimicamente.

WWW

» **NO SITE**
Assista a uma animação sobre o efeito estufa. Veja também o material sobre os gases emitidos na atmosfera, acessando o ambiente virtual de aprendizagem.

Que reações químicas do carbono ocorrem na atmosfera?

Os principais compostos de carbono envolvidos nas reações que compõem a atmosfera são os gases:

- dióxido de carbono (CO_2);
- metano (CH_4);
- monóxido de carbono (CO).

O acréscimo de CO_2 no ar pode ocorrer por fontes naturais e antrópicas. As fontes naturais são os vulcões e a superfície do mar, já as antropogênicas se devem à queima de combustíveis fósseis, tais como: carvão, petróleo e gás natural.

É importante destacar, neste processo, que o excesso de CO_2 produzido pelos seres humanos está associado a emissões veiculares, ao aquecimento e resfriamento de casas, escritórios e salas de aula ou à produção e ao refinamento petróleo, entre outros. A reação que ocorre pode ser escrita simbolicamente como segue:

$$\text{Combustível} + O_2 \rightarrow CO_2 + H_2O + \ldots$$

» **DICA**
Leia sobre a causa do aquecimento global devido ao efeito estufa no artigo *Causa do aquecimento global: antropogênica* versus *natural*, de Silva e Paula (2009), disponível no ambiente virtual de aprendizagem.

Também há formas naturais de consumo de CO_2 do ar. Por exemplo, durante o verão e a primavera, grandes quantidades de CO_2 são extraídas do ar por meio do processo de fotossíntese realizado pelas plantas. A reação que ocorre pode ser escrita simbolicamente como segue:

$$CO_2 + H_2O + (\text{Luz solar}) \rightarrow CH_2O \text{ polimérico} + O_2$$

O produto dessa reação, denominado CH_2O polimérico, responsável por fixar o carbono (C), é um termo geral para designar as fibras vegetais responsáveis pela formação da madeira. A grande contribuição da reação de fotossíntese é que ela captura o CO_2 livre do ar, evitando que o mesmo aja como um gás estufa. Já no outono e no inverno, o CO_2 retirado do meio ambiente pelas plantas, conforme reação anterior, é novamente reposto no ar pela decomposição biológica do material vegetal formado no processo. Já a forma de fixar o carbono na água acontece pelo processo de dissolução do CO_2.

O efeito estufa é um fenômeno natural?

Conforme Baird (2002, p. 195), "O termo 'efeito estufa', de uso comum, significa que a temperatura média global do ar aumentará vários graus como resultado do aumento na quantidade de gás carbônico e de outros gases na atmosfera".

No entanto, a emissão da maioria dos gases que causam o efeito estufa para a atmosfera terrestre ocorre de forma natural, e esta ocorrência, há milhões de anos, favoreceu a vida no planeta (ROCHA; ROSA; CARDOSO, 2009).

O efeito estufa é, portanto, um fenômeno natural, que, com a interferência descontrolada das atividades humanas sobre nosso planeta, poderá gerar, segundo especialistas, um aquecimento adicional da Terra. Isso ocorre porque os gases estufa absorvem energia térmica emitida da superfície terrestre e a emitem novamente em todas as direções, fazendo com que esta seja novamente absorvida. Esse fenômeno forma uma camada de ar aquecida que tem causado o aquecimento global.

São denominados gases estufa aqueles que causam efeito de aquecimento, por exemplo:

- vapor de água (H_2O);
- dióxido de carbono (CO_2);
- metano (CH_4);
- ozônio (O_3).

A contribuição do vapor da água no efeito estufa é em torno de 60% e se mantém praticamente a mesma. E a contribuição do CO_2 é em torno de 20%, entretanto, esta tem aumentado muito, em torno de 280 a 370 ppm1, desde épocas pré-industriais. Também se têm constatado aumentos crescentes nas concentrações CH_4 e O_3.

Quex reações químicas do nitrogênio ocorrem na atmosfera?

O nitrogênio é um macro elemento essencial à vida, pois é um dos componentes dos aminoácidos formadores das proteínas e do DNA que carregam as informações genéticas dos organismos terrestres.

A atmosfera é um grande reservatório de nitrogênio gasoso (78% de N_2). Porém, plantas e animais não podem utilizá-lo diretamente, pois os animais necessitam do nitrogênio incorporado em compostos orgânicos (aminoácidos e proteínas), enquanto que as plantas e as algas o utilizam na forma de íons nitrato (NO_3^-) ou íons amônio (NH_4^+).

A molécula de nitrogênio é muito estável, não reage. Por isso na troposfera ele se apresenta na forma N_2, porém nas regiões mais altas da atmosfera (mesosfera

* 1 ppm = 1 molécula do gás para 1 milhão de moléculas de ar.

e termosfera) ele é encontrado na forma NO^+ (ver Quadro 1.1 apresentado anteriormente).

O nitrogênio, considerado reativo no meio ambiente, está combinado principalmente com o hidrogênio e o oxigênio, como por exemplo:

- óxido nítrico (NO);
- dióxido de nitrogênio (NO_2);
- ácido nítrico (HNO_3);
- amônia (NH_3).

Esses compostos contribuem também para os problemas ambientais, como: a formação de **chuva ácida** e a **poluição atmosférica**. Os óxidos de nitrogênio, NO e NO_2, são conhecidos, geralmente, como compostos de nitrogênio NO_x.

Quais são os principais efeitos da poluição do ar na troposfera?

Como já sabemos, a atmosfera da Terra é um ambiente altamente oxidante e isso se deve à alta concentração de oxigênio diatômico (21% de O_2).

Esse fato faz com que quase todos os gases, naturais ou poluentes, liberados no ar, sejam totalmente oxidados. Isto é benéfico considerando que as reações de oxidação no ar são vitais, pois limpam o ar. Como principais efeitos da poluição do ar tem-se:

- o *smog*.
- a chuva ácida.
- o efeito estufa.

O que é *smog*?

O processo de formação do *smog* envolve muitas reações diferentes (em torno de centenas) que geram inúmeras substâncias químicas ainda não determinadas, por isso as atmosferas urbanas têm sido definidas como reatores químicos gigantescos. Os dois tipos de *smog* mais importantes são:

- *Smog* fotoquímico.
- *Smog* industrial.

O *smog* fotoquímico ocorre quando há reações químicas entre o calor e a luz solar, sendo este o ingrediente principal no aumento das concentrações dos radicais livres que participam do processo químico da formação do *smog*. Os poluentes gerados, especialmente nas grandes cidades, são originados da queima incompleta dos motores de automóveis e dos parques industriais. Os principais reagentes gerados neste processo, que originam esse tipo de *smog* são o óxido nítrico (NO) e os hidrocarbonetos.

Outros poluentes do ar urbano são os hidrocarbonetos gasosos que resultam da evaporação de solventes líquidos e outros compostos orgânicos. Essas substâncias, incluindo os hidrocarbonetos e seus derivados, são chamadas de compostos orgânicos voláteis, ou CVOs.

Os produtos finais do *smog* são ozônio, ácido nítrico e compostos orgânicos não totalmente oxidados, como por exemplo, nitratos, conforme representado a seguir:

$$\text{CVOs} + \text{NO}^{\cdot} + \text{LUZ SOLAR} \rightarrow \text{mistura de } O_3 + HNO_3 + \text{compostos orgânicos}$$

» **DEFINIÇÃO**
O *smog* no ar é caracterizado por uma neblina de tonalidade amarelo-amarronzada, geralmente com odor desagradável, devido à presença de pequenas gotas de água contendo produtos derivados de reações químicas que ocorrem entre os poluentes do ar. O termo *smog* é a junção de duas palavras da língua inglesa *smoke* (fumaça) e *fog* (neblina).

Você sabe o que é chuva ácida?

A chuva ácida é um dos problemas ambientais mais graves que atingem muitos países do mundo: na Grã-Bretanha e na Alemanha, no mar da costa do Atlântico Norte, nos Estados Unidos, nos Montes Apalaches na Serra do Mar, e também no Brasil, próxima a Cubatão.

Chuva ácida é um termo geral que abrange outros fenômenos, como a neblina ácida e a neve ácida. O termo chuva ácida foi usado pela primeira vez por Argus Smith, em 1800, na Grã-Bretanha. Esse fenômeno se refere à precipitação de chuva sem poluição com característica levemente ácida.

Essa acidez se deve à presença de **dióxido de carbono** gasoso (CO_2) dissolvido, oriundo da atmosfera, que reage com a água (H_2O) formando ácido carbônico (H_2CO_3) conforme a Reação 1.

WWW

» **NO SITE**
Para entender como se forma o *smog* fotoquímico e industrial e visualizar de forma dinâmica este processo, assista ao vídeo disponível no ambiente virtual de aprendizagem.

$$\text{Reação 1: } CO_2(g) + H_2O(aq) \leftrightarrow H_2CO_3(aq)$$

O ácido carbônico se ioniza parcialmente resultando na formação de íon hidrogênio (H^+) e íon bicarbonato (HCO_3^-), conforme Reação 2, e como consequência dessa reação, há redução do pH do sistema.

$$\text{Reação 2: } H_2CO_3(aq) \leftrightarrow H^+ + HCO_3^-$$

Como pode ser visto na Reação 2, a formação de íon hidrogênio (H^+) gera um pH na água da chuva de 5,6. Este pH, segundo Baird (2002), é característico da chuva natural, ou seja, não poluída. Portanto, somente as precipitações de chuvas com pH inferiores a 5, são consideradas chuva ácida.

Como se forma a chuva ácida?

Os ácidos sulfúrico (H_2SO_4) e o nítrico (HNO_3) são os ácidos dominantes no aparecimento de precipitações de chuva ácida. Um dado importante é que no fenômeno da chuva ácida está envolvida também a direção que os ventos sopram, ou seja, esse fenômeno pode ocorrer muito distante da fonte de geração dos poluentes primário – dióxido de enxofre (SO_2) e óxidos de nitrogênio, (NO_x).

Como os ácidos são gerados durante o transporte de massa de ar, carregados de poluentes, consequentemente, a chuva ácida poderá ocorrer a quilômetros de distância do local de geração do SO_2 e dos NO_x. Como exemplos desse fenômeno pode-se citar a situação do Polo Petroquímico de Cubatão, em São Paulo, que polui o ar atmosférico, com toneladas de SO_2 anualmente. A chuva, que cai a mais de 100 km de distância, em cidades vizinhas que não têm indústrias muitas vezes é ácida.

No Rio Grande do Sul, na cidade de Bagé, a Termoelétrica da Candiota, através da queima do carvão gera o SO_2 que "viaja" até o Uruguai, causando danos ao meio ambiente. Portanto, todos estamos envolvidos com a poluição do nosso planeta e mesmo que possamos viver em uma ilha sem gerar poluentes, esses com certeza chegariam até nós.

>> PARA SABER MAIS

Para saber como se forma a chuva ácida, prejuízos e efeitos ao homem e ao meio ambiente em geral, bem como regiões do mundo em que ocorre esse problema, consulte o ambiente virtual de aprendizagem.

Qual é a relação entre poluição atmosférica e doenças respiratórias?

A poluição atmosférica ocorre principalmente pela presença dos seguintes compostos químicos no ar que respiramos:

- óxido nítrico (NO);
- dióxido de nitrogênio (NO_2);
- monóxido de carbono (CO);
- dióxido de enxofre (SO_2);
- ozônio (O_3).

A presença desses compostos, além do material suspenso no ar, constituído de partículas sólidas e líquidas de diferentes tamanhos, pode levar ao desenvolvimento de doenças.

Atualmente, em países desenvolvidos existem leis rigorosas sobre os parâmetros aceitáveis de lançamento de poluentes atmosféricos. Surgem muitas dúvidas em relação a esse tema: como medir a concentração aceitável desses poluentes em animais ou em seres humanos? Como saber se são desenvolvidas doenças curáveis, crônicas ou fatais?

Conforme Baird (2002, p. 143),

> [...] a melhor informação sobre os efeitos dos poluentes sobre a saúde provém de 'experimentos' em grande escala nos quais estamos todos inscritos como 'cobaias', visto que vivemos em uma sociedade na qual somos rotineiramente expostos a qualquer desses poluentes por toda nossa vida.

Isso porque a poluição atmosférica não é somente um evento localizado, exemplo desse fato é a erupção do vulcão Puyehue, no Chile, ocorrida em outubro de 2011. O Puyehue lançou cinzas no Chile, e pela atmosfera transportou suas cinzas para os países vizinhos, afetando o ar de grandes cidades tal como ocorreu em Porto Alegre, no Rio Grande do Sul.

Como medir os efeitos dessas cinzas na saúde da população do Chile e na dos países vizinhos? Uma resposta a essa pergunta pode ser dada com certeza: o maior dano causado pelos poluentes do ar à saúde humana é nos pulmões.

WWW

» NO SITE

No ambiente virtual de aprendizagem você encontra o histórico do programa de controle de poluentes atmosféricos e qualidade do ar no estado de São Paulo, gerenciado pela CETESB.

PARA SABER MAIS

Conheça o relatório do ar da cidade de São Paulo, elaborado pela Companhia de Tecnologia de Saneamento Ambiental do Estado de São Paulo (CETESB, 2011), que descreve detalhadamente as fontes e características dos principais poluentes na atmosfera, assim como a qualidade do ar e efeitos à saúde humana.

» DICA
No Capítulo 2, *Parâmetros ambientais*, há menção a portarias e resoluções sobre poluição atmosférica vigentes no Brasil.

No Brasil, nos últimos 30 anos, os aumentos populacional, industrial e o acesso de um número maior de pessoas a bens de consumo – como, por exemplo, veículos automotores -, trouxeram um incremento na concentração de gases nocivos lançados no ar, principalmente, em grandes cidades brasileiras. Para controle da emissão e possível minimização no lançamento de poluentes no ar, foram instituídas pelos órgãos governamentais brasileiros, legislações, portarias e resoluções adequadas a esse tema.

A hidrosfera

Como é a distribuição dos recursos hídricos no planeta Terra?

Os recursos hídricos incluem o conjunto das águas superficiais e das águas subterrâneas utilizadas pela população para subsistência e demais atividades humanas. Entretanto, apesar desse recurso existir em grande quantidade, a sua **distribuição é irregular** e apenas uma pequena percentagem dessa água encontra-se disponível para o homem e outros organismos que vivem nos ambientes terrestres. Contudo, a água doce é considerada escassa, visto que:

- 97,5 % da água do planeta é água do mar, indisponível para beber;
- 2,5 % da água do planeta poderia ser utilizada.

Dos 2,5% da água disponível:

- 69,5%, aproximadamente, encontra-se em geleiras e nas calotas polares;
- 30,1% constituem a água subterrânea;

• 0,4%, apenas, encontra-se disponível em lagos e rios, que são as principais fontes de água potável para o suprimento total da água.

A maior parte da água doce disponível na Terra encontra-se no subsolo, sendo que metade dessa água encontra-se a profundidades que excedem um quilometro.

Durante muitos anos o homem usou a água sem nenhum interesse em preservá-la; assim, após utilizá-la em processos químicos, era lançada em corpos de água sem nenhum tratamento prévio, ou seja, com todos os contaminantes vindos do processo indústrial.

PARA SABER MAIS

O livro *Química ambiental* (BAIRD; CANN, 2011) aprofunda muitos temas abordados no capítulo e o livro *Para entender a Terra* (GROTZINGER; JORDAN, 2013) apresenta a constituição de nosso planeta em detalhes.

Quais são as resoluções vigentes no Brasil para a preservação dos recursos hidrícos?

Nos últimos anos, os órgãos ambientais estão cada vez mais rigorosos com o lançamento de efluentes de empresas, e muitas resoluções foram estabelecidas e adequadas para prevenir e, se necessário, punir o não cumprimento dessas resoluções.

Assim, este capítulo baseia-se em duas resoluções do Conselho Nacional do Meio Ambiente (CONAMA):

• Resolução CONAMA n° 357, de 17 de março de 2005 (BRASIL, 2005a), que dispõe sobre a classificação e as diretrizes ambientais para o enquadramento dos corpos de água superficiais, bem como estabelece as condições e padrões de lançamento de efluentes.

• Resolução CONAMA n° 396, de 3 de abril de 2008 (BRASIL, 2008a), que dispõe sobre a classificação e as diretrizes ambientais para o enquadramento das águas subterrâneas e dá outras providências.

Como são classificadas as águas superficiais?

A Resolução CONAMA n° 357, de 17 de março de 2005 (BRASIL, 2005a), classifica as águas de superfície de todo território nacional de acordo com sua salinidade como águas doces, salobras e salinas.

- Águas doces são águas com salinidade igual ou inferior a 0,5%.
- Águas salobras são águas com salinidade superior a 0,5% e inferior a 30%.
- Águas salinas são águas com salinidade igual ou superior a 30%.

As águas doces são classificadas em: classe especial; classe 1; classe 2; classe 3; classe 4.

É importante lembrar que **salinidade** é a relação entre a quantidade total de sólidos dissolvidos e a massa da água que lhe serve de solvente (m/m).

Segundo a Resolução CONAMA n° 396/2008 (BRASIL, 2008a), as águas subterrâneas ocorrem natural ou artificialmente no subsolo e são classificadas em: classe especial; classe 1; classe 2; classe 3; classe 4; classe 5.

» DICA
No Capítulo 2, *Parâmetros ambientais*, é possível verificar a análise físico-química e microbiológica, bem como no que consiste o monitoramento ambiental. Foi a partir dos parâmetros indicadores de qualidade de água que foi feito o estudo pela National Sanitation Fundation (NFS).

O que é o índice de qualidade de água (IQA)?

A Resolução CONAMA n° 357/2005 (BRASIL, 2005a) refere-se, em vários momentos, sobre a qualidade de água e o índice de qualidade de água, destacando parâmetros de qualidade, monitoramento, limite adotado como requisito normativo de um parâmetro de qualidade de água e criação de instrumentos para avaliar a evolução da qualidade das águas, em relação às classes estabelecidas no enquadramento, de modo a facilitar a fixação e controle de metas visando atingir os objetivos propostos.

Na caracterização da qualidade da água, utilizam-se alguns parâmetros que representam suas características físico-químicas e biológicas. Esses parâmetros foram estabelecidos pela National Sanitation Foundation (NSF) nos Estados Unidos, em 1970, por meio de pesquisa de opinião junto a vários especialistas da área ambiental.

Como se calcula o índice de qualidade de água (IQA)?

A Companhia Ambiental do Estado de São Paulo (CETESB) adaptou e desenvolveu nove parâmetros considerados mais representativos para avaliação do Índice de Qualidade de Água, que é definido como IQA_{CETESB} são eles:

1) Oxigênio dissolvido.

2) Coliformes fecais.

3) pH.

4) Demanda bioquímica de oxigênio (DBO).

5) Nitrogênio total.

6) Fósforo total.

7) Variação da temperatura.

8) Turbidez.

9) Resíduo total.

A cada um desses parâmetros foi atribuído um peso (w_i), de acordo com sua importância relativa no cálculo de IQA_{CETESB}, e traçadas curvas médias de variação de qualidade das águas em função da concentração do mesmo.

A Figura 1.2 apresenta as curvas médias específicas de qualidade de água estabelecidas por especialistas e utilizadas para o cálculo do índice de qualidade da água.

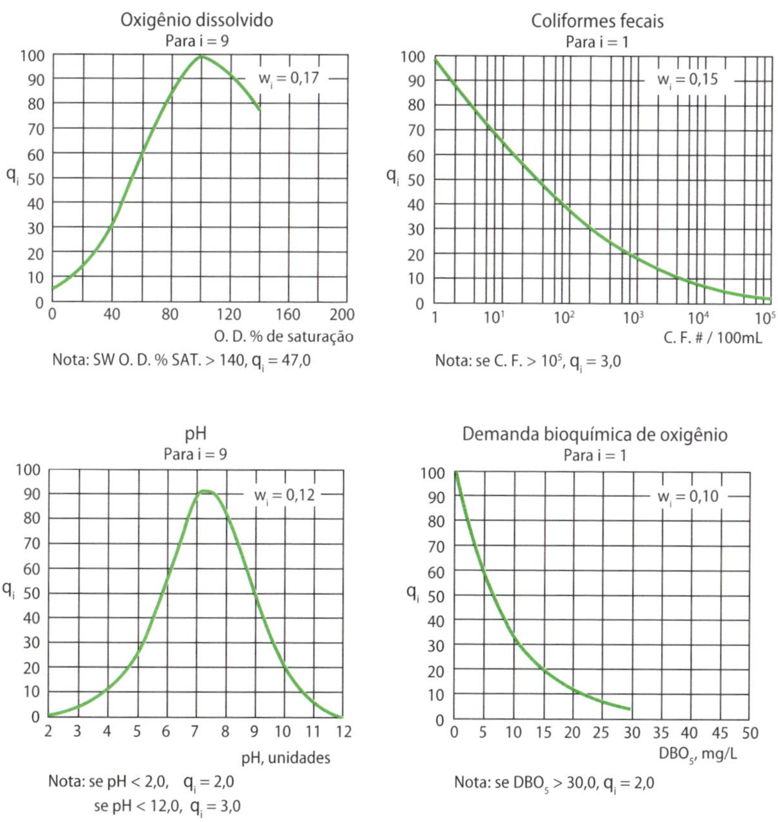

Figura 1.2 Curvas médias específicas de qualidade de água estabelecidas por especialistas. *(continua...)*
Fonte: Companhia Ambiental do Estado de São Paulo (c2013).

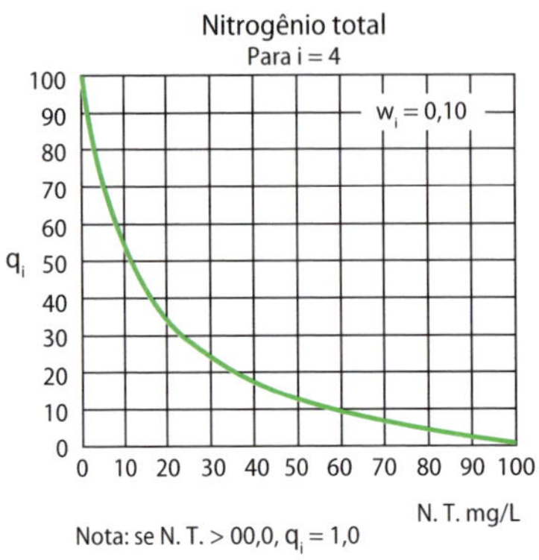

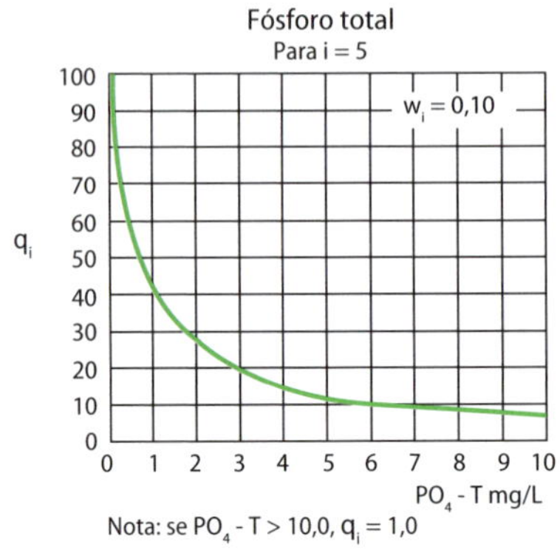

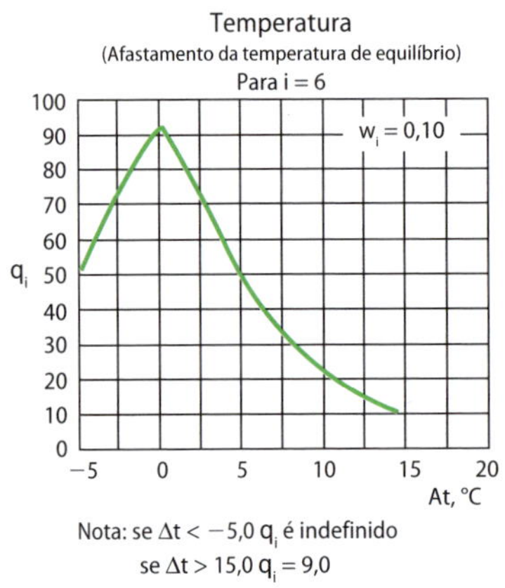

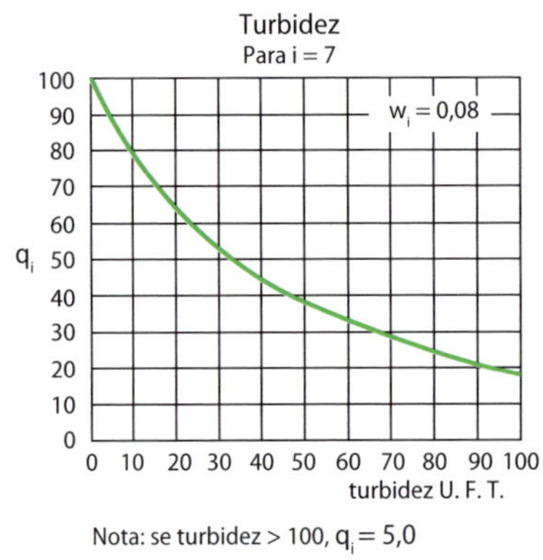

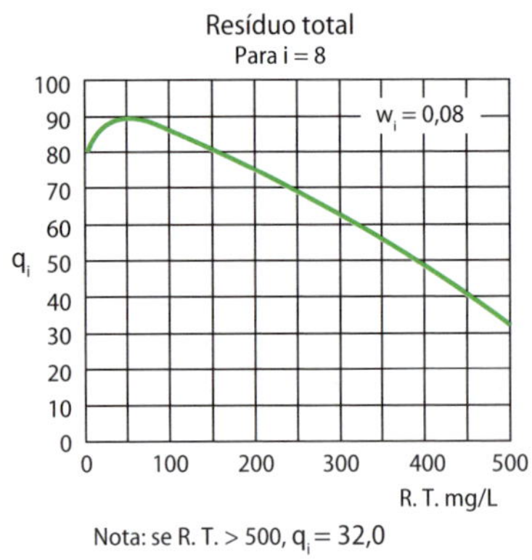

Figura 1.2
Continuação.

» ATENÇÃO
O IQA somente pode ser calculado para águas de superfícies. O cálculo de IQA não pode ser utilizado para águas pós-tratamento ou águas de efluentes ele só será validado se for realizado em águas superficiais.

A qualidade da água é deteriorada principalmente em relação aos parâmetros oxigênio dissolvido ($w_i = 0{,}17$) e coliformes fecais ($w_i = 0{,}15$). A Tabela 1.1 apresenta os parâmetros (em estudo) e seus respectivos pesos (w_i), de acordo com sua importância relativa no cálculo do IQA_{CETESB}.

Tabela 1.1 » Parâmetros de qualidade da água

	Peso (w_i)
(1) Oxigênio dissolvido – OD (%)	0,17
(2) Coliformes fecais (NMP/100 mL)	0,15
(3) pH	0,12
(4) Demanda bioquímica de oxigênio – DBO (mg L^{-1})	0,10
(5) Nitrogênio total (mg L^{-1})	0,10
(6) Fósforo total (mg L^{-1})	0,10
(7) Variação na temperatura (°C)	0,10
(8) Turbidez (UNT)	0,08
(9) Resíduo total (mg L^{-1})	0,08

O ponto máximo de cada curva apresenta as melhores condições para o parâmetro em estudo. Após coleta e análise da água, conforme metodologia específica, o resultado de cada parâmetro deverá ser plotado nos gráficos nos eixos das abscissas (x) e projetados até os eixos das ordenadas (y) para encontrar os valores de (q_i) respectivo para o cálculo de IQA_{CETESB}.

Os gráficos apresentados na Figura 1.2 mostram os valores de qualidade (q_i) para cada um dos parâmetros considerados, a saber: (q_1) oxigênio dissolvido, (q_2) coliformes fecais, (q_3) pH, (q_4) Demanda bioquímica de oxigênio (DBO), (q_5) Nitrogênio total, (q_6) Fósforo total, (q_7) Variação da temperatura, (q_8) Turbidez e (q_9) Resíduo total.

Depois de encontrado o valor de (q_i), sabendo-se que o valor de (w_i) é fixo para cada um dos nove parâmetros considerados (ver Tabela 1.1), se calcula o $IQA_{(CETESB)}$ pelo produtório ponderado, conforme a equação 1.

$$IQA = \prod_{i=1}^{n} q_i^{w_i}$$

Onde:

- $IQA_{(CETESB)}$: Índice de qualidade de águas, um número entre 0 e 100.

- q_i: qualidade do i-ésimo parâmetro, um número entre 0 e 100, obtido das respectivas curvas médias de variação de qualidade (ver Figura 1.2).

- n: número de parâmetros que entram no cálculo do $IQA_{(CETESB)}$; como são nove parâmetros, então n=9.

» DICA
Visitando o site da Secretaria de Estado do Meio Ambiente e Desenvolvimento Sustentável de Minas Gerais pode ser realizado estudo mais detalhado das curvas estabelecidas para IQA, bem como cálculos de equações utilizadas. O link está disponível no ambiente virtual de aprendizagem.

• w_i: peso correspondente ao i-ésimo parâmetro, um número entre 0 e 1, atribuído em função da sua importância para a conformação global de qualidade (ver Tabela 1.1)
Observação: o somatório dos pesos atribuídos aos nove parâmetros considerados para avaliação da qualidade da água corresponde a 1, conforme mostra a equação 2.

$$\sum_{i=1}^{n} w_i = 1$$

Onde $\Sigma w_i = 0{,}17 + 0{,}15 + 0{,}12 + 0{,}10\ (x4) + 0{,}08 + 0{,}08 = 1{,}00$

Quando não se dispõe do valor de algum dos nove parâmetros, o cálculo do $IQA_{(CETESB)}$ é inviabilizado. Entretanto, existem outras formas de cálculo do IQA que não levam em consideração todos esses parâmetros.

Para melhor tratar os resultados, sempre deve ser referenciado em que cálculo foi baseado o IQA. Para avaliação da qualidade da água, são utilizados os valores do índice de qualidade de água, que variam entre 0 e 100, conforme especificado na Tabela 1.2.

» ATENÇÃO
As curvas desenvolvidas pela NSF levam em consideração as características dos corpos de água e as variações climáticas dos Estados Unidos. Como no nosso caso, os ambientes não recebem cargas térmicas elevadas, as equações não condizem com a realidade brasileira, pois a variação da temperatura de equilíbrio é próxima de 0, então consideramos que não há variação significativa de temperatura e, portanto, $\Delta T \cong 0$.

Tabela 1.2 » Faixas de distribuição dos índices de qualidade de água (IQA)

Intervalo	Qualidade
79-100	Ótima
51-79	Boa
36-51	Aceitável
19-36	Ruim
0-19	Péssima

Fonte: Companhia Ambiental do Estado de São Paulo (c2013).

Que tal verificar um pouco do que você aprendeu até agora? A seguir, está representado um caso hipotético que mostra resultados de análise de corpos hídricos para cálculos de $IQA_{(CETESB)}$. Nesse exemplo serão esclarecidos todos os passos para o cálculo de $IQA_{(CETESB)}$ referente aos nove parâmetros de qualidade de água, em estudo.

Exemplo: Uma amostra de água de superfície é coletada e armazenada de acordo com as normas técnicas e, após análise, apresentou os valores a seguir (hipotéticos): (1) oxigênio dissolvido: 80%; (2) coliformes fecais: 10^1 NMP/100 mL; (3) pH:7,0; (4) DBO: 10 mg L^{-1}; (5) nitrogênio total: 30 mg L^{-1}; (6) fósforo total: 2,0 mg L^{-1}; (7) Variação da temperatura: $\Delta T \cong 0$; (8) turbidez: 30 U.N.T; (9) resíduo total: 150 mg L^{-1}.

Considerando a equação de $IQA_{(CETESB)}$:

Para este cálculo, conforme explicado anteriormente, plota-se no eixo das abscissas (x) do gráfico específico, o valor analítico encontrado para cada parâmetro (Figura 1.2). Projeta-se esse ponto para o eixo das ordenadas (y), onde é obtido o valor de qualidade correspondente ao respectivo parâmetro (q_i).

A Tabela 1.3 apresenta para cada parâmetro do $IQA_{(CETESB)}$, os valores dos resultados das análises e seus respectivos (q_i) e (w_i) para facilitar os cálculos do exemplo sugerido.

Tabela 1.3 » Parâmetros, valores dos resultados das análises e seus respectivos q_i e w_i

Parâmetro	Resultado da análise	q_i	w_i
Oxigênio dissolvido	80%	85	0,17
Coliformes fecais	10^1 NMP/100 mL	70	0,15
pH	7,0	90	0,12
DBO	10 mg L^{-1}	35	0,10
Nitrogênio total	30 mg L^{-1}	25	0,10
Fósforo total	30 mg L^{-1}	28	0,10
Temperatura	$\Delta T \cong 0$	90	0,10
Turbidez	20 U.F.T.	52	0,08
Resíduo total	50 mg L^{-1}	80	0,08

Com os valores de q_i e w_i da Tabela 1.3 calcula-se o $IQA_{(CETESB)}$ e classifica-se a água de acordo com a Tabela 1.2, conforme cálculo apresentado:

$$IQA_{(CETESB)} = q_1^{w1} \cdot q_2^{w2} \cdot q_3^{w3} \cdot q_4^{w4} \cdot q_5^{w5} \cdot q_6^{w6} \cdot q_7^{w7} \cdot q_8^{w8} \cdot q_9^{w9} \cdot q_{10}^{w10}$$

$$IQA_{(CETESB)} = 85^{0,17} \cdot 70^{0,15} \cdot 90^{0,12} \cdot 35^{0,10} \cdot 25^{0,10} \cdot 28^{0,10} \cdot 90^{0,10} \cdot 52^{0,08} \cdot 80^{0,08}$$

$$IQA_{(CETESB)} = 2,13 \cdot 1,89 \cdot 1,72 \cdot 1,43 \cdot 1,38 \cdot 1,40 \cdot 1,57 \cdot 1,37 \cdot 1,42 = 58,43$$

$$IQA_{(CETESB)} = 58 \text{ (sem unidade)}$$

» **ASSISTA AO FILME**

Assista ao vídeo *De onde vem a água que bebemos*. Disponível no ambiente virtual de aprendizagem.

Comparando-se o valor calculado de $IQA_{(CETESB)}$ (58) com os valores apresentados na Tabela 1.2, pode-se afirmar que a água em análise apresenta BOA QUALIDADE (intervalo 51-79).

Observe que os parâmetros considerados têm pesos diferenciados com relação ao cálculo de $IQA_{(CETESB)}$ e que, no entanto, nenhum deles pode ser considerado isoladamente.

Para que o $IQA_{(CETESB)}$ seja validado é necessário um monitoramento ambiental do recurso hídrico.

O que é litosfera?

» **DEFINIÇÃO**
A litosfera é a camada sólida mais externa do planeta Terra constituída de rochas e solo. Neste capítulo serão apresentados alguns aspectos sobre a constituição do solo e seus processos de formação.

O termo **solo** tem origem na palavra *solum*, do latim, que significa suporte ou base. De fato, pode ser comprovado historicamente que o solo é suporte para diferentes atividades do homem.

No período neolítico, cerca de 10.000 anos a.C., o homem, que adotava um comportamento nômade, passou a se fixar em locais específicos, tendo como consequência a necessidade de organizar seu *habitat*. Desta forma, começou a irrigar o solo, selecionar sementes e cultivar algumas plantas comestíveis, o que caracteriza, então, os primórdios da utilização do solo para fins agronômicos. Têm-se registros arqueológicos dessas atividades na Mesopotâmia, onde hoje se localizam o Irã e o Iraque.

O solo é de fato um recurso vital. Nos ciclos ecológicos, além de propiciar a melhora na qualidade da água, serve como um importante meio para recuperação biológica. Pode ser considerado como um **agente isolador** por estar entre a camada rochosa e a atmosfera.

» **DICA**
Uma interessante discussão sobre o descarte dos resíduos de serviços de saúde é apresentada em publicação de 2007 da ANVISA, disponível no ambiente virtual de aprendizagem.

O solo tem sido utilizado, ao longo dos anos, como depósito para acomodação de resíduos, **ação antrópica** que tem gerado sérias consequências ao meio ambiente devido à contaminação dos solos com substâncias tóxicas.

Tal fato tem causado sérios problemas na área agronômica e gerado a necessidade de estudos com relação ao correto descarte de resíduos e a descontaminação do solo. Podem-se citar várias resoluções que regulamentam esse assunto tais como as Resoluções CONAMA n° 358/2005 e n° 404/2008 (BRASIL, 2005a, 2008b), e a Resolução ANVISA n° 306/2004 (AGÊNCIA NACIONAL DE VIGILÂNCIA SANITÁRIA, 2004).

Atualmente, o solo serve de suporte para estruturas urbanas, as quais vêm se tornando cada vez mais complexas devido às demandas de transporte, moradia e energia que se fazem prementes ao estilo de vida que vem sendo adotado. Construção de túneis, prédios muito altos, transporte de carga pesada e intenso tráfico de veículos são exemplos de algumas dessas utilizações que são possibilitadas por avanços tecnológicos que permitem cada vez mais sua exploração.

O solo pode, então, ser compreendido também em função de sua utilização e como tal é considerado de formas diferentes por áreas distintas, como agronomia, biologia e engenharia. Pode-se entender que sobre ele se desenvolve a humanidade e que é, portanto, possível, por meio de estudos arqueológicos e pedológicos, decifrar nossa própria história.

» Como o solo se forma?

O solo é um recurso natural de renovação extremamente lenta, sendo sua origem e formação objeto de estudo da ciência denominada pedogênese (do grego, *pedon* = solo, *genesis* = origem). Estudiosos desta área apontam que para a formação de 1 cm de solo desenvolvido a partir do material de origem granito seriam necessários cerca de 10.000 anos.

Para compreendermos essa particularidade, é importante esclarecer como ocorrem seus processos de formação, sabendo de início que o solo contém matéria orgânica e matéria mineral em sua composição.

A matéria orgânica do solo faz parte do **ciclo biológico do carbono**. Por meio da fotossíntese, as plantas absorvem o CO_2 atmosférico e promovem sua conversão em compostos que contêm carbono, que são importantes para seu crescimento. A decomposição dos resíduos de plantas e de animais gera diversos compostos de carbono, com diferentes graus de alteração.

O termo matéria orgânica do solo (MOS) diz respeito a esses compostos, que podem ser resíduos parcialmente decompostos até substâncias orgânicas microbiologica e/ou quimicamente alteradas. Mesmo tendo uma composição complexa, a MOS, na maioria dos solos, contém, em sua constituição mássica (SPARKS, 2003):

- carbono (52 a 58%);
- oxigênio (34 a 39%);
- hidrogênio (3,3 a 4,8%);
- nitrogênio (3,7 a 4,1%).

A **matéria mineral** do solo tem sua origem na crosta terrestre que é constituída essencialmente por rochas – agregados naturais, formados por um ou mais minerais. Os minerais são sólidos de composição característica, que podem conter apenas um elemento químico, por exemplo, o diamante e o grafite constituídos

» DEFINIÇÃO
Podemos definir solo como um corpo natural da superfície terrestre, constituído de materiais minerais e orgânicos sendo, em parte, modificado pela ação do homem e capaz de sustentar plantas, reter água, armazenar e transformar resíduos e suportar edificações.

WWW

» **NO SITE**

Leia o texto *Os solos: riquezas desperdiçadas* (RUELLAN, 2009), disponível no ambiente virtual de aprendizagem. Para saber mais sobre os processos de formação do solo, acesse o ambiente virtual de aprendizagem.

apenas de carbono (C), ou mais de um elemento, por exemplo, a pirita (FeS_2) e o quartzo (SiO_2). Os diferentes arranjos entre os elementos químicos encontrados nos solos conferem características distintas a estes.

A decomposição dos minerais das rochas ocorre por meio de processos físicos, químicos e biológicos denominados **intemperismo**. A velocidade com que ocorrem esses processos depende do grau de consolidação das rochas. O intemperismo pode ser classificado em físico e químico:

Entende-se por **intemperismo físico** o processo de fragmentação das rochas a partir de agentes físicos como as variações de temperatura, ação do gelo (dissolução e cristalização da água) e ação dos ventos. Um exemplo de intemperismo físico ocorre em rochas expostas a variações de temperatura ao longo do tempo. Considerando que as rochas em sua maioria são constituídas de diferentes minerais e que estes têm diferentes coeficientes de dilatação térmica, é compreensível, que a variação de temperatura possa levar a fratura do material. Ou seja, neste caso, não ocorrem transformações químicas, mas apenas a fragmentação das rochas.

O **intemperismo químico** compreende a decomposição dos minerais primários das rochas que resulta da ação de reações químicas que ocorrem entre as rochas e soluções aquosas diversas, que podem ser mais rápidas se o material de origem estiver previamente fragmentado.

São diversas as reações químicas que ocorrem nesses processos tais como, hidrólise, hidratação, dissolução, oxidação e redução. Por exemplo, o carbonato presente em rochas calcárias pode ser solubilizado pela chuva ácida, processo que pode ser representado pela reação:

$$CaCO_3 + H_2CO_3 \rightarrow Ca^{2+} + 2HCO_3^{1-}$$

O carbonato solubilizado pode percolar pelo solo, restando material argiloso insolúvel no local. De fato, são muitas as possibilidades de decomposição das rochas, e das reações que podem ocorrer para formação do solo, mas de qualquer forma tais transformações são determinadas por fatores, que associados, dão origem a diferentes solos. São eles: influência climática, relevo, material de origem e ação dos organismos vivos, ao longo do tempo.

Podemos considerar, portanto, o solo como o produto final de processos pedogenéticos que associam o material de origem a transformações químicas, físicas e biológicas, sujeitas a fatores ambientais. É, portanto, um elemento dinâmico que se encontra em constante transformação, sujeito a ações naturais e antrópicas.

Agora é a sua vez!

O ácido sulfúrico é um ácido forte prejudicial ao solo porque causa a retirada dos íons cálcio (Ca^{2+}), que é um nutriente importante para as plantas. A maioria dos solos possui partículas de argilas que são circundadas por íons inorgânicos, inclusive o Ca^{2+}. Entretanto esses íons das argilas podem ser substituídos pelo cátion hidrogênio (H^+) liberado pelo ácido sulfúrico. Neste processo também se forma o sulfato de cálcio que é insolúvel em água. Desta forma, o cálcio não mais circula no ambiente, deixando de estar disponível às plantas no solo. Este cálcio indisponível não é substituído. As plantas sofrem com a sua falta e as florestas são afetadas.

A partir do texto acima, escreva a reação que ocorre quando o íon cálcio (Ca^{2+}) é retirado do solo na presença de ácido sulfúrico gerado em regiões que são propícias a ocorrer chuva ácida.

Como é o solo?

O solo é constituído por minerais diversos e substâncias orgânicas, denominadas usualmente de matéria orgânica (MOS). É constituído por três fases – sólida, líquida e gasosa – que, para grande parte dos solos, podem ter a composição volumétrica apresentada na Figura 1.3.

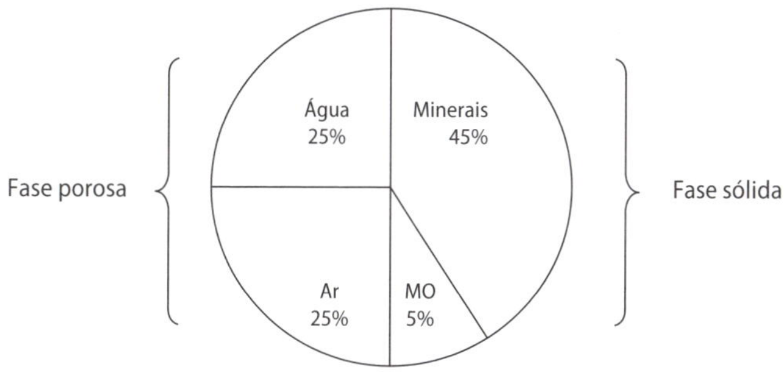

Figura 1.3 Distribuição das fases do solo.

As proporções relativas a essas fases podem variar de solo para solo, o que estabelece diferenças importantes entre eles, que podem, então, ser classificados de acordo com suas características físicas e químicas. Para o entendimento dessas diferenças é importante falarmos um pouco sobre alguns atributos como a textura, a estrutura e a porosidade, aspectos relevantes na avaliação.

Textura do solo

A textura do solo diz respeito à sua fase sólida e é constituída basicamente por partículas minerais que diferem entre si por sua granulometria (dimensão de seus diâmetros) que são denominadas, areia, silte e argila, descritas na Tabela 1.4. Essas partículas minerais que compõem o solo possuem estrutura e composição química características, que estão relacionadas com o material de origem do solo.

Tabela 1.4 » Classificação das partículas do solo, por diâmetro

Frações texturais	Diâmetro em mm
Argila	< 0,02
Silte	0,06 – 0,002
Areia	2,0 – 0,06

Fonte dos dados: Associação Brasileira de Normas Técnicas (1995).

A textura é a propriedade física do solo que menos sofre alteração ao longo do tempo e que exerce forte influência na taxa de infiltração e na capacidade de retenção de água, na aeração e em questões nutricionais. É considerada um elemento importante para a diferenciação entre tipos de solos que podem ser classificados segundo as proporções dos seus teores de areia, silte e argila.

De acordo com o sistema americano, são 13 os tipos de solo, os quais podem ser encontrados com auxílio de um diagrama de classes texturais. Essa classificação permite inferir qualidades e características ao solo, que podem ter textura predominantemente arenosa, argilosa ou siltosa, bem como diversas possibilidades intermediárias, de acordo com a proporção entre as frações. (FOOD AND AGRICULTURE ORGANIZATION OF UNITED NATIONS, 2006; JACOMINE, 2008-2009)

» O SITE
Para saber mais sobre a estrutura do solo e o plantio agroecológico assista ao vídeo no ambiente virtual de aprendizagem.

Como o solo é estruturado?

A estrutura do solo consiste na disposição geométrica das frações granulométricas que são arranjadas em unidades estruturais compostas, denominadas agregados. Estes agregados são mantidos por agentes cimentantes, principalmente ferro, sílica e a matéria orgânica.

A formação e a estabilização de agregados ocorrem simultaneamente mediante processos físicos, químicos e biológicos. Como exemplo, podemos nos reportar ao umedecimento e ao secamento do solo e à compressão causada pelas raízes das plantas. Diferentes tipos de agregados conferem estruturas distintas ao solo que podem ter, por exemplo:

- Estrutura laminar, dimensão horizontal maior que vertical (lâminas).
- Estrutura grumosa, agregados pequenos de forma arredondada e porosos.
- Estrutura granular, quando as unidades estruturais são pouco porosas.

Um solo que não possui agregados é um solo desestruturado e apresenta-se na forma de grãos simples (areia solta) ou maciços. A avaliação dos tipos de agregados que estão presentes no solo pode ser feita *in locu* ou em laboratório a partir de testes físicos.

A descrição da estrutura do solo no local da coleta requer muita experiência profissional. Orientações para esta atividade são encontradas no *Manual de descrição e coleta de solo no campo* (SANTOS et al., 2005).

A estrutura do solo deve ser preservada para manter sua qualidade. Neste sentido, práticas agronômicas mais antigas que consideravam a utilização de arados e maquinários pesados, não são mais recomendadas. Atualmente, empregam-se novas formas de manejo, como o plantio direto, a rotação de cultura e a cobertura, com mínimo revolvimento do solo.

Como se caracteriza a porosidade do solo?

A porosidade do solo é dada pelo espaço poroso conformado após o arranjo dos componentes da parte sólida. É ocupado por água (fase líquida) e ar (fase gasosa). A fase gasosa é qualitativamente similar à atmosfera, diferindo desta em termos quantitativos, como pode ser observado na Tabela 1.5.

Tabela 1.5 » Composição média do ar atmosférico e do solo

Ar	Componentes (%)		
	O_2	CO_2	N_2
Atmosférico	21	0,03	72
No solo	19	0,9	79

Fonte: Adaptada de Malavolta (1976).

No entanto, essa composição não é estanque e depende de processos que ocorrem no solo, ligados às raízes das plantas, à microrganismos e à decomposição de matéria orgânica, nos quais há o consumo de O_2 e a liberação de CO_2.

A porosidade do solo pode ser compreendida como o volume de vazios que devem ser ocupados pelo ar e pela água. Um sistema complexo que se distribui de forma aleatória dependendo do arranjo das partículas em sua matriz. Podemos, no entanto, de forma simplificada, vislumbrar a importância desse sistema para a retenção de água no solo.

A água move-se por meio do solo devido à ação gravitacional e após esse fluxo, poros maiores, denominados macroporos, mantêm-se normalmente preenchidos por ar. Poros de diâmetro menor, microporos, retêm a água no solo. A textura e a estrutura do solo estão diretamente relacionadas a esse atributo de tal forma que

> WWW
>
> » **NO SITE**
> Assista ao vídeo sobre compactação do solo no ambiente virtual de aprendizagem.

os solos arenosos, que não apresentam boa agregação, têm menor porosidade total, enquanto os solos argilosos apresentam maior capacidade de drenagem. A porosidade do solo, portanto, varia de solo para solo e pode ser alterada por ações antrópicas.

Neste sentido, é importante considerar os efeitos que a compactação do solo pode causar. Quando o solo é submetido a uma sobrecarga, a pressão recebida é rapidamente dissipada pelo fluxo de massa da zona que recebe a compressão, empurrando as partículas de solo para dentro de seu espaço poroso. O resultado é a redução dos espaços porosos o que interfere no fluxo de ar, nutrientes e água.

O que representa o perfil do solo?

Como foi visto até aqui, o solo é um sistema complexo e como tal possui uma configuração que deve ser vista além de sua camada superficial. De fato, para fins agronômicos, são utilizadas as camadas superficiais do solo, cuja profundidade depende do tipo de cultura.

Uma seção vertical permite a identificação de diversas camadas sobrepostas, e verificar como estas diferem substancialmente em diversos aspectos, como cor, textura, estrutura e presença de pedaços de rochas. A este corte vertical dá-se o nome de perfil, e às diversas camadas, horizontes, que são facilmente observáveis em barrancos de estradas.

A Figura 1.4 apresenta o perfil de um solo e os horizontes mais comumente presentes. Solos bastantes intemperizados são mais profundos, solos mais novos são mais rasos e podem não possuir horizontes intermediários.

Perfil

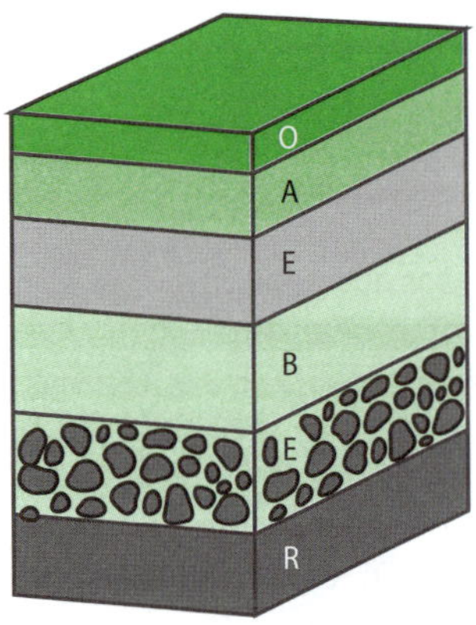

Horizontes

(O) Horizonte orgânico com matéria orgânica fresca ou em decomposição.
(A) Horizonte mineral superficial, com matéria orgânica decomposta intimamente misturada com material mineral.
(E) Horizonte mineral com cores mais claras devido a perda de argila, óxidos, ferro ou matéria orgânica.
(B) Horizonte mineral caracterizado pelo acúmulo de argila e baixo teor de matéria orgânica.
(E) Horizonte constituído de rocha alterada, pouco afetada por processos pedogênicos.
(R) Horizonte constituído por camada mineral coesa.

Figura 1.4 Horizontes de um perfil de um solo.

Como o início da formação de um solo dá-se pela desagregação do material de origem e que este processo é sujeito à ação de organismos vivos, ao relevo e ao clima ao longo do tempo, considera-se que os horizontes de um solo fornecem informações importantes a respeito de sua gênese.

» JUNTANDO TUDO!

Que tal formular uma opinião a respeito da construção da Usina de Belo Monte? Visite os links disponíveis no ambiente virtual de aprendizagem e, a partir das informações obtidas, formule dois textos críticos, um a favor e outro contra este empreendimento.

REFERÊNCIAS

AGÊNCIA NACIONAL DE VIGILÂNCIA SANITÁRIA. Resolução da Diretoria Colegiada nº 306, de 7 de dezembro de 2004. *Diário Oficial da União*,10 dez. 2004. Seção 1, n. 237, p. 49.

ASSOCIAÇÃO BRASILEIRA DE NORMAS TÉCNICAS. *NBR 6502*: Rochas e solos. Rio de Janeiro: ABNT, 1995.

BAIRD, C. *Química ambiental*. 2. ed. Porto Alegre: Bookman, 2002.

BAIRD, C.; CANN, M. *Química ambiental.* 4. ed. Porto Alegre: Bookman, 2011.

BRASIL. Conselho Nacional do Meio Ambiente. Resolução nº 357, de 17 de março de 2005. *Diário Oficial da União*, 18 mar. 2005a. Seção 1, n. 53, p. 58.

BRASIL. Conselho Nacional do Meio Ambiente. Resolução nº 358, de 29 de abril de 2005. *Diário Oficial da União*, de 4 maio 2005b. Seção 1, n. 84, p. 63.

BRASIL. Conselho Nacional do Meio Ambiente. Resolução nº 396, de 3 de abril de 2008. *Diário Oficial da União*, 7 abr. 2008a. Seção 1, n. 66, p. 66.

BRASIL. Conselho Nacional do Meio Ambiente. Resolução nº 404, de 11 de novembro de 2008. *Diário Oficial da União*, 12 nov. 2008b. Seção 1, n. 220, p. 93.

COMPANHIA AMBIENTAL DO ESTADO DE SÃO PAULO. *IQA*: índice de qualidade das águas. São Paulo: CETESB, [c2013]. Disponível em: <http://www.cetesb.sp.gov.br/agua/%C3%81guas-Superficiais/42-%C3%8Dndice-de--Qualidade-das-%C3%81guas-(iqa)>. Acesso em: 7 ago. 2011.

COMPANHIA DE TECNOLOGIA DE SANEAMENTOAMBIENTAL DO ESTADO DE SÃO PAULO. *Qualidade do ar no Estado de São Paulo*: 2011. São Paulo: CETESB, 2011. (Série Relatórios). Disponível em: <http://www.cetesb.sp.gov.br/ar/qualidade-do-ar/31-publicacoes-e-relatorios>. Acesso em: 7 dez. 2012.

FOOD AND AGRICULTURE ORGANIZATION OF UNITED NATIONS. *Guidelines for soil description*. 4. ed. Roma: FAO, 2006. Disponível em: <ftp://ftp.fao.org/docrep/fao/009/a0541e/a0541e00.pdf>. Acesso em: 7 dez. 2012.

GROTZINGER, J; JORDAN, T. *Para entender a Terra*. 6. ed. Porto Alegre: Bookman, 2013.

JACOMINE, P. K. T. A nova classificação brasileira de solos. *Anais da Academia Pernambucana de Ciência Agronômica,* v. 5-6, p. 161-179, 2008-2009. Disponível em: <http://ainfo.cnptia.embrapa.br/digital/bitstream/item/19350/1/Jacomine.pdf>. Acesso em: 7 dez. 2012.

MALAVOLTA, E. *Manual de química agrícola*: nutrição de plantas e fertilidade do solo. São Paulo: Agronômica Ceres, 1976.

MARTINS, C. R. et al. Ciclos globais de carbono, nitrogênio e enxofre: a importância da química da atmosfera. *Cadernos temáticos de Química Nova na Escola*, n. 5, 2003. Disponível em: <http://qnesc.sbq.org.br/online/cadernos/05/quimica_da_atmosfera.pdf>. Acesso em: 24 out. 2011.

MOZETO, A. A. Química atmosférica: a química sobre nossas cabeças. *Cadernos temáticos de Química Nova na Escola*, edição especial, 2001. Disponível em: <http://qnesc.sbq.org.br/online/cadernos/01/atmosfera.pdf>. Acesso em: 24 out. 2011.

ROCHA, J. C.; ROSA, A. H.; CARDOSO, A. A. *Introdução à química ambiental.* 2. ed. Porto Alegre: Bookman, 2009.

RUELLAN, A. *Solos:* riquezas desperdiçadas. *Jornal da Ciência*, 2009. JC e-mail 3728, de 25 de março de 2009. Disponível em: <http://www.jornaldaciencia.org.br/Detalhe.jsp?id=62458>. Acesso em: 5 dez. 2012.

SANTOS, R. D. et al. *Manual de descrição e coleta de solo no campo*. 5. ed. Viçosa: SBCS, 2005.

SILVA, R. W. C.; PAULA, B. L. Causa do aquecimento global: antropogênica versus natural. *Terrae Didática*, v. 5, n. 1, p. 42-49, 2009. Disponível em: <http://www.ige.unicamp.br/terraedidatica/v5/v5_a4.html>. Acesso em: 5 dez. 2012.

SPARKS, D. L. *Enviromental soil chemistry*. 2nd ed. San Diego: Academic, 2003.

TONIOLO, J. C.; CARNEIRO, C. D. R. Processos geológicos de fixação de carbono na Terra e aquecimento global. *Terrae Didática*, v. 6, n. 1, p. 31-56, 2010. Disponível em: < http://ppegeo.igc.usp.br/pdf/ted/v6n1/v6n1a05.pdf >. Acesso em: 5 dez. 2012.

UHEREK, E. *Baixa atmosfera:* básico. Vila Real: ESPERE, 2004. Disponível em: <http://www.atmosphere.mpg.de/enid/505b37d282fbc1c8e0bf935ee7644cfa,0/A_baixa_atmosfera/b_sico_2m3.html>. Acesso em: 5 dez. 2012.

UNIVERSITY OF CAMBRIDGE. Die erdatmosphäre. Cambridge: University of Cambridge, c1999. Disponível em: <http://www.atm.ch.cam.ac.uk/tour/tour_de/atmosphere.html>. Acesso em: 7 dez. 2012.

Simone Caterina Kapusta
Catarina da Silva Pedrozo
Maria Teresa Raya-Rodriguez

capítulo 2

Parâmetros ambientais

As análises de variáveis físicas, químicas e biológicas são essenciais nos estudos ambientais e são utilizadas na caracterização de ambientes, no diagnóstico ambiental de uma determinada área, nos estudos dos impactos ambientais, no monitoramento ambiental e para fins de fiscalização, entre outros.

O monitoramento, por exemplo, consiste em um processo contínuo e sistemático de coleta, análise e interpretação dos resultados das variáveis ambientais, visando a acompanhar a qualidade ambiental de uma determinada área.

Neste capítulo, abordaremos algumas das principais variáveis ambientais requeridas na legislação. Salientamos, no entanto, que a definição das variáveis está relacionada com a atividade a ser avaliada, com o objetivo do estudo, com a área do estudo e com os requisitos legais.

OBJETIVOS

Após o estudo deste capítulo, você deverá ser capaz de:

» Reconhecer os diversos usos da água e conhecer as exigências legais em relação à sua qualidade.

» Identificar as variáveis físicas, químicas e microbiológicas a serem analisadas no solo, no ar e nas águas superficiais, previstas na legislação.

Análise do solo

A seguir, trataremos dos temas relativos à análise do solo, entendendo melhor como funciona a classificação dos solos em função de sua formação, composição e granulometria, bem como da contaminação deste.

Principais variáveis analisadas para a caracterização do solo

DICA
Não deixe de ler o Capítulo 1, *Química ambiental e constituição do ambiente*, e o Capítulo 6, *Manejo do solo*, para aprofundar o tema.

Como já abordado no capítulo sobre química ambiental, o solo representa um componente importante dos recursos naturais, que levou centenas a milhares de anos para ser produzido, originado pelos processos físicos, químicos e biológicos atuantes nas rochas. Além de rocha intemperizada e matéria orgânica em diferentes graus de decomposição, o solo é constituído por uma mistura de organismos, gases e água. A relativa proporção dos seus constituintes varia significativamente, pois depende das características químicas da rocha que o originou (rocha matriz). Além do material de origem, o tipo de solo está relacionado ao clima, aos organismos presentes, ao relevo e ao tempo de formação.

Em relação à sua granulometria, em geral, os solos podem ser classificados como:

- **Arenosos:** constituídos por 70% de areia, são porosos e permeáveis, deixando passar a água, que escorre. Trata-se de solos pobres, pois a água que escorre leva consigo elementos essenciais às plantas.

- **Argilosos:** contendo cerca de 30% de argila e com granulometria inferior aos grãos de areia, é impermeável, retendo água e os sais minerais necessários para as plantas.

- **Humíferos:** também chamados de terra vegetal ou terra preta, contêm cerca de 10% de húmus, sendo extremamente fértil.

- **Terra roxa:** é um tipo de solo muito fértil, caracterizado por ser resultante de milhões de anos de intemperismos e decomposição de rochas arenito-basálticas. Sua cor avermelhada deve-se à presença de minerais característicos, especialmente o ferro.

PARA REFLETIR

Pense e explique qual é a diferença entre variável e parâmetro ambiental.

O solo é um ambiente complexo, dinâmico, onde ocorrem os processos físicos de sustentação e as transformações químicas e biológicas vitais à vida terrestre. Como uma esponja, o solo absorve a água precipitada, gradualmente irriga as plantas e alimenta os aquíferos e os ecossistemas aquáticos de superfície. Recebe também as sementes, dando-lhes suporte físico e fornecendo nutrientes para as plantas. Nos processos de reciclagem, os organismos do solo regulam importantes fluxos dos chamados gases de efeito estufa, como dióxido de carbono (CO_2), metano (CH_4) e óxido de nitrogênio (N_2O).

As principais modificações ocorridas na estrutura e na composição do solo, e que comprometem sua qualidade e função ambiental, estão relacionadas, principalmente, às atividades antrópicas (tais como a deposição dos resíduos de diferentes origens), à agricultura (que afeta a porosidade e permeabilidade do solo), ao uso de fertilizantes e agrotóxicos, à mineração, ao despejo de efluentes líquidos sanitários e industriais, à urbanização e ocupação do solo, ao desmatamento e à erosão, entre outras.

Além disso, o **manejo do solo**, correto ou não, faz os materiais que compõem o solo ficarem disponíveis às funções de força, tais como a água de escoamento e o vento predominante, por exemplo, que transportam o material pedológico para dentro dos corpos hídricos.

Percebe-se, portanto, que tanto os componentes naturais do solo, quando não extraídos ou manejados corretamente, como as substâncias de origem antrópica, podem provocar problemas ambientais. Além disso, é importante destacar que os resíduos gerados pela atividade humana, quando não dispostos adequadamente, podem provocar a contaminação dos compartimentos ambientais, bem como afetar a saúde humana.

Contaminação

De acordo com a Resolução CONAMA nº 420/2009 (BRASIL, 2009c), contaminação é a presença de substância(s) química(s) no ar, na água ou no solo, decorrente de atividades antrópicas, em concentrações tais que restrinjam a utilização desse recurso ambiental para os usos atual ou pretendido, definidas com base em avaliação de risco à saúde humana, assim como aos bens a proteger, em cenário de exposição padronizado ou específico.

Como determinar quando um solo está contaminado?

A Resolução CONAMA nº 420/2009 (BRASIL, 2009c) também dispõe sobre critérios e valores orientadores de qualidade do solo quanto à presença de substâncias químicas e estabelece diretrizes para o gerenciamento ambiental de áreas contaminadas por essas substâncias em decorrência de atividades antrópicas.

Visando a prevenção e o controle da qualidade do solo, os empreendimentos com potencial de contaminação dos solos e das águas subterrâneas devem implementar um programa de monitoramento e apresentar relatório técnico quando houver solicitação de renovação de licença ambiental e previamente ao encerramento das atividades.

Para a caracterização do solo, as análises mais comumente efetuadas são as de porosidade, permeabilidade, granulometria, teor de carbono orgânico (ou matéria orgânica), pH, teores de Al, H^+, Ca, Mg, Al + H, CTC (capacidade de troca de cátions), teores de C, H, N, teor de P, densidade, teor de umidade, entre outras.

A avaliação da **qualidade do solo**, quanto à presença de substâncias químicas, deve ser efetuada com base em valores orientadores de referência de qualidade, de prevenção e de investigação, conforme o artigo 7° da Resolução CONAMA n° 420/2009 (BRASIL, 2009c).

Análise do ar

Agora, definiremos atmosfera e abordaremos assuntos relativos às emissões de gases, à poluição do ar, bem como as causas da poluição e os poluentes.

Principais variáveis para o monitoramento da qualidade do ar

Na baixa atmosfera ou troposfera, com aproximadamente 12 km, em direção ao espaço, o homem desenvolve suas principais atividades. Estamos imersos em uma composição de nitrogênio, oxigênio, vapor de água, argônio, gás carbônico e outros gases em menores percentuais. Pode-se considerar que a concentração dos gases, com a predominância de nitrogênio, oxigênio e vapor de água é mais ou menos constante.

>> **DICA**
No Capítulo 1 deste livro você encontra mais informações sobre a composição da atmosfera.

No entanto, desde a descoberta do fogo, o homem interfere no ambiente ao seu redor, por meio de emissões de gases, que diferem em quantidade e composição, dependendo da atividade realizada, e, com isso, alteram as características da atmosfera. Mas será que qualquer alteração no ar pode ser considerada poluição?

Podemos definir **poluição atmosférica** como a mudança na composição do ar, ou em suas propriedades, causada por emissões de poluentes, que o tornam impróprio, nocivo ou inconveniente à saúde, ao bem-estar público, à vida animal e vegetal e, até mesmo, a alguns materiais. Ou seja, a existência de substâncias estranhas à composição do meio, ou em quantidade muito elevada, é considerada poluição.

A poluição do ar pode ser de origem natural, tais como as cinzas de uma erupção vulcânica, partículas colocadas em suspensão pelos ventos, gases oriundos dos processos de decomposição, entre outros, ou ainda, e com maior frequência, pode ser gerada por diferentes atividades antrópicas.

As **fontes de poluentes atmosféricos** podem ser classificadas como:

- fontes móveis (p. ex., veículos emitindo cargas difusas);
- fontes estacionárias (p. ex., chaminés de indústrias com cargas pontuais de poluentes, atividades comerciais e de prestadores de serviços).

A **qualidade do ar** ou ainda o nível de poluição nesse compartimento, pode ser avaliada por meio de análises físicas e químicas dos poluentes presentes. De acordo com a Resolução CONAMA nº 3/1990 (BRASIL, 1990), poluentes atmosféricos podem ser

> qualquer forma de matéria ou energia com intensidade, quantidade, concentração, tempo ou características em desacordo com os níveis estabelecidos, e que possam tornar o ar impróprio, nocivo ou ofensivo à saúde, inconveniente ao bem-estar público, danoso aos materiais à fauna e à flora ou prejudicial à segurança, ao uso e gozo da propriedade e às atividades normais da comunidade.

Os poluentes lançados diretamente pelas fontes são considerados poluentes primários, enquanto os poluentes formados pela reação entre os primários e os gases atmosféricos são considerados secundários (DERÍSIO, 2007). De acordo com essa classificação, a chuva ácida, que é formada pela reação entre o enxofre, o oxigênio e o vapor da água, é considerada poluente secundário.

Dessa forma, considera-se que a concentração de poluentes em uma determinada região dependerá do número de fontes emissoras, do volume das emissões, das características dos processos produtivos e das matérias primas utilizadas, bem como das condições atmosféricas, entre outras. Os principais poluentes atmosféricos e sua origem podem ser observados no Quadro 2.1.

As variáveis mais utilizadas como indicadores da qualidade do ar são: material particulado, dióxido de enxofre (SO_2), monóxido de carbono (CO), ozônio (O_3), hidrocarbonetos totais e óxidos de nitrogênio (NO e NO_2), devido a sua maior frequência e aos seus efeitos adversos que causam ao meio ambiente (DERÍSIO, 2007).

De acordo com Branco e Murgel (1997), embora essas substâncias não sejam as únicas que possam causar danos à vida em geral, elas constituem indicadores potenciais de alteração da composição do ar em uma região. Portanto, para escolher quais poluentes monitorar, deve-se sempre levar em consideração, além dos padrões legais, os recursos necessários para aquisição, operação e manutenção dos equipamentos.

Quando a poluição atmosférica começou a apresentar episódios críticos em várias partes do mundo, governantes e cientistas passaram a considerar a contaminação atmosférica um problema concreto e que pode trazer consequências muito graves, não só aos seres humanos, mas à vida em geral. A partir dessa constatação,

Quadro 2.1 » Principais poluentes atmosféricos e suas fontes

Poluente	Fontes
Monóxido de carbono	Combustão incompleta de combustíveis fósseis e outros materiais com carbono.
Dióxido de carbono	Combustão completa de combustíveis fósseis, também é gerado na respiração.
Óxidos de enxofre	Queima de combustíveis com enxofre (S), além de serem gerados em processos biogênicos naturais.
Óxidos de nitrogênio	Processos de combustão e descargas elétricas na atmosfera.
Hidrocarbonetos	Queima incompleta dos combustíveis, evaporação destes e de solventes orgânicos.
Oxidantes fotoquímicos	Gerados a partir de hidrocarbonetos e óxidos de nitrogênio (ozônio e o peróxi-acetil nitrato).
Material particulado	Poeira, fuligem, partículas de óleo, pólen.
Asbestos/amianto	Gerados durante a etapa de mineração do amianto ou em processos de beneficiamento desse material.
Metais	Associados aos processos de mineração, combustão do carvão e processos siderúrgicos.
Gás fluorídrico	Produção de alumínio e fertilizantes.
Amônia	Indústrias químicas e de fertilizantes e processos biogênicos naturais na água e no solo.
Gás sulfídrico	Refinarias de petróleo, indústria química, indústria de celulose e papel e processos biogênicos.
Substâncias radioativas	Depósitos naturais, usinas nucleares, testes de armamento nuclear e queima de carvão.
Calor	Emissão de gases a alta temperatura para o meio ambiente, liberados, em sua maioria, nos processos de combustão.
Som	Emissão de ondas sonoras, com intensidade capaz de prejudicar os seres humanos e outros seres vivos.

Fonte: Braga et al. (2005).

identificou-se a necessidade da criação de padrões de qualidade do ar, visando a assegurar a saúde tanto do homem quanto do meio ambiente que o cerca.

Assim, os **padrões de qualidade do ar** foram resultantes de muitos estudos toxicológicos direcionados para a determinação dos níveis de exposição aos diversos poluentes e seus respectivos efeitos à saúde. Basicamente, a poluição do ar pode ser regulada por duas formas: por padrões de emissão de poluentes do ar e por padrões de qualidade do ar (Quadro 2.2 e Tabela 2.1).

Conforme a Resolução CONAMA nº 3/1990 (BRASIL, 1990), o **padrão primário** de qualidade do ar se refere às concentrações de poluentes que, quando ultrapassadas, poderão afetar a saúde da população, podendo ser entendidas como níveis máximos toleráveis de concentração de poluentes atmosféricos.

O **padrão secundário** de qualidade do ar se refere às concentrações de poluentes atmosféricos abaixo dos quais se prevê o mínimo dano à flora e à fauna, aos materiais e ao meio ambiente em geral, podendo ser entendidos como níveis desejados de concentração de poluentes, constituindo-se em meta a ser alcançada em longo prazo.

Quadro 2.2 » Principais portarias e resoluções sobre poluição atmosférica no Brasil

Ano	Portaria/Resolução	Descrição
1976	Portaria MINTER nº 231	Estabelece padrões de qualidade do ar e diretrizes sobre controle da poluição do ar.
1986	Resolução CONAMA nº 18	Institui o Programa de Controle da Poluição do Ar por Veículos Automotores (PROCONVE).
1989	Resolução CONAMA nº 5	Institui o Programa Nacional de Controle da Qualidade do Ar (PRONAR).
1990	Resolução CONAMA nº 3	Estabelece novos padrões de qualidade do ar (como estabelecia a Portaria MINTER nº 231/1976).
1990	Resolução CONAMA nº 8	Estabelece limites máximos de emissão de poluentes do ar (padrões de emissão) para processos de combustão externa em fontes fixas por faixa de potência.
1997	Resolução CONAMA nº 230	Proíbe o uso de equipamentos que possam reduzir a eficácia do controle de emissão de ruído e poluentes.
1999	Resolução CONAMA nº 264	Estabelece para coprocessamento em fornos rotativos de clínquer: critérios para utilização de resíduos; limites de emissão e monitoramento ambiental.
2002	Resolução CONAMA nº 316	Dispõe sobre procedimentos e critérios para o funcionamento de sistemas de tratamento térmico de resíduos.
2006	Resolução CONAMA nº 382	Estabelece os limites máximos de emissão de poluentes atmosféricos para fontes fixas.
2011	Resolução CONAMA nº 436. Complementa as Resoluções nº 5/1989 e nº 382/2006.	Estabelece os limites máximos de emissão de poluentes atmosféricos para fontes fixas instaladas ou com pedido de licença de instalação, anteriores a 02 de janeiro de 2007.

Tabela 2.1 » Padrões de qualidade do ar, de acordo com a Resolução CONAMA nº 03/1990

Poluente	Padrão primário	Padrão secundário	Método de amostragem e análise
Partículas totais em suspensão	80 $\mu g.m^{-3}$ média geométrica anual 240 $\mu g.m^{-3}$ média 24 horas	60 $\mu g.m^{-3}$ média geométrica anual 150 $\mu g.m^{-3}$ média 24 horas	Amostrador de grandes volumes
Fumaça	60 $\mu g.m^{-3}$ média aritmética anual 150 $\mu g.m^{-3}$ média 24 horas	40 $\mu g.m^{-3}$ média aritmética anual 100 $\mu g.m^{-3}$ média 24 horas	Refletância
Partículas inaláveis	50 $\mu g.m^{-3}$ média aritmética anual 150 $\mu g.m^{-3}$ média 24 horas	50 $\mu g.m^{-3}$ média aritmética anual 150 $\mu g.m^{-3}$ média 24 horas	Separação inercial/ filtração
Dióxido de enxofre (SO_2)	80 $\mu g.m^{-3}$ média geométrica anual 365 $\mu g.m^{-3}$ média 24 horas	40 $\mu g.m^{-3}$ média geométrica anual 100 $\mu g.m^{-3}$ média 24 horas	Pararonasilina
Monóxido de carbono (CO)	10.000 $\mu g.m^{-3}$ média 8 horas 40.000 $\mu g.m^{-3}$ média 1 hora	10.000 $\mu g.m^{-3}$ média 8 horas 40.000 $\mu g.m^{-3}$ média 1 hora	Infravermelho não dispersivo
Ozônio (O_3)	160 $\mu g.m^{-3}$ média 1 hora	160 $\mu g.m^{-3}$ média 1 hora	Quimiluminescência
Dióxido de nitrogênio (NO_2)	100 $\mu g.m^{-3}$ média geométrica anual 320 $\mu g.m^{-3}$ média 1 hora	100 $\mu g.m^{-3}$ média geométrica anual 190 $\mu g.m^{-3}$ média 1 hora	Quimiluminescência

» Agora é a sua vez!

Pesquise os equipamentos utilizados para reduzir os poluentes nas emissões atmosféricas. A partir das informações sobre os principais poluentes atmosféricos e sua origem, reflita sobre como o controle da poluição do ar pode ser realizado.

Acesse o relatório de qualidade do ar, disponível no ambiente virtual de aprendizagem, e verifique a classificação da qualidade do ar, o valor do índice correspondente para cada classificação, a concentração dos poluentes considerada e o significado de cada classe. Observe também os efeitos sobre a saúde e as ações a serem efetuadas para prevenir o risco à saúde.

Ainda na referida Resolução, são estabelecidos os níveis de qualidade do ar para elaboração do plano de emergência para episódios críticos de poluição do ar, bem como os níveis de atenção, alerta e emergência, para a execução do plano. Considera-se episódio crítico de poluição do ar a presença de altas concentrações de poluentes na atmosfera, em curto período de tempo, resultante da ocorrência de condições meteorológicas desfavoráveis à dispersão dos mesmos.

Metodologias e equipamentos foram desenvolvidos para o monitoramento da qualidade do ar em ambiente atmosférico e para a avaliação de um ambiente fechado ou de fontes emissoras em indústrias, adequados para cada tipo de parâmetro a ser medido. Para tanto, são utilizados amostradores para monitoramento, sensores remotos e bioindicadores. Após o período de amostragem, o material ab/adsorvente (geralmente um filtro ou membrana) é levado ao laboratório para análise do material retido.

A partir da concentração dos poluentes atmosféricos previstos na Resolução CONAMA n° 3/1990 (BRASIL, 1990), sendo eles: partículas totais em suspensão, fumaça, partículas inaláveis, dióxido de enxofre, dióxido de nitrogênio, ozônio e monóxido de carbono, é possível calcular o índice de qualidade do ar (IQAr). O resultado deste índice é de fácil entendimento pela população e geralmente é calculado e divulgado pelos órgãos fiscalizadores estaduais.

WWW.

» **NO SITE**

Assista ao vídeo *TV Conecta BH – Inauguradas Estações de Monitoramento do ar*, disponível no ambiente virtual de aprendizagem: www.bookman.com.br/tekne, e veja como funciona uma estação de monitoramento da qualidade do ar.

» Análise da água

Por fim, analisaremos as questões referentes à água, como sua disponibilidade, a poluição e a classificação de qualidade de acordo com o tipo de uso. Também são abordados alguns métodos de coleta e análise da água.

» Variáveis mais utilizadas no monitoramento da qualidade de águas superficiais

Diante dos diversos eventos de inundações, enchentes, bem como a disponibilidade de água na região norte do Brasil, você deve estar se perguntando o porquê das discussões acerca da provável escassez de água.

Podem-se elencar alguns fatos que colaboram para a preocupação com esse recurso natural tão precioso, tais como o baixo percentual de água doce superficial disponível comparado com o total de água no planeta, a distribuição heterogênea de água, bem como os níveis crescentes de poluição. Destaca-se, então, o quanto é importante conhecer a quantidade de água disponível e a sua qualidade.

O comprometimento da qualidade das águas superficiais é preocupante, devido à quantidade excessiva e à diversidade de poluentes envolvidos. A utilização indiscriminada de pesticidas e fertilizantes que acabam atingindo os corpos hídricos, assim como o lançamento de efluentes orgânicos e/ou esgoto doméstico, sem tratamento, influenciam os ambientes aquáticos, promovendo modificações em suas características físicas, químicas e nas relações biológicas.

Verifica-se, portanto, que as fontes de poluição das águas superficiais podem ser:

- **Pontuais:** principalmente de origem doméstica e industrial.
- **Difusas**: de origem urbana e agrícola.

Deve-se levar em consideração que, principalmente em razão das fontes difusas, as atividades desenvolvidas em uma bacia hidrográfica podem influenciar o corpo hídrico direta ou indiretamente. A amplitude das alterações ambientais nesse ambiente aquático dependerá do volume de efluentes lançados, da sua composição, da frequência de lançamento, do volume do corpo receptor e de sua capacidade de suporte.

São diversos os agentes poluidores da água, sendo que os principais e seus possíveis efeitos podem ser visualizados no Quadro 2.3.

Quadro 2.3 » Principais agentes poluidores da água, efeitos e variáveis representativas

Constituinte	Possível efeito poluidor	Principais variáveis representativas
Sólidos em suspensão	• Problemas estéticos • Depósitos de lodo • Adsorção de poluentes • Proteção de patogênicos	Sólidos em suspensão totais
Matéria orgânica biodegradável	• Consumo de oxigênio • Mortandade de peixes • Condições sépticas	Demanda bioquímica de oxigênio
Nutrientes	• Crescimento excessivo de algas	Nitrogênio
	• Toxicidade aos peixes (amônia) • Doença em recém-nascidos (nitrato) • Poluição de água subterrânea.	Fósforo

(continua)

Quadro 2.3 » Principais agentes poluidores da água, efeitos e variáveis representativas (*Continuação*)

Organismos patogênicos	• Doenças de veiculação hídrica	Coliformes
Matéria orgânica não biodegradável	• Toxicidade (vários)	Pesticidas
	• Espumas (detergentes)	Alguns detergentes
	• Redução da transferência de oxigênio (detergentes)	Produtos farmacêuticos
	• Biodegradabilidade reduzida ou inexistente • Maus odores (p. ex.: fenóis)	Outros
Metais	• Toxicidade • Inibição do tratamento biológico dos esgotos • Problemas na disposição do lodo na agricultura • Contaminação da água subterrânea	Elementos específicos (As, Cd, Cr, Cu, Hg, Ni, Pb, Zn etc.)
Sólidos inorgânicos dissolvidos	• Salinidade excessiva – prejuízo às plantações (irrigação)	Sólidos dissolvidos totais
	• Toxicidade a plantas (alguns íons) • Problemas de permeabilidade do solo (sódio)	Condutividade elétrica

Fonte: Von Sperling (2005).

É importante destacar que a **qualidade da água** está diretamente relacionada aos seus diversos usos: abastecimento humano, abastecimento industrial, irrigação, geração de energia elétrica, navegação, assimilação e transporte de poluentes, preservação da flora e fauna, aquicultura ou recreação (BASSOI; GUAZELLI, 2004; BRAGA et al., 2005; DERÍSIO, 2007). Assim, a qualidade requerida da água, considerando seus usos, pode ser observada na Figura 2.1.

Entre os inúmeros usos da água, o abastecimento doméstico é considerado o mais nobre e essencial à sobrevivência humana, devendo a água ser isenta de substâncias e organismos prejudiciais à saúde. Os procedimentos e as responsabilidades relativos ao controle e à vigilância da qualidade da água para consumo humano e seu padrão de potabilidade são estabelecidos pela Portaria nº 2.914/2011 (BRASIL, 2011c), do Ministério da Saúde.

Para a balneabilidade (recreação de contato primário) em ambientes aquáticos, os critérios são estabelecidos pela Resolução CONAMA nº 274/2000 (BRASIL, 2001), sendo as águas consideradas próprias ou impróprias. Ainda, as águas considera-

WWW

» NO SITE

Acesse a Portaria nº 2.914/2001 e conheça os padrões de qualidade requeridos para a potabilidade. Disponível no ambiente virtual de aprendizagem.

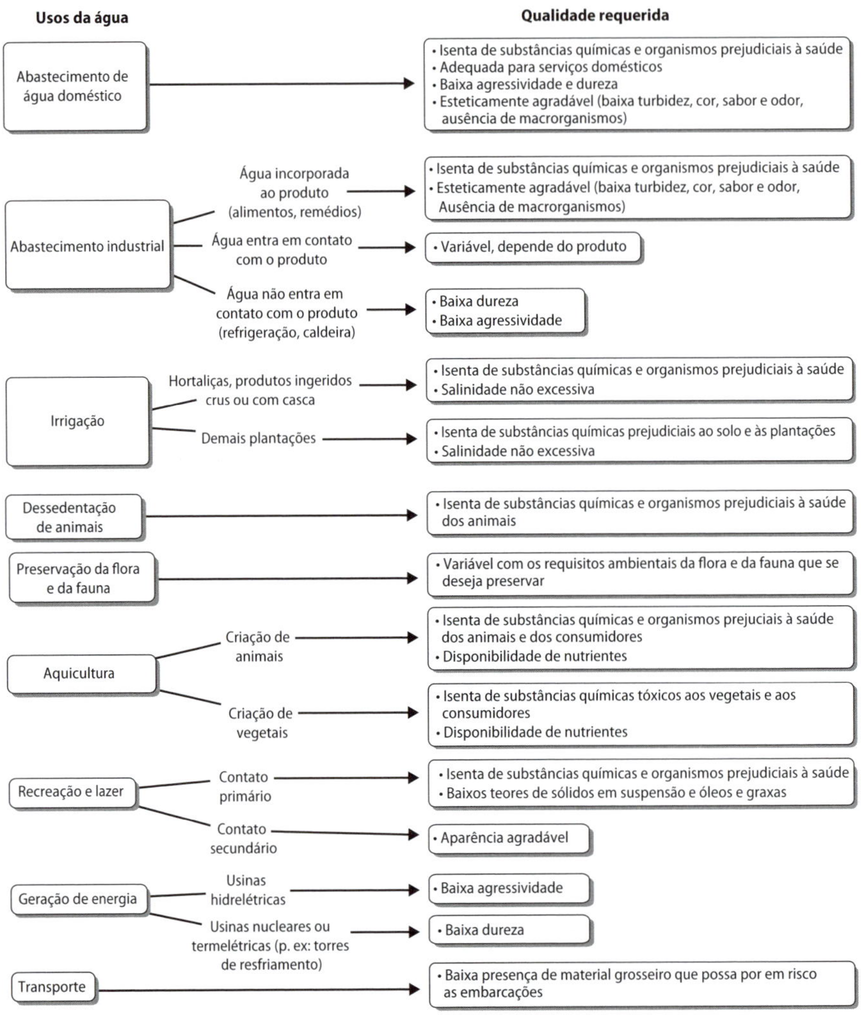

Figura 2.1 Usos da água e os requisitos de qualidade requeridos.
Fonte: Von Sperling (2005).

» **DICA**
Leia o Capítulo 3, *Microbiologia*, e pesquise a diferença entre coliformes fecais e *Escherichia coli*.

das próprias para a balneabilidade podem ser subdivididas em excelente, muito boa e satisfatória. Para tanto, são analisadas as bactérias do grupo coliformes fecais (termotolerantes) e *Escherichia coli*. Para as águas marinhas, além das bactérias já citadas, pode-se utilizar também enterococos.

De acordo com seus usos preponderantes, as águas superficiais doces, salobras e salinas são classificadas pela Resolução CONAMA nº 357/2005 (BRASIL, 2005), alterada pelas Resoluções nº 370/2006 (BRASIL, 2006), nº 397/2008 (BRASIL, 2008b), nº 410/2009 (BRASIL, 2009b) e nº 430/2011 (BRASIL, 2011b). Já a Resolução CONAMA nº 396/2008 (BRASIL, 2008a) dispõe sobre a classificação e as diretrizes ambientais para o enquadramento das águas subterrâneas.

A Resolução CONAMA nº 357/2005 (BRASIL, 2005) dispõe sobre a classificação dos corpos de água e as diretrizes ambientais para o seu enquadramento, bem como estabelece as condições e padrões de lançamento de efluentes, as águas doces superficiais são classificadas em classes, sendo que para cada classe são indicados os usos das águas, conforme Quadro 2.4.

Ainda, para cada classe, são apresentadas as condições e os padrões de qualidade, envolvendo diversos parâmetros físicos, químicos e microbiológicos, e os valores máximos permitidos. Como variáveis a serem analisadas na água, pode-se citar a turbidez, a demanda bioquímica de oxigênio (DBO), o oxigênio dissolvido (OD), o pH, a presença de substâncias orgânicas e de metais.

As variáveis a serem investigadas em amostras de água e efluentes dependem do objetivo do estudo, do processo industrial avaliado, da área de estudo e dos requisi-

WWW.

» NO SITE
Acesse as Resoluções CONAMA nº 357/2005 e nº 430/2011 no ambiente virtual de aprendizagem.

Quadro 2.4 » Classificação dos corpos de água, conforme Resolução CONAMA nº 357/2005

Classe	Destino das águas
Especial	Abastecimento para consumo humano, com desinfecção. Preservação do equilíbrio natural das comunidades aquáticas. Preservação dos ambientes aquáticos em unidades de conservação de proteção integral.
1	Abastecimento para consumo humano, após tratamento simplificado. Proteção das comunidades aquáticas. Recreação de contato primário, tais como natação, esqui aquático e mergulho, conforme Resolução CONAMA n° 274/2000. Irrigação de hortaliças que são consumidas cruas e de frutas que se desenvolvam rentes ao solo e que sejam ingeridas cruas sem remoção de película; e Proteção das comunidades aquáticas em terras indígenas.
2	Abastecimento para consumo humano, após tratamento convencional. Proteção das comunidades aquáticas. Recreação de contato primário, tais como natação, esqui aquático e mergulho, conforme Resolução CONAMA n° 274/2000. Irrigação de hortaliças, plantas frutíferas e de parques, jardins, campos de esporte e lazer, com os quais o público possa vir a ter contato direto. Aquicultura e à atividade de pesca.
3	Abastecimento para consumo humano, após tratamento convencional ou avançado. Irrigação de culturas arbóreas, cerealíferas e forrageiras. Pesca amadora. Recreação de contato secundário. Dessedentação de animais.
4	Navegação. Harmonia paisagística.

tos legais. Algumas das variáveis de água mais comumente analisadas foram detalhadamente apresentadas por Von Sperling (2005) e são sintetizadas no Quadro 2.5.

Quadro 2.5 » Características e variáveis da água

Características	Variáveis	Considerações
Físicas	Sabor e odor	Podem ter alterações de origem natural e antropogênica, tais como as decorrentes da proliferação de algas, decomposição de matéria orgânica, entre outros.
	Cor	Pode apresentar alterações de origem natural, devido à decomposição de compostos orgânicos e à influência de compostos inorgânicos, tais como a presença de ferro (coloração marrom, alaranjada) e manganês (negra). Alterações de origem antropogênica ocorrem por meio do lançamento de esgotos domésticos (cor escura) e de efluentes industriais (a cor dependerá do processo produtivo envolvido).
	Temperatura	Pode ser afetada pela incidência de luz solar, sombreamento das árvores, profundidade da coluna d´água, além da transferência de calor por radiação, condução e convecção. Alterações de origem antropogênica são decorrentes da entrada de efluentes aquecidos, por meio das águas de resfriamento e de efluentes industriais.
	Turbidez	Refere-se ao grau de interferência com a passagem da luz através da água, devido à presença de sólidos em suspensão. Pode ocorrer naturalmente em ambientes aquáticos, devido à erosão, bem como pela proliferação de microrganismos, algas. Pode ser intensificada pelo lançamento de esgoto doméstico, efluente industrial, erosão, proliferação de microrganismos, dragagem.
	Sólidos em água	Todos os contaminantes da água, com exceção dos gases dissolvidos, contribuem para a carga de sólidos, que podem ser classificados por tamanho e estado, características químicas e sedimentabilidade.
Físico-químicas	Condutividade	Capacidade da solução em conduzir corrente elétrica. Quanto maior a concentração de íons em solução, maior a condutividade.
	pH	Representa a concentração de íons hidrogênio H^+ (em escala antilogarítmica), que varia de 0 a 14 (Escala Sörensen). Quanto menor o pH de uma substância, maior a concentração de íons H^+.

(continua)

Quadro 2.5 » Características e variáveis da água (*Continuação*)

Químicas	Oxigênio	Indispensável às funções vitais. Proveniente da atmosfera e da assimilação fotossintética das plantas submersas. A diminuição de oxigênio em ambientes aquáticos se deve principalmente aos processos de oxidação, tais como a respiração e a decomposição.
	Demanda bioquímica de oxigênio (DBO)	Retrata a quantidade de oxigênio requerida para estabilizar, por meio de processos bioquímicos, a matéria orgânica carbonácea. É uma indicação indireta, do carbono orgânico biodegradável. Geralmente o resultado é expresso em $DBO_{5,20}$ devido à análise ser realizada por um período de 5 dias a uma temperatura de 20 °C.
	Série de nitrogênio (amônia, nitrato, nitrito e nitrogênio orgânico)	No meio aquático, o elemento químico nitrogênio (N) pode ser encontrado de diversas formas: nitrogênio molecular (N_2), escapando diretamente para a atmosfera; nitrogênio orgânico (N_{org}), amônia (livre NH_3 e ionizada NH_4^+), nitrito (NO_2^-) e nitrato (NO_3^-). No ambiente aquático, a determinação da forma predominante do nitrogênio pode fornecer informações sobre a poluição: a) predominância de nitrogênio na forma orgânica ou de amônia pode estar associada à poluição recente ou próxima do local amostrado; b) predominância de nitrito e nitrato pode estar associada à poluição mais antiga ou longe do local amostrado.
	Fósforo	No ambiente aquático, o fósforo pode ser encontrado na forma de ortofosfato, polifosfato e fósforo orgânico. O ortofosfato é a forma diretamente assimilada pelas algas e macrófitas. A presença de fósforo está relacionada a processos naturais (dissolução de rochas, decomposição de matéria orgânica, fósforo de composição celular de microrganismos) ou antropogênicos (esgotos, despejos industriais, detergentes, fertilizantes, pesticidas, excrementos de animais). Concentrações excessivas de fósforo podem influenciar o crescimento exagerado de algas, levando a eutrofização do ambiente. A determinação de fósforo é feita por meio de espectrofotometria.

(continua)

Quadro 2.5 » Características e variáveis da água (*Continuação*)

Microbiológicas		Os principais indicadores de contaminação fecal em águas são os coliformes fecais (CF) preferencialmente denominados de coliformes termotolerantes e *Escherichia coli*. Os coliformes totais não devem ser utilizados como indicadores de contaminação fecal, pois englobam os organismos de vida livre (associados ou não à contaminação). A *Escherichia coli* é a principal bactéria do grupo de coliformes fecais (termotolerantes), sendo abundantes nas fezes humanas e de animais de sangue quente. É a única que dá garantia de contaminação exclusivamente fecal, porém não garante que a contaminação seja humana. Existem várias metodologias para a detecção de coliformes, tais como os métodos de tubos múltiplos, membrana filtrante e substrato enzimático.

Fonte: Braga et al. (2005), Derísio (2007), Kleerekoper (1990), Pedrozo e Kapusta (2010) e Von Sperling (2005).

Em sua prática profissional na área ambiental, é possível que você atue na medição das variáveis em campo, com equipamentos portáteis, bem como na coleta de amostras de água para as variáveis que requerem análises em laboratório.

Essa etapa é de suma importância nos estudos ambientais e nas atividades de fiscalização, pois problemas como a contaminação da amostra, falhas no planejamento amostral, no armazenamento e na preservação de amostras de maneira incorreta comprometem todo trabalho realizado.

> **» IMPORTANTE**
> A espectrofotometria de absorção molecular no UV/VIS é um método analítico baseado na propriedade que muitas espécies iônicas ou moleculares têm de absorver determinados comprimentos de onda da radiação ultravioleta/visível (UV/VIS).

O planejamento amostral, a coleta correta, a preservação e o armazenamento das amostras são imprescindíveis para a confiabilidade dos resultados encontrados e devem seguir procedimentos normatizados.

Em relação às amostragens de efluentes líquidos e corpos receptores, a norma referente ao planejamento da amostragem foi publicada em 1987 (ABNT/NBR 9897), assim como a norma que trata da preservação e técnicas de amostragem (ABNT/NBR 9898).

Em 2011, a Companhia Ambiental do Estado de São Paulo (CETESB) em conjunto com a Agência Nacional de Águas (ANA) elaboraram e publicaram o *Guia nacional de coleta e preservação de amostras de água, sedimento, comunidades aquáticas e efluentes líquidos* (BRANDÃO et al., 2011) aprovado como documento de referência nacional para o monitoramento da qualidade das águas pela Resolução ANA nº 724/2011 (BRASIL, 2011a), publicada no Diário Oficial da União, em 19 de outubro de 2011.

Esse documento visa a orientar e a padronizar os procedimentos de coleta e preservação de amostras de água, sendo de leitura obrigatória para os profissionais da área ambiental que atuarão com recursos hídricos.

Já o procedimento operacional padrão nos ensaios laboratoriais é implementado pelo laboratório que realiza a análise e, geralmente, segue as normas da Associação Brasileira de Normas Técnicas (ABNT/NBR) e o documento de referência *Standard methods for the examination of water and wastewater* (RICE et al., 2012).

Agora é a sua vez!

Acesse o Guia Nacional (BRANDÃO et al., 2011) no site da Agência Nacional de Águas (ANA) e verifique os procedimentos para a coleta e a preservação de amostras de água, para a análise de oxigênio dissolvido, DBO e coliformes, bem como o tempo máximo entre a coleta e a análise em laboratório, para as variáveis selecionadas. Link disponível no ambiente virtual de aprendizagem.

Para a comparação da qualidade da água, o monitoramento de ambientes aquáticos, bem como para a divulgação dos resultados, são utilizados diversos índices, de acordo com os objetivos da avaliação, tais como:

- índice de qualidade das águas (IQA);
- índice de qualidade da água bruta para fins de abastecimento público (IAP);
- índice de estado trófico (IET);
- índice de contaminação por tóxicos;
- índice de balneabilidade (IB);
- índice de qualidade de água para a proteção da vida aquática (IVA).

WWW

» NO SITE

Saiba mais sobre alguns dos índices utilizados na comparação da qualidade da água e no monitoramento de ambientes aquáticos, acessando o ambiente virtual de aprendizagem.

JUNTANDO TUDO!

1) Acesse o Portal da qualidade das águas, da Agência Nacional de Águas (BRASIL, 2009a), www.pnqa.ana.gov.br, e verifique o que é PNQA e quais são os seus objetivos.

2) Agora que você já conhece o PNQA veja as variáveis que compõem cada índice, como são efetuados os cálculos e como são apresentados os resultados.

3) Verifique se no seu estado ou município existem informações acerca do IQA.

4) Observe a seguinte situação: João foi contratado para trabalhar como técnico em meio ambiente em um órgão que controla e fiscaliza a qualidade do solo, ar e água de sua região. Ajude-o a obter os dados que necessita, verificando se no seu estado ou município existem informações sobre os programas de monitoramento ambiental. Além disso, reflita sobre a qualidade ambiental de sua região tendo como base as informações abordadas neste capítulo.

REFERÊNCIAS

ASSOCIAÇÃO BRASILEIRA DE NORMAS TÉCNICAS. *NBR 9897*: planejamento de amostragem de efluentes líquidos e corpos receptores. Rio de Janeiro: ABNT, 1987a.

ASSOCIAÇÃO BRASILEIRA DE NORMAS TÉCNICAS. *NBR 9898*: preservação e técnicas de amostragem de efluentes líquidos e corpos receptores. Rio de Janeiro: ABNT, 1987b.

BASSOI, L. J.; GUAZELLI, M. R. Controle ambiental da água. In: PHILIPPI JR., A.; ROMERO, M. A.; BRUNA, G. C. *Curso de gestão ambiental*. 3. ed. São Paulo: Manole, 2004. p. 53-99.

BRAGA, B. et al. *Introdução à engenharia ambiental*. 2. ed. São Paulo: Pearson Prentice Hall, 2005.

BRANCO, S. M.; MURGEL, E. *Poluição do ar*. São Paulo: Moderna, 1997.

BRANDÃO, C. J. et al. (Org.). *Guia nacional de coleta e preservação de amostras*: água, sedimento, comunidades aquáticas e efluentes líquidos. Brasília: ANA; São Paulo: CETESB, 2011. Disponível em: <http://www.clean.com.br/downloads/Guia_Nacional_de_Coleta_e_Preservacao_de_Amostras_.pdf>. Acesso em: 30 out. 2012.

BRASIL. Agência Nacional de Águas. *Portal da qualidade das águas*. Brasília: ANA, 2009a. Disponível em: <http://pnqa.ana.gov.br/>. Acesso em: 16 nov. 2012.

BRASIL. Agência Nacional das Águas. Resolução nº 724, de 3 de outubro de 2011. Diário *Oficial da União*, 19 out. 2011a. Seção 1, n. 201, p. 235.

BRASIL. Conselho Nacional do Meio Ambiente. Resolução nº 3, de 28 de junho de 1990. *Diário Oficial da União*, 22 ago. 1990. Seção 1, p. 15937.

BRASIL. Conselho Nacional do Meio Ambiente. Resolução nº 274, de 29 de novembro de 2000. *Diário Oficial da União*, 08 jan. 2001. Seção 1, n. 5, p. 23.

BRASIL. Conselho Nacional do Meio Ambiente. Resolução nº 357, de 17 de março de 2005. *Diário Oficial da União*, 18 mar. 2005. Seção 1, n. 53, p. 58.

BRASIL. Conselho Nacional do Meio Ambiente. Resolução nº 370, de 6 de abril de 2006. *Diário Oficial da União*, 7 abr. 2006. Seção 1, n. 68, p. 235.

BRASIL. Conselho Nacional do Meio Ambiente. Resolução nº 396, de 3 de abril de 2008. *Diário Oficial da União*, 7 abr. 2008a. Seção 1, n. 66, p. 66.

BRASIL. Conselho Nacional do Meio Ambiente. Resolução nº 397, de 3 de abril de 2008. *Diário Oficial da União*, 7 abr. 2008b. Seção 1, n. 66, p. 68.

BRASIL. Conselho Nacional do Meio Ambiente. Resolução nº 410, de 4 de maio de 2009. *Diário Oficial da União*, 5 maio 2009b. Seção 1, n. 83, p. 106.

BRASIL. Conselho Nacional do Meio Ambiente. Resolução nº 420, de 28 de dezembro de 2009. *Diário Oficial da União*, 30 dez. 2009c. Seção 1, n. 249, p. 81.

BRASIL. Conselho Nacional do Meio Ambiente. Resolução nº 430, de 13 de maio de 2011. *Diário Oficial da União*, 16 maio 2011b. Seção 1, n. 92, p. 89.

BRASIL. Ministério da Saúde. Portaria nº 2.914, de 12 de dezembro de 2011. *Diário Oficial da União*, 14 dez. 2011c. Seção 1, n. 239, p. 39.

DERÍSIO, J. C. *Introdução ao controle da poluição ambiental*. 3. ed. São Paulo: Signus, 2007.

KLEEREKOPER, H. *Introdução ao estudo da limnologia*. Porto Alegre: UFRGS, 1990.

PEDROZO, C. S.; KAPUSTA, S. C. *Indicadores ambientais em ecossistemas aquáticos*. Porto Alegre: Instituto Federal de Educação, Ciência e Tecnologia do Rio Grande do Sul, 2010. Curso Técnico em Meio Ambiente, desenvolvido pelo Programa Escola Técnica Aberta do Brasil.

RICE, E. W. et al. (Ed.). *Standard methods for the examination of water and wastewater*. 22nd ed. Washington: American Public Health Association, 2012.

VON SPERLING, M. *Introdução à qualidade das águas e ao tratamento de esgotos*. 3. ed. Belo Horizonte: UFMG, 2005.

Giandra Volpato
Diego Hepp
Cristina Simões da Costa

capítulo 3

Microbiologia

Presentes em praticamente todos os ambientes, os microrganismos pertencem a diferentes grupos biológicos, incluindo as bactérias, os fungos, os protozoários, as algas e os vírus. Compartilham entre si o minúsculo tamanho, na escala de micrômetros (μm), que os torna objeto de estudo da microbiologia.

Embora muitas vezes sejam associados a doenças, os microrganismos apresentam interações complexas com o meio ambiente, fazendo parte do conjunto de organismos envolvidos na reciclagem dos compostos químicos necessários à vida, por exemplo, na decomposição da matéria orgânica. Participam da cadeia alimentar em diferentes ambientes e trazem benefícios tanto para nós quanto para outras espécies ao participar da composição da flora intestinal e na fabricação de alimentos.

Este capítulo tem o objetivo de abordar a microbiologia e permitir que você seja capaz de reconhecer a diversidade existente de microrganismos e compreender sua relação com o meio ambiente, o seu modo de vida e a sua estrutura, os métodos mais comuns de identificação e suas aplicações na sociedade.

OBJETIVOS

Após o estudo deste capítulo, você deverá ser capaz de:

- Definir microbiologia.
- Reconhecer a diversidade dos microrganismos.
- Identificar a importância da microbiologia em nosso cotidiano.
- Estabelecer o papel dos microrganismos na manutenção da vida e como causa de doenças.
- Explicar a estrutura das células microbiológicas.
- Descrever os processos genéticos microbiológicos.
- Conhecer a classificação e os métodos de análise dos microrganismos.

Diversidade dos microrganismos

>> **DEFINIÇÃO**
A microbiologia é a área das ciências da vida que estuda os microrganismos em toda a sua diversidade, incluindo sua constituição, sua classificação, seu modo de vida e sua relação com os demais organismos.

A microbiologia surgiu a partir das primeiras observações microscópicas no século XVII, tendo evoluído com os trabalhos de diversos pesquisadores, tais como Louis Pasteur e Robert Koch. Esses trabalhos resultaram no desenvolvimento de técnicas para o cultivo e identificação de microrganismos existentes em uma determinada amostra biológica, tornando possível o diagnóstico de patologias microbianas. Dessa maneira, o estudo dos microrganismos se torna de grande importância tanto para questões de saúde humana e animal, quanto para o desenvolvimento de novas tecnologias e para a preservação ambiental.

A diversidade microbiológica se refere à variedade existente entre os microrganismos e sua capacidade de crescer e se multiplicar, nos mais complexos ambientes. Esse é um recurso de grande importância, essencial para manter o equilíbrio e a vida na Terra.

A presença de microrganismos nos mais variados e improváveis ambientes, como nas profundezas dos oceanos, na neve ou em ambientes muito quentes, é possível devido à sua diversidade metabólica, pois estes conseguem se adaptar e utilizar as mais complexas fontes de energia. Com isso, são capazes de reciclar nutrientes, produzindo e consumindo gases e decompondo poluentes, sendo a sua existência essencial para a sustentabilidade da biosfera.

Na agricultura, a atividade biológica do solo é responsável por inúmeras transformações físicas e químicas dos resíduos orgânicos que são depositados, mantendo, assim, a sustentabilidade do ambiente. Agentes de doenças de plantas e animais, os microrganismos porém, também são fonte de substâncias medicinais. Além de fontes de vitaminas e enzimas, são os principais agentes de controle biológico de pragas, os produtores de substâncias de ação inseticida e os enriquecedores do solo, solubilizando nutrientes de rochas ou transformando o nitrogênio atmosférico em formas utilizáveis por plantas e animais (ZILLI et al., 1998).

Uma flora variada de bactérias e fungos pode realizar a degradação completa de material orgânico de restos de plantas e animais, logo, é a diversidade microbiana que permite decompor estrutural e quimicamente os tecidos complexos de uma planta ou restos de animais.

Atualmente, muitos pesquisadores têm aproveitado a diversidade e isolado microrganismos dos mais variados ambientes para produzir uma gama de bioprodutos, pois normalmente o *habitat* de onde um microrganismo foi isolado está relacionado com os materiais que ele é capaz de degradar. Por exemplo, quando se deseja obter um microrganismo produtor de lipases, enzimas que hidrolisam lipídeos, este pode ser isolado em locais onde há gordura em decomposição, como efluentes ricos em gordura.

Nesse sentido, quando se deseja a obtenção de uma enzima termorresistente, as buscas se realizaram pelo isolamento de microrganismos capazes de crescer em ambientes muito quentes, por exemplo, a enzima *Taq* DNA polimerase, uma polimerase termoestável usada na amplificação de fragmentos de DNA, foi obtida da bactéria *Thermus aquaticus*, isolada de fontes hidrotermais.

» Atuação dos microrganismos nos ecossistemas

Ciclo da matéria orgânica e cadeia alimentar

Os microrganismos são essenciais no processo de reciclagem dos elementos vitais do solo e da atmosfera. Na cadeia alimentar, os animais alimentam-se das plantas e de outros animais, as plantas usam os animais em deterioração como fonte de nutrientes. Os elementos ligados a moléculas orgânicas originadas de animais e plantas são liberados após a ação dos microrganismos e constituem a fonte alimentar das plantas, e estas dos animais. As plantas e os animais e seus excretas se encontram no solo e o processo se repete (PELCZAR; CHAN; KRIEG, 1997a).

Os elementos químicos carbono, nitrogênio, oxigênio, enxofre e fósforo são essenciais para a vida e são encontrados em abundância, porém, não necessariamente nas formas que podem ser usados pelos organismos. Os microrganismos são os principais responsáveis pela conversão desses elementos em formas utilizáveis pelas plantas e pelos animais.

Ciclo do carbono

Esse ciclo se inicia com a redução do dióxido de carbono em matéria orgânica pelos organismos autotróficos. Os organismos fototróficos incorporam o dióxido de carbono na forma de matéria orgânica utilizando a luz solar como fonte de energia, já os quimioautotróficos metabolizam compostos, como sulfeto de hidrogênio, para produzir energia. Na etapa seguinte, os quimio-heterotróficos, como animais e protozoários, alimentam-se de autotróficos. Como os componentes orgânicos dos autotróficos são digeridos e novamente sintetizados, os átomos de carbono do dióxido de carbono são transferidos de organismo para organismo na cadeia alimentar.

Algumas moléculas orgânicas são utilizadas para satisfazer as necessidades de energia por quimio-heterotróficos. Ao liberar essa energia pela respiração, o dióxido de carbono se torna imediatamente disponível para reiniciar o ciclo. Parte do carbono continua dentro do organismo até ser excretado, ou até a morte desse organismo; quando ocorre a morte, esses compostos orgânicos são decompostos por bactérias e fungos, sendo oxidados, e o dióxido de carbono retorna para o ciclo.

Ciclo do nitrogênio

Os organismos necessitam de nitrogênio para sintetizar compostos como proteínas e ácidos nucleicos. Para ser utilizado pelas plantas, o nitrogênio deve ser absorvido e combinado com componentes orgânicos. Alguns microrganismos são capazes de converter o nitrogênio para formas utilizáveis por meio de uma sequência de reações.

O ciclo do nitrogênio inicia com a amonificação, onde primeiro ocorre a decomposição microbiológica de organismos mortos que hidrolisam as proteínas em aminoácidos. Em seguida, os grupamentos amina são convertidos em amônia (deaminação). Essa liberação de amônia é denominada amonificação, e os íons amônia são utilizados pelas bactérias e plantas para a síntese de aminoácidos.

WWW.

» **NO SITE**

Assista à animação sobre o ciclo do nitrogênio *Associações simbólicas: bactérias fixadoras de nitrogênio*, disponível no ambiente virtual de aprendizagem: www.bookman.com.br/tekne.

A próxima etapa de reações do ciclo de nitrogênio é chamada nitrificação, nela ocorre a oxidação do nitrogênio em íon amônia para produzir nitratos. Bactérias autotróficas nitrificadoras, como *Nitrosomonas* e *Nitrobacter*, obtêm energia por meio da oxidação da amônia ou do nitrito. Primeiro, as *Nitrosomonas* oxidam amônia em nitrito e depois as *Nitrobacter* oxidam nitritos em nitratos. As plantas podem utilizar o nitrato como fonte de nitrogênio para síntese de proteínas.

O nitrogênio resultante da nitrificação é completamente oxidado, não tendo mais nenhuma energia biológica utilizável. A única forma de utilizá-lo como aceptor de elétrons por microrganismos que metabolizam outras fontes de energia orgânica na ausência de oxigênio atmosférico. Esse processo é conhecido como denitrificação e pode levar à perda de nitrogênio para atmosfera.

Ciclo do enxofre

Esse elemento passa por vários estágios de oxidação. As formas mais reduzidas do enxofre são os sulfetos, que representam uma fonte de energia para as bactérias autotróficas. Algumas bactérias fototróficas também são capazes de oxidar o enxofre, levando à formação de íons sulfato. A bactéria *Thiobacillus* pode fazer uso do sulfeto de hidrogênio e produzir íons sulfato e ácido sulfúrico.

Os sulfatos nos animais se transformam em aminoácidos que contêm enxofre, formando as ligações dissulfídicas das estruturas das proteínas. As proteínas são decompostas (dissimilação), liberando enxofre como sulfeto de hidrogênio, reintegrando o ciclo.

Ciclo do fósforo

Ocorrem modificações de formas solúveis para insolúveis e de fosfato orgânico para inorgânico. Não existe um produto volátil composto por fósforo que possa retorná-lo para atmosfera, logo esse componente tende a se acumular nos mares, estando presente nos peixes que servem de alimento para aves marinhas e retornando ao ambiente por meio das fezes dessas aves.

>> PARA REFLETIR

Com base no que foi abordado até agora, pense em como os microrganismos atuam no ciclo da matéria orgânica.

>> Usos dos microrganismos

Diversas espécies de microrganismos estão envolvidas em atividades da nossa vida cotidiana de uma maneira tão essencial que podemos dizer que não seria possível viver sem elas. Utilizamos microrganismos na nossa alimentação, na indústria, no controle ambiental, na pesquisa e no desenvolvimento de novos medicamentos e produtos e até no tratamento de nossos resíduos.

Mesmo antes de o ser humano descobrir a existência dos microrganismos, suas propriedades já eram aproveitadas para a fabricação de alimentos por meio do processo fermentativo utilizado na produção de bebidas, como o vinho e a cerveja, e na fabricação de pães.

Atualmente, são comercializadas cepas selecionadas de microrganismos com características para atender às mais variadas necessidades. Alguns dos produtos alimentícios fabricados com a utilização de microrganismos são os vinhos, as espumantes, as cervejas e outras bebidas alcoólicas provenientes da fermentação de açúcares presentes em frutas, grãos e cereais, por leveduras tais como a *Saccharomyces cerevisiae*. Os pães e bolos também utilizam leveduras para o crescimento da massa por meio da transformação do açúcar, liberando gás carbônico. O queijo, o iogurte e outros laticínios são produzidos utilizando bactérias lácteas.

O processo fermentativo também é empregado na fabricação de combustíveis. O etanol é produzido pela fermentação do açúcar da cana-de-açúcar, do milho e de outros vegetais.

Os microrganismos também são utilizados nas indústrias químicas, na fabricação de diversas substâncias. O rico metabolismo microbiano, juntamente com a facilidade no cultivo e na separação dos componentes celulares, permitem a obtenção de produtos como aminoácidos, ácidos orgânicos, vitaminas, corantes e aditivos para alimentos e cosméticos.

Uma área que tem se desenvolvido fortemente é a dos medicamentos obtidos a partir de microrganismos, desde os antibióticos até o desenvolvimento de fármacos para aplicações variadas. A tecnologia do DNA recombinante ou biotecnologia tornou possível a alteração da composição genética dos microrganismos adicionando genes de outras espécies, permitindo que bactérias sintetizem enzimas, hormônios e outras moléculas úteis que podem ser produzidas em grandes quantidades em fermentadores e então purificadas.

WWW

>> NO SITE

Veja a importância econômica dos fungos no ambiente virtual de aprendizagem.

>> DICA

No ambiente virtual de aprendizagem, você encontra vídeos que apresentam exemplos de sistemas de tratamento de água e efluentes, demonstrando a participação dos microrganismos no processo.

A presença de algumas espécies de bactérias fixadoras de nitrogênio no solo, tais como as dos gêneros *Bradyrhizobium* e *Rhizobium*, aumenta a produtividade das plantações e reduz a necessidade do uso de fertilizantes, dessa maneira sua presença é estimulada pelo cultivo de plantas leguminosas ou pela aplicação de inóculos contendo bactérias fixadoras de nitrogênio.

>> PARA REFLETIR

Você já parou para pensar se o esgoto gerado na sua cidade passa por um tratamento adequado?

Os microrganismos também são de grande importância para a qualidade ambiental, por exemplo, ao participarem no tratamento de águas e esgotos. Bactérias aeróbicas fazem parte da purificação dos dejetos domésticos e industriais; por meio da aeração do esgoto é realizada a oxidação da matéria orgânica, liberando dióxido de carbono e água e formando o chamado lodo ativado, que passa por um processo de digestão anaeróbica, no qual outras espécies de bactérias reduzirão o volume de compostos orgânicos do lodo.

>> PARA REFLETIR

A presença dos microrganismos em nossa vida é essencial para a realização de diversas atividades. Com base no que você já viu até aqui, descreva os diferentes tipos de relações estabelecidas entre os microrganismos e o ser humano.

>> A relação entre microrganismos e saúde

Você já parou para pensar que os microrganismos estão em toda parte? Olhe ao seu redor e tente identificar os locais onde podem estar presentes microrganismos. Você se deu conta de que eles são encontrados inclusive na superfície e interior do nosso organismo? O corpo humano abriga pelo menos 100 trilhões de células microbianas, em sua maioria bactérias (mas fungos e protozoários também podem ser encontrados), sendo denominadas flora normal do corpo humano (PELCZAR; CHAN; KRIEG; 1997b). Esses microrganismos podem tanto auxiliar o nosso organismo a se manter saudável quanto ser responsáveis por doenças (TORTORA; FUNKE; CASE, 2005).

As bactérias que compõem a nossa flora intestinal, ao se desenvolverem, podem produzir substâncias benéficas ao nosso organismo e impedir a colonização do nosso intestino por microrganismos patogênicos, como é o caso dos probióticos, mas também podem contribuir para o desenvolvimento de doenças quando nosso organismo está em desequilíbrio (TORTORA; FUNKE; CASE, 2005).

Um exemplo da dualidade de funções que os microrganismos podem desempenhar no nosso organismo é a bactéria *Escherichia coli*, que produz uma substância que auxilia no controle da infecção do intestino grosso por *Salmonella*, mas ao acessar outras regiões do organismo, como a bexiga, pode causar infecções urinárias. Outro exemplo de bactéria que pode provocar doenças é *Helicobacter pylori*, responsável por vários quadros de gastrite (TORTORA; FUNKE; CASE, 2005).

» ASSISTA AO FILME
Assista à animação *Inquilinos do corpo*, no ambiente virtual de aprendizagem, para identificar os vários microrganismos que vivem em nosso corpo.

A suplementação da dieta com probióticos pode assegurar o equilíbrio da flora intestinal humana, auxiliando na manutenção da saúde do organismo. Probióticos (*pro* = a favor, *bios* = vida) são microrganismos vivos, administrados em quantidades adequadas, que conferem benefícios à saúde do hospedeiro. Entre os microrganismos utilizados como probióticos encontram-se *Lactobacillus spp.* e *Bifidobacterium spp.* A influência benéfica dos probióticos sobre a microbiota intestinal humana inclui fatores como efeitos antagônicos, competição e efeitos imunológicos que resultam no aumento da resistência contra patógenos. Assim, a utilização de culturas bacterianas probióticas estimula a multiplicação de bactérias benéficas, em detrimento à proliferação de bactérias potencialmente prejudiciais, reforçando os mecanismos naturais de defesa do hospedeiro (SAAD, 2006).

» PARA SABER MAIS

Leia o artigo *Probióticos e prebióticos: o estado da arte*, de Susana Saad, publicado na *Revista Brasileira de Ciências Farmacêuticas* (2006), disponível no ambiente virtual de aprendizagem.

Você já percebeu que alguns microrganismos parecem ter mais facilidade de provocar doenças que outros? Isso ocorre porque cada microrganismo tem características morfológicas e condições ideais de desenvolvimento que farão com que tenha maior ou menor facilidade para driblar as barreiras que o organismo impõe ao seu desenvolvimento. Quando a capacidade do microrganismo patogênico supera nossas defesas, a doença se desenvolve (TORTORA; FUNKE; CASE, 2005).

» DEFINIÇÃO
Toxigenicidade refere-se à capacidade de produção de toxinas por um organismo.

Na infecção, o microrganismo invade ou coloniza as células do organismo, realizando parte do seu ciclo vital no interior da célula do hospedeiro (PELCZAR; CHAN; KRIEG; 1997b). Quando a infecção altera o estado de saúde desse hospedeiro, provoca uma doença infecciosa.

> **» DICA**
> Acesse o ambiente virtual de aprendizagem e pesquise sobre o uso de microrganismos para a produção de vacinas.

Após a doença ter se estabelecido, um indivíduo infectado pode se recuperar completamente, apresentar lesão temporária ou permanente, ou ainda morrer, sendo as doenças infecciosas a principal causa de mortes no mundo.

Além da infecção, os microrganismos podem ser responsáveis por intoxicações provocadas pela ingestão de substâncias tóxicas previamente produzidas por microrganismos toxigênicos, como é o caso da toxina botulínica, produzida pelo *Clostridium botulinum* (TORTORA; FUNKE; CASE, 2005).

Salmonella: de vilã dos alimentos à chave para a cura do câncer

Pesquisas vêm sendo feitas no sentido de desenvolver uma espécie de "vacina" contra o câncer a partir de cepas de *Salmonella* com virulência atenuada. A bactéria é capaz de provocar uma reação imunológica que mata células cancerígenas, sem provocar a doença.

Após a introdução de *Salmonella* atenuada em ratos que apresentavam melanomas, o tipo mais letal de câncer de pele, observou-se uma supressão do crescimento do tumor e um prolongamento da sobrevida média de até o dobro da verificada nos ratos não tratados. Em outro estudo, 40% dos ratos que apresentavam células metastáticas de tumores de próstata e de mama se curaram completamente e sobreviveram por um período de tempo igual ao dos ratos que não receberam o tratamento com *Salmonella*.

» Estrutura básica das células microbianas

> **» NO SITE**
> Para entender melhor a diferença entre os microrganismos eucariotos e procariotos, acesse o ambiente virtual de aprendizagem.

Os microrganismos apresentam uma grande diversidade de formas e espécies, pertencendo a diferentes grupos que abrangem praticamente a totalidade dos principais ramos da vida. Uma classificação inicial pode separá-los em dois grupos: organismos procariotos e eucariotos. Enquanto alguns micróbios são eucariotos, tais como fungos, algumas algas e os protozoários compartilham sua estrutura celular com organismos multicelulares. Os procariotos são incluídos na categoria dos organismos microbiológicos, e a estrutura celular de seus representantes, bactérias e cianobactérias, é um dos campos de estudo da microbiologia.

Primeiro, é importante ressaltar a diferença de tamanho entre uma célula procariota e uma eucariota. Enquanto as bactérias apresentam tamanhos variando de 0,2 a 2,0 μm de diâmetro e de 1 a 10 μm de comprimento, os organismos eucariotos possuem células com diâmetro entre 10 e 100 μm, apresentando também uma diversidade de formatos possíveis.

As células bacterianas podem apresentar diferentes formas conforme a espécie, sendo possível a variação em células da mesma espécie em função de seu estado fisiológico.

As formas celulares mais comuns em bactérias são:

- os estreptococos: são cocos dispostos enfileirados.

- os cocos: têm células arredondadas ou ovais que podem permanecer unidas após a divisão, formando diplococos (duas células unidas), estreptococos (mais de duas a muitas células em cadeia), ou ainda outros arranjos como tétrades, sarcinas ou estafilococos, conforme o plano de divisão das células.

- os bacilos: apresentam células alongadas, em forma de bastão, usualmente ocorrem de maneira isolada, mas também podem se apresentar em agrupamentos, sendo mais comum a disposição em pares (diplobacilos) ou em cadeias (estreptobacilos).

- espirais ou curvas: células com formatos que podem lembrar vírgulas, chamadas de vibriões, espirais rígidas (espirilos) ou flexíveis (espiroquetas). Os espirilos possuem um flagelo para locomoção, enquanto as espiroquetas apresentam um filamento axial inserido em uma bainha externa à célula.

O formato das células bacterianas é determinado pela parede celular, uma estrutura rígida que envolve a célula e protege a membrana celular de uma possível ruptura. É formada principalmente por peptideoglicana, uma molécula polimérica de dissacarídeos e polipeptídeos organizados na forma de uma rede. Quanto ao arranjo estrutural da parede celular, as bactérias podem ser classificadas em dois grupos, que são identificáveis pela técnica de coloração diferencial de Gram:

- **Gram-positivas:** possuem muitas camadas sobrepostas de peptideoglicana e ácidos teicoicos. Devido à maior espessura fornecida pelas camadas de peptideoglicana, a parede das bactérias gram-positivas é mais resistente à ruptura.

- **Gram-negativas:** possuem uma ou poucas camadas de peptiodeoglicana e uma membrana externa lipoproteica, não contendo ácidos teicoicos. A peptideoglicana está localizada no espaço periplásmico existente entre a membrana celular e a membrana externa. Sendo mais suscetível à ruptura devido à menor quantidade de peptideoglicana rígida. A parede das bactérias gram-negativas apresenta vantagens em relação ao isolamento químico e fisiológico da célula, além de dificultar a resposta imunológica dos hospedeiros.

Muitas bactérias apresentam glicocálice, um revestimento polimérico gelatinoso composto por polissacarídeos e peptídeos diversos, localizado externamente à parede celular. Auxilia na proteção da célula e na fixação ao substrato. Em algumas

WWW

» NO SITE
Você pode observar a estrutura de microrganismos acessando a atividade *Observação microscópica de bactérias – coloração de Gram*, disponível no ambiente virtual de aprendizagem.

espécies, o glicocálice está firmemente aderido à parede celular, sendo chamado de cápsula.

Os flagelos são apêndices filamentosos utilizados na locomoção de algumas espécies de bactérias. Inseridos na membrana celular e na parede por um corpo basal, os flagelos realizam movimentos circulares sobre o seu eixo, promovendo um fluxo que move a célula. As bactérias podem conter apenas um flagelo (monotríquios), dois flagelos, sendo um em cada extremidade celular (anfitríquios), dois ou mais flagelos em uma extremidade (lofotríquios) ou diversos flagelos distribuídos em toda a superfície da célula (peritríquios).

Existem outros tipos de apêndices presentes em grupos de bactérias formados por proteínas filamentosas que apresentam funções diversificadas. Nas bactérias do grupo das espiroquetas são encontrados filamentos axiais envolvidos na mobilidade, que se originam em um polo da célula e fazem um espiral ao longo do eixo maior da célula, inseridos em uma bainha externa. Ao girarem, esses filamentos promovem a movimentação da célula.

As fímbrias são projeções finas, semelhantes a pelos, constituídas de uma proteína chamada pilina e que auxiliam na fixação das células, podendo estar presentes em poucas ou grandes quantidades por célula. Os *pili* também são projeções formadas por pilina, porém, são mais longos do que as fímbrias e ocorrem em menor quantidade por célula (normalmente um ou dois). São utilizados no processo de transferência de DNA entre duas células durante a conjugação.

A célula bacteriana é delimitada por uma membrana plasmática formada por uma camada dupla de fosfolipídeos e por proteínas, a qual serve como uma barreira seletiva à entrada e à saída de substância do interior da célula, permitindo a movimentação de moléculas, nutrientes e íons que sejam necessários, além de participar dos processos de digestão celular e produção de energia.

O conteúdo do interior da célula, chamado citoplasma, é formado por substâncias dispersas ou solúveis em água, como proteínas, aminoácidos, carboidratos e íons, além de estruturas maiores e com funções específicas, como o cromossomo. O cromossomo é formado por uma molécula de DNA de fita dupla circular e proteínas envolvidas no seu processamento, replicação e transcrição, formando uma região pouco delimitada chamada nucleoide. Os ribossomos são responsáveis pela tradução das proteínas necessárias à célula e pelas inclusões citoplasmáticas e reservas de substâncias como, por exemplo, carboidratos, lipídeos e enzimas encontradas em algumas espécies de bactérias.

Agora é a sua vez!

Os microrganismos pertencem a grupos de espécies muito variados, incluindo organismos procariotos, como as bactérias e cianobactérias, e eucariotos, tais como os protozoários, algumas algas e os fungos. Esses grupos compartilham entre si o seu tamanho reduzido. Organize um esquema classificando os grupos de microrganismos conforme o tamanho e organização celular de cada um.

Genética microbiológica

As características biológicas existentes nos microrganismos, desde o seu metabolismo, a sua morfologia, a sua capacidade de infecção até os mecanismos de multiplicação, são determinadas pelo material genético existente em seus genes, pacotes de informação contidos dentro das moléculas de ácidos nucleicos, podendo ser formados por DNA (ácido desoxirribonucleico) nas células de bactérias, fungos e protozoários ou por RNA (ácido ribonucleico) em alguns vírus.

Nas bactérias, células procariotas, a parte principal do material genético está contida em um cromossomo de DNA circular, com tamanho variado conforme a espécie, de algumas centenas de milhares a nove milhões de nucleotídeos. Os genes em bactérias estão proximamente distribuídos ao longo do cromossomo bacteriano, existindo pouco espaço entre as regiões codificantes de diferentes genes.

A replicação – processo de síntese de uma nova molécula de DNA fita dupla utilizando a molécula existente como molde – em bactérias inicia em um ponto do cromossomo conhecido como origem de replicação, no qual são formados os complexos de enzimas responsáveis pela síntese da nova molécula (forquilhas de replicação), os quais avançam pelo cromossomo até completar o círculo, resultando em duas moléculas de DNA fita dupla.

A regulação da expressão gênica em bactérias por meio de óperons é um mecanismo de controle capaz de inibir ou estimular a produção de enzimas necessária para o metabolismo da bactéria conforme a disponibilidade do respectivo substrato da enzima. Um exemplo é o óperon da lactose. Os genes para as três enzimas necessárias para a utilização desse açúcar (beta-galactosidase, permease e acil-transferase, genes Z, Y e A, respectivamente) estão localizados em sequência no cromossomo e serão transcritos no mesmo RNA mensageiro somente quando a lactose estiver presente no meio em que a célula está crescendo.

Para realizar esse controle são necessárias duas outras regiões: o promotor e o operador. O promotor é uma região contendo sinais para o início da transcrição pela enzima RNA polimerase. O operador contém sinais que indicarão se a transcrição deve ou não ocorrer em determinado momento. Uma proteína repressora, produzida por um gene regulador (gene I) tem participação ativa na regulação através de um sítio de ligação ao operador. Na ausência da lactose, a ligação entre a proteína repressora e o operador e inibe a transcrição do óperon.

Porém, quando a lactose está presente, a proteína repressora não se une ao operador, permitindo a expressão do óperon. Dessa forma, somente na presença do substrato específico as enzimas são produzidas, evitando assim que recursos sejam despendidos na síntese das enzimas quando estas não forem úteis à célula.

Além da regulação pela presença de lactose, descobriu-se que o *operon lac* depende dos níveis de glicose para ser ativado. Apenas em níveis baixos de glicose a lactose será requerida. Uma segunda molécula serve de sinal, o AMP cíclico, que se liga à proteína ativadora de catabólitos (CAP), a qual se une ao promotor e estimula a transcrição do óperon.

As células bacterianas são, em sua maioria, haploides, ou seja, existe apenas uma cópia do cromossomo por célula. As cópias do cromossomo produzidas na replicação e passadas às células filhas são, portanto, idênticas. Dessa forma, a variabilidade genética dentro das espécies é resultante de mutações durante a replicação. As células que herdarem o cromossomo com a mutação formarão linhagens contendo versões alternativas dos genes, chamadas alelos.

No entanto, a taxa de mutação é normalmente baixa (na faixa de 10^{-9} mutações por nucleotídeo), e pouca variabilidade é esperada resultante do processo de mutação em linhagens de bactérias da mesma espécie. Além das mutações, outros mecanismos de aquisição de diversidade genética em bactérias são:

• A transformação, que consiste na passagem de genes (DNA) entre uma bactéria doadora e outra receptora através de poros na membrana celular.

• A conjugação, que envolve a presença de um plasmídeo específico na célula doadora, contendo genes para a produção de estruturas conjugativas denominadas *pili*, as quais realizam a ligação entre duas células e transmitem o plasmídeo para a célula receptora aonde irá se replicar.

• A transdução, processo de aquisição de informação genética que envolve um vírus que infecta bactérias, chamado de bacteriófago. Esse vírus realiza a infecção inserindo seu material genético (DNA) na célula bacteriana.

Além do cromossomo bacteriano, existem também elementos genéticos adicionais independentes do cromossomo, tais como os plasmídeos, que não são essenciais para a sobrevivência da célula, mas carregam genes que podem conferir vantagens seletivas para a célula, tais como genes de resistência a antibióticos, produção de toxinas, mecanismos conjugativos e enzimas metabólicas adicionais. O número de plasmídeos presentes em uma célula pode ser bastante variado e mais de um tipo de plasmídeo pode estar presente na mesma célula bacteriana.

Agora é a sua vez!

1) Após passar pelo processo de divisão celular, duas células-filhas idênticas são formadas a partir de uma bactéria original. Explique o mecanismo utilizado para que a informação genética transmitida para as células-filhas seja fiel à da célula progenitora.

2) Você acabou de aprender sobre os mecanismos genéticos dos microrganismos. Além da divisão celular, onde são formadas duas células idênticas à célula mãe, outros mecanismos de transmissão de informação genética existem em alguns microrganismos. Pesquise de que maneira a troca de material genético entre bactérias pode influenciar na transmissão de doenças a sua saúde.

3) Conceitue os seguintes termos: replicação do DNA, óperon, célula haploide e plasmídeo.

Classificação dos microrganismos

A primeira classificação, ou distribuição, dos microrganismos foi proposta por Carolus Linnaeus, em 1735, e dividiu os microrganismos em dois reinos: *Plantae*, que incluía bactérias, fungos, algas e plantas, e *Animalia*, que incluía protozoários e animais superiores. Essa distribuição foi baseada nas observações possíveis àquela época. Com a descoberta de novas informações, novas classificações foram surgindo.

Em 1866, Ernest Haeckel incluiu mais um reino à classificação de Linnaeus, o *Protista*, onde colocou os microrganismos que tinham características tanto de plantas quanto de animais, fazendo parte desse reino bactérias, algas, protozoários, bolores e leveduras.

Com o surgimento da microscopia eletrônica foi possível conhecer mais detalhadamente a estrutura interna das células, e com isso uma nova e importante informação foi encontrada. Verificou-se que nos microrganismos a substância nuclear pode estar separada do citoplasma por uma membrana nuclear, ou eles podem apresentar material nuclear sem membrana, o que levou a uma nova classificação: células eucarióticas e procarióticas, respectivamente. Essa descoberta teve grande importância, pois as bactérias foram separadas dos outros microrganismos, de plantas e animas, pois estas são procariotas, diferente de todas as outras células (TORTORA; FUNKE; CASE, 2005).

Em 1969, Robert H. Whittaker criou o sistema de cinco reinos, essa classificação está baseada na forma como os organismos obtém nutrientes. O Quadro 3.1 apresenta a classificação.

Quadro 3.1 » Classificação de reinos segundo Whittaker, de acordo com a forma de obtenção de nutrientes

Reinos	Organismos	Forma de obtenção de nutrientes
Plantae	Algas multicelulares e plantas	Fotossíntese*
Animalia	Animais	Ingestão**
Protista	Protozoários e algas unicelulares	Fotossíntese, absorção*** e ingestão
Fungi	Bolores e leveduras	Absorção
Monera	Bactérias (procariotos)	Absorção

*Fotossíntese: processo pelo qual a luz fornece energia para conversão do gás carbônico em água e açúcares.

**Ingestão: entrada de partículas de alimentos não dissolvidas.

***Absorção: captação de nutrientes químicos dissolvidos em água.

» **DICA**
Acesse o ambiente virtual de aprendizagem para entender melhor a classificação dos organismos.

Nessa classificação, os procariotos foram colocados no reino *Monera*, ou *Procaryotae*, e os eucariotos nos quatro reinos restantes.

A partir de pesquisas e avanços na biologia molecular, descobriu-se um método de comparação celular por meio dos ribossomos, pois estão presentes em todas as células. O ácido ribonucleico ribossômico (*r*RNA), essencial para síntese proteica, é composto de várias unidades pequenas denominadas ribonucleotídeos arranjados em sequência. As comparações dessas sequências demonstraram a existência de dois tipos de células procarióticas – as eubactérias e as arqueobactérias, e um tipo de célula eucariótica (TORTORA; FUNKE; CASE, 2005).

Com essas informações, Carl R. Woese, em 1978, propôs elevar esses três tipos de células para um nível acima de reino, os domínios, representando os três reinos primários da vida, conforme o Quadro 3.2.

Quadro 3.2 » Classificação dos seres vivos segundo Woese

Domínio	Características
Bactéria	As paredes celulares contêm peptideoglicanas.
Archae	Nem sempre há paredes celulares, mas quando presentes estas não contêm peptidioglicanas.
Eucarya	Está dividido em: • *Protista* (fungos gelatinosos, protozoários e algumas algas). • *Fungi* (leveduras unicelulares, bolores multicelulares e cogumelos). • *Plantae* (musgos, samambaias, coníferas e plantas com flores). • *Animalia* (esponjas, vermes, insetos e vertebrados).

» PARA REFLETIR

Como as características morfológicas das células contribuíram para a classificação dos microrganismos?

» Métodos de análise de microrganismos

Métodos de observação e cultivo microbiológico

Como já foi demonstrado, os microrganismos desempenham as mais diversas funções na nossa sociedade. Para que pudéssemos, de certa forma, controlar o desenvolvimento dos microrganismos e direcioná-lo para o atendimento de nossas necessidades, foi necessário que se desenvolvessem técnicas que permitissem sua observação, sua manipulação e seu cultivo.

Hoje, existe uma grande variedade dessas técnicas. Vamos conhecer um pouco sobre as principais: microscopia, coloração de Gram e cultivo microbiológico.

Microscopia

A observação dos microrganismos a olho nu é impossível, pois seu tamanho é diminuto, da ordem de micrômetros, muito menor que o limite de detecção do olho humano, que é da ordem de milímetro. De posse de uma régua, observe o tamanho de 1 mm, agora imagine, esse milímetro dividido em mil partes. Essa milésima parte, corresponde a um micrômetro, a unidade de medida utilizada para medir os microrganismos (TORTORA; FUNKE; CASE, 2005).

A utilização de microscópios permitiu que as imagens fossem visualizadas com aumento, possibilitando a observação dos microrganismos e seu estudo em detalhe, nos levando a conhecer suas estruturas e características morfológicas (PELCZAR; CHAN; KRIEG, 1997).

Existem vários tipos de microscópio e técnicas de microscopia que podem ser utilizadas na microbiologia. A técnica mais simples e difundida é a microscopia ótica de campo claro, na qual através da utilização de um microscópio ótico consegue-se um aumento de cerca de 1000X, (PELCZAR; CHAN; KRIEG, 1997a) permitindo estudar o formato e arranjo das células, algumas estruturas internas e o contorno da película transparente (membrana externa) (TORTORA; FUNKE; CASE, 2005).

Na microscopia ótica de campo claro, os microrganismos são fixados em lâminas de vidro e comumente são submetidos a uma coloração a fim de facilitar sua observação (PELCZAR; CHAN; KRIEG, 1997a).

www.

» **NO SITE**
Para aprender mais sobre microscopia ótica, assista às animações *Princípios de microscopia ótica* e *Introdução à microscopia ótica*, disponíveis no ambiente virtual de aprendizagem.

Coloração de Gram

A técnica de coloração mais utilizada na diferenciação de bactérias é a coloração de Gram, desenvolvida pelo médico dinamarquês Christian Gram (1853 – 1938), em 1884, e que consiste no tratamento sucessivo de um esfregaço bacteriano, fixado pelo calor, com os reagentes cristal violeta (corante púrpura), solução de iodo (mordente), álcool (agente descorante) e safranina (corante vermelho). Essa técnica permite a separação de amostras bacterianas em Gram-positivas e Gram-negativas. (PELCZAR; CHAN; KRIEG, 1997).

» Cultivo de microrganismos

O cultivo de microrganismos em laboratório é realizado em meios de cultura, os quais são preparados com nutrientes e condições necessárias ao crescimento microbiano. Esses meios podem se apresentar de forma líquida, semissólida ou sólida, sendo estas últimas obtidas pela adição de concentrações variadas de agar ao meio líquido (PELCZAR; CHAN; KRIEG, 1997a).

» **DICA**
Conheça mais sobre meios de cultura e isolamento e cultivo de microrganismos, no ambiente virtual de aprendizagem.

Os meios líquidos são utilizados em tubos de ensaio ou Erlenmeyers. Já os meios sólidos são depositados em placas de Petri (PELCZAR; CHAN; KRIEG, 1997a).

Os meios de cultura podem ser classificados de acordo com a função que desempenham, como pode ser observado no Quadro 3.3.

Quadro 3.3 » Classificação dos meios de cultura de acordo com a função a que se destinam

Tipo de meio	Função	Aplicação	Exemplo
Meio de enriquecimento	Isolamento de bactérias presentes em pequeno número juntamente com outras que estão em grande quantidade.	Amostras de água, solo ou alimentos em que se deseja detectar a presença de um determinado microrganismo.	Caldo lactosado
Meio seletivo	Permitem o crescimento de microrganismo de interesse e/ ou suprimem o crescimento de outros microrganismos.	A seleção de um determinado microrganismo permite a determinação da presença de um microrganismo específico associado a doenças ou condições higiênico-sanitárias deficientes. Utilizado na análise de solo, água, fezes, saliva, alimentos, etc.	O caldo verde brilhante (bile lactose) apresenta em sua composição bile bovina e um corante derivado do trifenilmetano (verde brilhante) que inibem microorganismos Gram positivos.
Meio diferencial	Facilita a identificação da bactéria de interesse quando existem outras bactérias capazes de se desenvolver no meio permitindo sua diferenciação das demais.	Na determinação da presença de um microrganismo específico associado a doenças ou condições higiênico-sanitárias deficientes.	Ágar ferro três açúcares (TSI): permite a diferenciação de bacilos Gram-negativos com base na alteração da cor do meio provocada pela mudança de pH decorrente da fermentação dos açúcares presentes, assim como pela observação de cor negra oriunda da formação de sulfeto de hidrogênio.

(continua)

Quadro 3.3 » Classificação dos meios de cultura de acordo com a função a que se destinam (*Continuação*)

Meio seletivo--diferencial	Combina as características tanto dos meios seletivos, quanto dos diferenciais.	Na determinação da presença de um microrganismo específico associado a doenças ou condições higiênico-sanitárias deficientes. É comum sua utilização para determinação da qualidade da água ou na identificação de agente responsável por doença de origem alimentar.	Ágar verde brilhante: apresenta lactose como fonte de carbono, que ao ser utilizada pelo microrganismo provoca variação do pH e consequente mudança de coloração do meio ao redor das colônias.
Meios para contagem	Permitem a enumeração de microrganismos, podendo ser meios seletivos e/ou diferenciais.	Enumeração de microrganismos presentes na água, no solo, nos alimentos, nas fezes, etc.	Ágar padrão para contagem

Fonte: Pelczar, Chan e Krieg (1997a) e Tortora, Funke e Case (2005).

» Métodos para quantificar diretamente o crescimento microbiano

Contagem em placa

O método de contagem em placa é a técnica mais utilizada na quantificação de uma população bacteriana, podendo ser utilizado tanto para a contagem de grandes grupos microbianos como para a contagem de gêneros e espécies em particular, variando-se o tipo de meio utilizado e as condições de incubação. Realizam-se diluições sucessivas das amostras, das quais um volume conhecido é inoculado em placas contendo o meio de cultura sólido (Figura 3.1) (TORTORA; FUNKE; CASE, 2005).

» PARA REFLETIR

Na análise microbiológica para determinar a presença de Salmonella em água e amostras de alimentos, quanto maior o número de células da bactéria presentes, mais fácil é sua detecção. Dessa forma, o primeiro passo da análise visa a propiciar que as células da bactéria, que porventura estejam presentes, possam se recuperar de qualquer injúria que tenham sofrido e ainda que possam se multiplicar facilitando sua detecção. Que tipo de meio de cultura você utilizaria nessa etapa da análise? Justifique sua resposta.

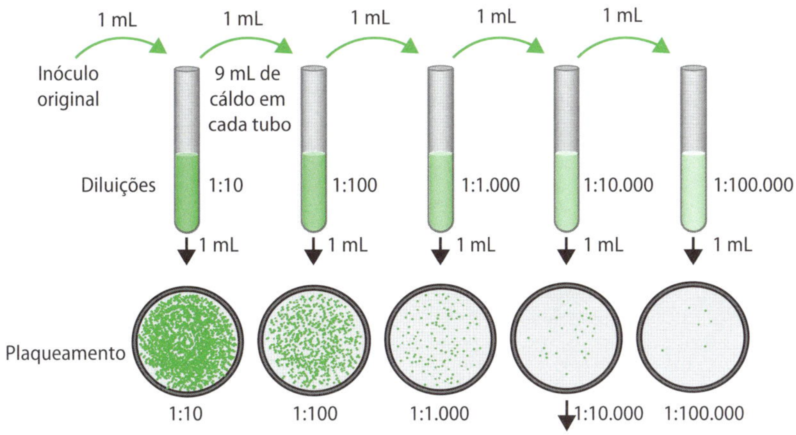

Cálculo: número de colônias na placa × índice de diluição da amostra = número de bactérias/mL (p. ex., se 32 colônias estão na placa de diluição 1:10.000, a contagem pode ser estimada em 32 × 10.000 = 320.000 bactérias/mL na amostra).

Figura 3.1
Contagem em placas.
Fonte: Tortora, Funke e Case (2005).

Essas placas são incubadas por tempo suficiente para que haja o crescimento microbiano, originando colônias. Após o período de incubação, essas colônias são contadas permitindo que seja estimada a concentração de microrganismos presentes na amostra original.

A vantagem desse método é a detecção de apenas colônias viáveis, apresentando como principal desvantagem o tempo necessário para a visualização das colônias, que é de no mínimo 24h (TORTORA; FUNKE; CASE, 2005).

Técnica do número mais provável

Na técnica de diluição do número mais provável (NMP) são utilizados tubos de ensaio contendo meio de cultura líquido. Essa técnica é empregada para estimar o número de microrganismos de uma amostra a partir de respostas nas quais os resultados são reportados como positivos ou negativos em uma ou mais diluições decimais da amostra. Por exemplo, cinco tubos do meio para cada três diluições são inoculadas e incubadas, e a produção de gás é observada em cada tubo.

Essa técnica apresenta maior sensibilidade do que a contagem em placas, sendo utilizada quando se espera encontrar baixas concentrações microbianas na amostra, quando os microrganismos não são capazes de crescer em meio sólido ou quando o crescimento da bactéria em meio líquido diferencial é utilizado para identificar microrganismos. É muito utilizada na determinação de coliformes em amostras de água (Figura 3.2). Esse método fornece uma estimativa de 95% de probabilidade de a população microbiana conter um número de bactérias e que o NMP da tabela é estatisticamente o número mais provável (TORTORA; FUNKE; CASE, 2005).

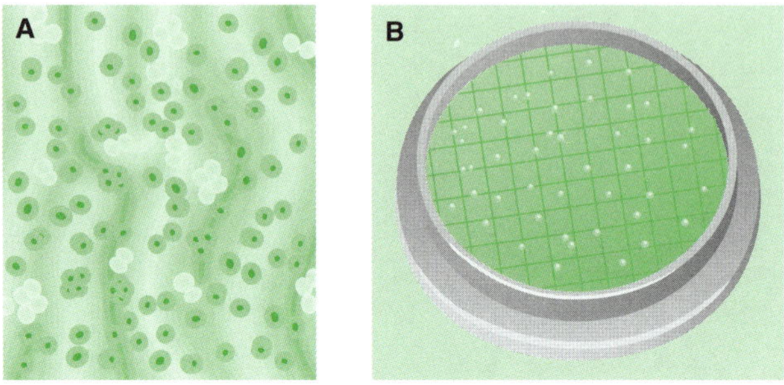

Figura 3.2 Enumeração de microrganismos pelo método de filtração: (a) microrganismos retidos na membrana de filtro após a filtração; (b) a enumeração das colônias que se desenvolvem após a membrana ser depositada em suporte saturado com meio de cultura líquido e incubada, permite determinar o número de microrganismos na amostra filtrada.

Testes bioquímicos

Voltados para detectar a capacidade de os microrganismos produzirem determinadas enzimas, utilizando-se meios de cultura específicos (TORTORA; FUNKE; CASE, 2005).

A capacidade de produção de enzimas varia de microrganismo para microrganismo, permitindo sua identificação a partir dos resultados observados nos testes (TORTORA; FUNKE; CASE, 2005).

Os testes bioquímicos podem ser realizados utilizando-se tubos de ensaio contendo meios capazes de evidenciar a característica dos microrganismos que se deseja identificar ou de cartelas contendo os meios desidratados, que são hidratados no momento da inoculação da amostra (PELCZAR; CHAN; KRIEG, 1997a).

Análise microbiológica do ar

A análise microbiológica do ar é comumente realizada por sedimentação, impacto ou filtração.

Na sedimentação, placas contendo meio de cultura ficam expostas ao ar por um determinado período de tempo, para que ocorra a sedimentação dos microrganismos presentes no ar sobre o meio de cultura sólido.

O método de impacto consiste na sucção do volume de ar conhecido para dentro de uma placa contendo meio de cultura sólido ou para um recipiente contendo o meio líquido, o qual será posteriormente inoculado em placas contendo meio sólido.

No método que utiliza a filtração, o ar passa por um filtro que será colocado em contato com um meio de cultura sólido.

Após a amostragem com uma das técnicas citadas, procede-se à incubação e à contagem das colônias nas placas (PELCZAR; CHAN; KRIEG, 1997b).

Análise microbiológica do solo

O solo apresenta uma grande diversidade de microrganismos. A identificação e a enumeração dos microrganismos presentes no solo, normalmente, envolvem técnicas de contagem em placas, exame microscópico direto e cultivo de amostras em meios de enriquecimento a fim de isolar espécies presentes em menor proporção no solo (TORTORA; FUNKE; CASE, 2005).

Análise bacteriológica da água

A análise bacteriológica da água para potabilidade é realizada de acordo com os protocolos do Standard methods for the examination of water and waste water (CLESCERI; GREENBERG; EATON, 1999). A rotina de análise envolve a quantificação de microrganismos presentes na água por meio da contagem em placas e da enumeração de coliformes termotolerantes pela técnica do número mais provável ou equivalente.

Quando se espera encontrar uma concentração microbiana muito baixa, faz-se uso da técnica das membranas filtrantes por apresentar maior sensibilidade (TORTORA; FUNKE; CASE, 2005).

Agora é a sua vez!

A água potável é absolutamente necessária para a vida e para a saúde. Explique a relação entre potabilidade, concentração microbiana e doença.

Métodos de diagnóstico moleculares

Métodos de análise de microrganismos baseados nos ácidos nucleicos estão sendo desenvolvidos nas últimas três décadas e apresentam, cada vez mais, aplicações em diferentes áreas, como na medicina humana e veterinária e no controle das contaminações de alimentos. O diagnóstico molecular apresentou avanços significativos após o desenvolvimento da técnica da Reação em Cadeia da Polimerase (PCR), na década de 1980. Baseada na síntese enzimática de milhões de cópias de DNA *in vitro*, a técnica permite a detecção do organismo-alvo a partir de pequenas quantidades. Mesmo uma ou poucas moléculas do DNA-alvo são suficientes para a obtenção do resultado.

As análises moleculares podem ter o objetivo de identificar a presença de um microrganismo ou determinar a quantidade de um microrganismo em uma amostra, ou seja, realizar uma quantificação. No primeiro caso, pode-se coletar uma amostra apenas com um *swab* superficial ou um raspado, enquanto a segunda possibilidade demanda uma quantidade predeterminada de amostra a ser analisada, por exemplo, um volume de água ou alimento. É importante que todo o material seja devidamente esterilizado para evitar contaminações com microrganismos.

Para realizar a análise molecular é necessária a extração do ácido nucleico (DNA ou RNA) do microrganismo. Como comumente não é necessário o cultivo do microrganismo, mesmo células mortas podem ser utilizadas. Técnicas adaptadas (*in house*) para cada tipo de amostras são desenvolvidas muitas vezes pelo próprio laboratório de pesquisa, kits comerciais estão disponíveis para diversas aplicações.

A reação de multiplicação (ou amplificação) utiliza um par de *primers*, pequenas moléculas de 15 a 25 nucleotídeos sintéticos complementares especificamente à sequência do DNA-alvo. Essa especificidade permite que apenas o organismo procurado forneça o resultado positivo; entretanto, gera a limitação da necessidade de se conhecer a sequência do DNA do organismo que se deseja detectar. A especificidade do teste molecular é determinada pela complementaridade da sequência dos primers no organismo-alvo, ou seja, para que o resultado da amplificação por PCR seja positivo apenas no organismo-alvo, a sequência dos primers não deve ocorrer em outras espécies.

Em ciclos de aquecimento e resfriamento, as moléculas de DNA são desnaturadas (95 °C) para a separação das fitas duplas, quando ocorre a ligação ou a hibridização dos primers ao DNA-alvo (entre 45 e 65 °C) e novas fitas de DNA são sintetizadas pela enzima DNA polimerase. Após 30 ciclos são formadas bilhões de cópias da sequência original do DNA-alvo. A fim de resistir aos ciclos de aquecimento, utiliza-se uma enzima termoestável, proveniente da bactéria *Thermus aquaticus*.

Por meio da eletroforese, técnica na qual o produto da PCR é submetido a um campo elétrico e migra ao longo de um gel, promovendo a separação dos fragmentos com base no tamanho (em nucleotídeos) é possível determinar o resultado positivo ou negativo pela presença do fragmento correspondente ao tamanho esperado. Atualmente, equipamentos de sequenciamento automáticos utilizam reagentes fluorescentes para a identificação do fragmento gerado e para a determinação da sequência de nucleotídeos dos genes.

Muitos testes visando a detecção do DNA de microrganismos estão disponíveis e são utilizados atualmente de maneira rotineira para o diagnóstico de patógenos, adicionando maior rapidez, especificidade e sensibilidade às técnicas tradicionais de microbiologia. Os testes moleculares são de especial utilidade nos casos em que os microrganismos não crescem em meios de cultura ou que apresentam crescimento lento, como micobactérias, micoplasmas e vírus.

A união das técnicas de cultivo tradicional com a biologia molecular traz melhorias aos procedimentos de identificação e detecção de microrganismos, por exemplo, na utilização de enriquecimento prévio ao teste de PCR ou na genotipagem, técnica na qual é possível diferenciar cepas de patógenos com características importantes com base em diferenças na sua sequência de DNA, em alternativa a testes sorológicos.

>> PARA SABER MAIS

Um teste molecular baseado na técnica de PCR para a detecção de *Mycobacterium tuberculosis*, bactéria causadora da tuberculose, em amostras de um paciente apresentando sintomas da doença, foi solicitado para um laboratório de diagnóstico molecular. Utilizando iniciadores (primers) complementares a uma inserção existente nessa espécie, foi obtido resultado positivo. Explique qual a conclusão do teste e por que a técnica de PCR foi escolhida.

A microbiologia e o meio ambiente: aplicações da microbiologia no cotidiano

As bactérias desempenham uma série de funções fundamentais no meio ambiente e consequentemente, no nosso dia a dia. Além do papel dos microrganismos na alimentação, na produção de fármacos e outras substâncias descritas, há inúmeras outras atividades de relevância protagonizadas pelos microrganismos.

A metanização ou digestão aeróbia é uma técnica de tratamento de matéria orgânica (estrume, efluentes agroalimentares, resíduos de abatedouros, lodos de estações de depuração, etc.) por meio da ação de microrganismos. Nessa técnica, a matéria orgânica é transformada em biogás e produto pela ação de um consórcio bacteriano na ausência de oxigênio.

A utilização desse processo auxilia na redução da poluição pela supressão de odores e na diminuição da carga orgânica de um efluente, permitindo a valorização da matéria orgânica na obtenção de um adubo orgânico e da conversão de resíduos em uma energia renovável, o biogás, que é utilizável sob a forma de calor ou eletricidade ou em cogeração (calor + eletricidade).

» PARA REFLETIR

Você já parou para pensar na redução do impacto ambiental que a implementação de sistemas de produção de biogás nas fazendas de suinocultura pode trazer? Tendo em mente a produção de biogás, pense a atividade microbiana com sustentabilidade ambiental.

Os microrganismos apresentam uma grande diversidade de propriedades que podem provocar mudanças na evolução, toxicidade e mobilidade de metais, assim como na formação ou dissolução mineral e na deterioração. Tais mecanismos são importantes componentes de ciclos biogeoquímicos naturais para metais e minerais.

A biorremediação é a aplicação de sistemas biológicos para remover as poluições orgânica e inorgânica, sendo as bactérias e os fungos os microrganismos mais importantes na recuperação, imobilização e desintoxicação de poluentes metálicos e radionuclídeos. A biorremediação tem sido empregada na remoção de compostos poluentes e potencialmente tóxicos da água e do solo, como os hidrocarbonetos aromáticos oriundos de petróleo e derivados.

» PARA SABER MAIS

Para aprofundar o assunto, leia o artigo *Biorremediação de solos contaminados com hidrocarbonetos aromáticos policíclicos* (JACQUES et al., 2007) e a tese *Avaliação do potencial de biorremediação de solos e de águas subterrâneas contaminados com óleo diesel* (MARIANO, 2006), disponíveis no ambiente virtual de aprendizagem.

» ASSISTA AO FILME

Assista ao vídeo *Biorremediação*, disponível no ambiente virtual de aprendizagem.

A solubilização, a precipitação, o fracionamento e a recuperação de uma grande variedade de metais, íons e complexos metálicos pela atividade microbiana pode resultar na melhoria das características do solo e disponibilização de nutrientes favorecendo a agricultura, a obtenção de metais, etc.

Alguns minerais ou elementos metálicos depositados por microrganismos na forma cristalina, coloidal ou de nanopartículas têm propriedades catalísticas dentre outras, as quais são relevantes para o desenvolvimento de novos biomateriais para propósitos antimicrobianos e tecnológicos.

Por outro lado, transformações de metais e minerais por microrganismos podem resultar em deterioração e destruição de materiais sintéticos ou naturais, rochas e materiais de construção baseados em minerais (como o concreto), escoamento ácido e poluição metal associada, biocorrosão de metais, ligas e substâncias relacionadas, além de efeitos adversos na regeneração, mobilidade e retenção de radionuclídeos, todos com imensas consequências econômicas e sociais.

>> CURIOSIDADE

Há uma crescente evidência de que um ciclo biogeoquímico ativo para o ouro conduzido por microrganismos existe em condições superficiais e próximas à superfície.

A presença de biofilmes bacterianos foi associada à formação de grãos secundários de ouro em dois locais da Austrália. A bactéria *Ralstonia metallidurans* é capaz de precipitar ouro a partir de ouro (III) tetracloro aquoso. Leia mais sobre esse assunto em *The bioglochemistry of gold* (SOUTHAN et al., 2009).

>> JUNTANDO TUDO

Ao longo da sua carreira, diferentes circunstância poderão envolver esses aspectos da microbiologia. A seguir, apresentamos algumas possibilidades nas quais você deverá tomar decisões e exercitar o seu conhecimento nessa área. Analise cada um dos pontos, descrevendo as suas recomendações. Aproveite para esclarecer suas dúvidas, revisando o assunto envolvido no capítulo e pesquisando mais na literatura:

- O coordenador de uma cozinha comunitária busca sua orientação para prevenir situações de contaminações alimentares dos usuários. De que forma essa contaminação pode chegar até os alimentos? Liste situações e circunstâncias que podem fazer os microrganismos chegarem até os alimentos.

- Suspeita-se que um surto de leptospirose esteja ocorrendo em uma localidade próxima. De que maneira a população do bairro onde você atua pode ajudar na prevenção da disseminação da doença?

- Liste ações prejudiciais à saúde quanto ao risco de contaminação por microrganismos patogênicos. Proponha mudanças nas atitudes que podem melhorar as condições de vida das populações.

- Um programa está sendo estabelecido no seu município visando a melhoria das condições de atendimento à saúde. Que técnicas de identificação de microrganismos você sugere que sejam estabelecidas em um laboratório incluído nesse programa?

- Tanto a produção de bebidas e alimentos processados quanto o controle ambiental utilizam microrganismos nos seus processos, demonstrando os aspectos positivos da nossa relação com esses seres. Liste algumas espécies de microrganismos que estão envolvidas nas atividades humanas e descreva a importância delas.

- Todos os organismos apresentam características em comum em relação a diversos aspectos da vida. A estrutura celular e a reprodução são características existentes em todas as espécies, ocorrendo, porém, diferenças entre elas. Compare as características que diferenciam as células e os modos de reprodução dos microrganismos dos demais organismos.

- Os antibióticos vêm sendo utilizados há décadas no controle de infecções causadas por microrganismos patogênicos. Pesquise os mecanismos de ação dos diferentes antibióticos e analise os impactos do seu uso indiscriminado.

REFERÊNCIAS

CLESCERI, L. S.; GREENBERG, A. E.; EATON, A. D. (Ed.). *Standard methods for the examination of water and wastewater*. 20th ed. Washington: APHA, 1999. p. 9.47-9.55.

JACQUES, R. J. S. et al. Biorremediação de solos contaminados com hidrocarbonetos aromáticos policíclicos. *Ciência Rural*, v. 37, n. 4, p. 1192-1201, 2007. Disponível em <http://www.scielo.br/pdf/cr/v37n4/a49v37n4.pdf>. Acesso em: 22 nov. 2012.

MARIANO, A. P. *Avaliação do potencial de biorremediação de solos e de águas subterrâneas contaminados com óleo diesel*. 2006. 147f. Tese (Doutorado em Geociências e Meio Ambiente) – Instituto de Geociências e Ciências Exatas, Universidade Estadual Paulista, Rio Claro, 2006. Disponível em: <http://www.anp.gov.br/CapitalHumano/Arquivos/PRH05/Adriano-Pinto-Mariano_PRH05_UNESP_D.pdf>. Acesso em: 22 nov. 2012.

PELCZAR, M. J.; CHAN, E. C. S.; KRIEG, N. R. *Microbiologia:* conceitos e aplicações. 2. ed. São Paulo: Pearson Makron Books, 1997a. v. 1.

PELCZAR, M. J.; CHAN, E. C. S.; KRIEG, N. R. *Microbiologia:* conceitos e aplicações. 2. ed. São Paulo: Pearson Makron Books, 1997b. v. 2.

SAAD, S. Probióticos e prebióticos: o estado da arte. *Revista Brasileira de Ciências Farmacêuticas*, v. 42, n. 1, 2006. Disponível em: <http://www.scielo.br/pdf/rbcf/v42n1/29855.pdf>. Acesso em: 16 nov. 2012.

SOUTHAN, G. et al. The biogeochemistry of gold. *Elements*, v. 5, p. 303-307, 2009.

TORTORA, G. J.; FUNKE, B. R.; CASE C. L. *Microbiologia*. 8. ed. Porto Alegre: Artmed, 2005.

ZILLI, J. E et al. *Levantamento da biodiversidade de rizóbio em diferentes áreas de um sistema integrado de produção agroecológica*. Seropédica: Embrapa, 1998. (Documento nº 69).

Simone Caterina Kapusta
Márcia Bündchen
Suzana Maria Fagondes de Freitas

capítulo 4

Indicadores biológicos como instrumento para o monitoramento ambiental

As avaliações biológicas apresentam uma série de aplicações, tais como os estudos ambientais que envolvem o levantamento da biodiversidade e a caracterização dos diversos ecossistemas, o diagnóstico e os programas de monitoramento ambiental, além das pesquisas acadêmicas.

Convidamos você a conhecer, neste capítulo, os principais grupos animais e vegetais comumente utilizados nessas avaliações. Com isso, você terá noções básicas sobre as metodologias, bem como poderá verificar as sugestões de leitura para aprofundamento.

OBJETIVOS

Após o estudo deste capítulo, você deverá ser capaz de:

» Conhecer as diversas aplicações da avaliação biológica.

» Conceituar e caracterizar os indicadores biológicos e conhecer alguns grupos utilizados como bioindicadores.

» Reconhecer a importância dos bioindicadores como instrumentos de detecção e monitoramento ambiental.

» Conhecer as principais metodologias utilizadas nas avaliações biológicas.

Em estudos ambientais, a abordagem biológica é essencial para a verificação da qualidade dos ambientes. Conforme a Resolução CONAMA nº 1/1986 (BRASIL, 1986), o estudo de impacto ambiental (EIA) deve contemplar o meio biótico e os ecossistemas naturais – a fauna e a flora –, destacando as espécies indicadoras da qualidade ambiental, de valor científico e econômico, raras e ameaçadas de extinção e as áreas de preservação permanente.

> www.
>
> **» NO SITE**
> Acesse o *Livro vermelho da fauna brasileira ameaçada de extinção* (MACHADO; DRUMMOND; PAGLIA, 2008) e verifique as informações e quem são as espécies ameaçadas de extinção, disponível no ambiente virtual de aprendizagem: www.bookman.com.br/tekne.

Nos mais diferentes empreendimentos, a participação de técnicos da área ambiental é fundamental. Esses profissionais devem ser qualificados para efetuarem o levantamento da fauna e da flora. Estudos de impacto ambiental e projetos de restauração e recuperação de áreas degradadas figuram entre as diversas áreas que necessitam do conhecimento técnico para os trabalhos em campo.

O uso combinado das metodologias tradicionalmente utilizadas, baseadas nas variáveis físicas, químicas e microbiológicas, e das avaliações biológicas aumenta o potencial de detecção das causas e de avaliação dos efeitos de estressores sobre os ecossistemas (BUSS; OLIVEIRA; BAPTISTA, 2008).

Como metodologia básica de trabalho, a escolha do organismo, da população ou da comunidade a ser avaliada em estudos ambientais dependerá do objetivo do trabalho, da área de estudo, das características do empreendimento, entre outros aspectos. O levantamento bibliográfico é essencial para fornecer subsídios sobre os organismos selecionados. Existem protocolos e normas técnicas que orientam sobre a metodologia adequada para os estudos biológicos, bem como sobre a coleta de amostras biológicas, preservação e procedimentos em laboratório que devem ser conhecidos.

» A importância do estudo da fauna e da flora

> **» DICA**
> Leia o capítulo *Ecossistemas e conservação ambiental* (BÜNDCHEN; CANTO, 2013),do livro *Ambiente: conhecimentos e práticas*, organizado por Cibele Schwanke, e verifique os conceitos relacionados.

O estudo da diversidade biológica de uma determinada região tem um papel fundamental na conservação e no uso racional dos recursos naturais, e o inventário da fauna e da flora é o primeiro passo para isso. Além dos muitos valores como o científico, o genético e o econômico de cada espécie animal ou vegetal, a interdependência dos organismos vivos é responsável pelo equilíbrio e pela estabilidade dos ecossistemas.

A significativa redução da diversidade biológica nos sistemas pode produzir alterações drásticas nas cadeias tróficas. Portanto, se as abordagens físicas e químicas caracterizam o ambiente, a biota indica a ocorrência ou não de um impacto e a intensidade deste.

Os bioindicadores são definidos como indicadores biológicos ou comunidades que podem fornecer informações sobre as condições de um ecossistema (LIMA, 2000a).

» PARA SABER MAIS

Para aprofundar o assunto, não deixe de ler os artigos de Lima (2000a, 2000b), *Bioindicação em ecossistemas terrestres* e *Bioindicação, biomonitoramento: aspectos bioquímicos e morfológicos*, disponíveis no ambiente virtual de aprendizagem.

De acordo com Klumpp (2001), em princípio, cada ser vivo é um bioindicador, pois a resposta (a reação) a fatores externos (a ações) é um dos atributos fundamentais da vida em si.

Conforme Lima (2000b), é por meio do monitoramento biológico que ocorre o acompanhamento do local de estudo com o auxílio dos organismos. Quando o acompanhamento é efetuado com os organismos que já estão presentes no local, o monitoramento é considerado passivo, como exemplo, temos as formigas presentes na área de estudo. Quando a análise do ambiente é efetuada com a exposição de organismos na área a ser avaliada por um tempo definido em condições padronizadas, o monitoramento é considerado ativo. Existem alguns grupos biológicos, como liquens e vegetação, que podem ser utilizados no monitoramento passivo e ativo.

» DICA

Para aprofundar os seus conhecimentos, consulte o capítulo *Bioindicadores ambientais*, de Kapusta e Freitas (2010), e também a publicação de Kapusta (2008).

› Agora é a sua vez!

Acesse os artigos *Acúmulo foliar de enxofre e suas relações com alterações no crescimento de plantas jovens de* Tibouchina pulchra Cogn. *(Melastomataceae) expostas nas proximidades do polo industrial de Cubatão, SP* (SZABO et al., 2003) e *Variáveis ambientais e a distribuição de espécies arbóreas em um remanescente de floresta estacional semidecídua montana no* campus *da Universidade Federal de Lavras, MG* (ESPÍRITO-SANTO et al., 2002), disponíveis no ambiente virtual de aprendizagem, e verifique a metodologia utilizada. Considerando os conceitos de estudo ativo ou passivo, a metodologia utilizada é passiva ou ativa?

WWW

» NO SITE

Acessando o ambiente virtual de aprendizagem, você poderá ler o artigo *SISBio uma ferramenta para a gestão da sociobiodiversidade* (JORGE et al., 2011),da Sociedade Brasileira para o Progresso da Ciência (SBPC), que traz detalhes sobre o funcionamento dessa importante ferramenta de gestão da biodiversidade brasileira.

Requisitos legais para a coleta de material biológico

Todo profissional atuante na área ambiental deve estar ciente de que existem regras e normatizações para a coleta de material biológico.

Entre elas, destaca-se a Instrução Normativa IBAMA nº 154/2007 (BRASIL, 2007b), que instituiu o Sistema de Autorização e Informação em Biodiversidade (SISBio) e que estabelece as normas para a coleta de material biológico para fins científicos ou didáticos.

É importante ressaltar que, além da licença, existem normas específicas relativas à coleta de animais, determinados materiais biológicos (p. ex., como microbiológicos) e para coletas que ocorram em locais com sobreposição de legislação (p. ex., em áreas indígenas).

Para as atividades relacionadas ao processo de licenciamento ambiental de empreendimentos, a autorização é regulamentada pela Instrução Normativa IBAMA nº 146/2007 (BRASIL, 2007a) ou, quando envolvem unidades de conservação federais, as Instruções Normativas ICMBio nº 4/2009 e nº 5/2009 (BRASIL, 2009a, 2009b).

Portanto, deve-se observar a legislação e a normatização pertinente, respeitando a concessão de autorizações e as licenças quando necessário e assim indicar a sua regulação (KAPUSTA, 2008), sendo fundamental que antes do início da coleta o empreendedor obtenha as devidas autorizações e licença e que toda a equipe envolvida na coleta esteja ciente, não só das técnicas adequadas para a execução do trabalho, mas também dos limites legais das atividades a serem executadas.

» ATENÇÃO

Para as coletas, utilize sempre os equipamentos de proteção individual (EPIs) adequados para cada situação, tais como botas, luvas, óculos de proteção, máscaras, entre outros.

» Estudos de ecossistemas terrestres

Considerando a enorme diversidade dos organismos terrestres, podemos esperar que existam também inúmeras possibilidades de aplicação desses organismos nos estudos ambientais.

Alguns, no entanto, são utilizados com maior frequência para caracterizar os ambientes. Isso ocorre porque esses organismos possuem uma série de características que os tornam mais favoráveis como bioindicadores ou biomonitores. Tais características envolvem, por exemplo:

- facilidade de amostragem, coleta e transporte;

• existência de métodos consolidados de análise desses organismos;

• sensibilidade ou tolerância dos organismos conforme as variações ambientais.

É importante ressaltar que o uso de um determinado organismo em uma análise ambiental está diretamente relacionado com o objetivo do estudo. Por exemplo, liquens são organismos empregados com frequência em estudos que visam a monitorar a poluição do ar, pois absorvem a umidade e com ela os poluentes presentes na atmosfera.

Como resultado, espécies de liquens mais sensíveis podem desaparecer de áreas supostamente poluídas, enquanto aquelas espécies mais resistentes podem se tornar abundantes nessas áreas. Além disso, as espécies resistentes podem acumular substâncias tóxicas (p. ex., metais pesados) na biomassa permitindo sua quantificação (estudos de bioacumulação).

As características fisiológicas dos liquens – além de suas características ecológicas, tais como a ampla distribuição e facilidade de acesso e coleta – os tornam mais propícios a esse tipo de abordagem ambiental do que outros organismos.

WWW.

» NO SITE

Leia o artigo *Para que servem os inventários de fauna?*, de Silveira et al. (2010), publicado na revista *Estudos Avançados* e disponível no ambiente virtual de aprendizagem.

+

» PARA SABER MAIS

Para saber mais sobre o processo de licenciamento ambiental de empreendimentos, acesse a Instrução Normativa IBAMA nº 146/2007 (BRASIL, 2007a), disponível no ambiente virtual de aprendizagem.

» Fauna

As avaliações biológicas em ecossistemas terrestres envolvem a fauna e a flora. As informações sobre a fauna podem ser obtidas direta ou indiretamente. Informações sobre as características morfológicas de organismos, tais como tamanho e peso corpóreo, bem como informações de ordem fisiológica, obtidas a partir de ensaios bioquímicos ou genéticos em amostras de sangue, tecidos ou fluidos corpóreos, são obtidas de modo direto, com a captura/soltura do animal.

Já os estudos que visam detectar a ocorrência e a abundância de uma determinada espécie ou grupo em uma dada área podem ser realizados através de mecanismos indiretos, tais como análise de fezes, pelos, pegadas, vocalizações e fotografias. Os parâmetros mais comumente utilizados nessas avaliações envolvem a riqueza de espécies, frequência, abundância e índices ambientais que permitem a comparação entre ambientes.

>> PARA SABER MAIS

Os invertebrados terrestres são indicadores de qualidade do solo e do ambiente de modo geral. Mas como coletar esses animais?

Leia a circular técnica da Embrapa sobre esse tipo de coleta utilizando armadilhas de solo, disponível no ambiente virtual de aprendizagem.

Já o livro *Técnicas de coleta e preparação de vertebrados* (SALOMÃO; AURICCHIO, 2002), aborda várias técnicas, procedimentos e cuidados relativos à coleta de vertebrados para fins de estudo.

>> Flora

Estudos em ecossistemas terrestres geralmente envolvem plantas, devido à relativa facilidade de amostragem. A abordagem dos estudos pode ser muito variada incluindo desde análises bioquímicas até análises da composição, riqueza e diversidade de espécies.

A maior parte dos trabalhos com vegetação envolvem os levantamentos ou os **inventários florísticos**, que são estudos realizados quando se deseja conhecer a flora de uma determinada área. O objetivo desse tipo de trabalho pode ser acadêmico, tais como a caracterização de uma área natural, ou, como tem ocorrido com frequência, comercial, quando se faz necessário, atendendo à legislação, para a instalação de empreendimentos. Além disso, empreendimentos que visam à extração sustentável de madeira e outros recursos florestais também fazem uso desses estudos.

WWW

>> NO SITE

Para entender melhor como se dá o trabalho integrado de diferentes profissionais avaliando a biota, assista ao vídeo *Expedição científica ao Amapá faz levantamento da Flora e Fauna no Parque Tumucumaque o maior parque de floresta tropical do mundo*, disponível no ambiente virtual de aprendizagem.

A utilização de plantas como bioindicadoras se deve ao fato de que algumas espécies, em resposta às modificações ambientais, apresentam alterações metabólicas (p. ex. fotossíntese, conteúdo mineral, enzimas antioxidantes), morfológicas (p. ex. alterações histológicas, redução do crescimento) e populacionais (tais como mudanças nos parâmetros fitossociológicos: riqueza de espécies, dominância e frequência).

Em ambientes poluídos, espécies sensíveis que exibem respostas mensuráveis e relacionáveis com o fator estressante (poluente) são empregadas como bioindicadoras, ou ainda como biomonitoras da área.

Mesmo quando os métodos de amostragem já são bem estabelecidos, muitas vezes são necessárias adequações de acordo com os desafios que surgem durante o desenvolvimento das atividades de campo.

É importante destacar que o rigor metodológico nas etapas de coleta das amostras e mensurações realizadas *in loco* é o que dará sustentação às demais avaliações do trabalho, determinando, consequentemente, a qualidade do resultado final.

PARA SABER MAIS

A *Tradescantia* sp. é uma planta da família Commelinaceae utilizada como bioindicador de poluição. A padronização dos protocolos de avaliação das respostas da *Tradescantia* frente a diferentes classes de poluentes faz que ela seja utilizada em estudos conduzidos em vários países e propicia também a comparação dos resultados. No Brasil, os estudos são conduzidos principalmente com a *Tradescantia pallida* var. *purpurea* e com a *Tradescantia* clone 4430.

Para conhecer um pouco mais sobre essa planta bioindicadora, leia o artigo de Carvalho (2005), *A Tradescantia como bioindicador vegetal na monitoração dos efeitos clastogênicos das radiações ionizantes*, publicado na revista *Radiologia Brasileira*, disponível no ambiente virtual de aprendizagem.

Coleta de amostras de plantas

Atualmente, existem cerca de 200.000 espécies de plantas conhecidas pela ciência e, portanto, a identificação de espécies vegetais não é tarefa fácil. Geralmente ela é realizada por botânicos e engenheiros florestais, mas estes, mesmo com todo o treinamento específico, nem sempre conseguem realizar a identificação de todas as plantas em campo, necessitando coletar amostras para identificação *a posteriori*, em laboratório.

Trataremos aqui da coleta de plantas com ênfase nas técnicas gerais para coleta de **angiospermas**, por serem os vegetais mais numerosos e diversificados, sendo, portanto, os mais coletados.

Primeiramente, cabe lembrar que existem alguns materiais básicos que são utilizados para coleta de plantas. São eles: uma prensa, jornal e papelão, tesoura de poda e corta-galhos.

Numerosos outros equipamentos podem se fazer necessários, de acordo com a complexidade e duração do trabalho de coleta (ROTTA; BELTRAMI; ZONTA, 2008).

www.

» **NO SITE**
A coleta de plantas é realizada para numerosas finalidades. Leia a reportagem do Globo Ecologia sobre o assunto, disponível no ambiente virtual de aprendizagem.

Aprenda a coletar

O porte ou hábito dos vegetais é baseado principalmente na forma de crescimento, ramificações e presença, ou não, de tecido lenhoso e é frequentemente referido na descrição das plantas e dos ambientes. Termos como árvore, arbusto e erva têm um significado implícito que reflete uma série de características. Segundo o Instituto Brasileiro de Geografia e Estatística (1992), são reconhecidos os seguintes portes (Figura 4.1), existindo ainda diversos outros aqui não mencionados:

Árvore: vegetal lenhoso com no mínimo 5 m de altura, um tronco bem definido e sem ramos na parte inferior. Sua parte ramificada denomina-se copa. Arvoreta (5-7 m).

WWW

» **NO SITE**

O artigo *Inventário florístico florestal de Santa Catarina (IFFSC): aspectos metodológicos e operacionais* (VIBRANS et al., 2010), disponível no ambiente virtual de aprendizagem, traz uma descrição criteriosa das etapas a considerar na execução dos levantamentos de vegetação. A leitura desse texto subsidiará a interpretação dos métodos discutidos a seguir.

Arbusto: tamanho variando de 1 a 5 m de altura, resistente e lenhoso, sem tronco predominante, pois se ramifica desde a base.

Subarbusto: em geral inferior a 1 m de altura, normalmente herbácea e lenhosa na base do caule.

Erva: a planta de pequeno porte, cujo caule não possui ou apresenta pouco tecido lenhoso.

Os espécimes ou partes destes poderão ser ainda fotografados, utilizando uma régua como escala para auxiliar na identificação posterior.

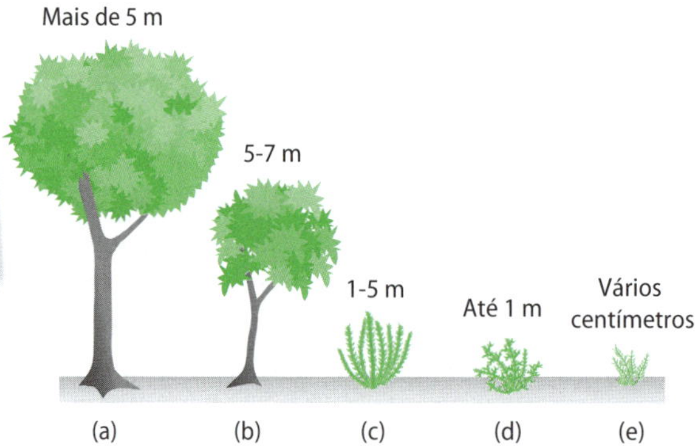

Figura 4.1 Aspecto geral de alguns hábitos das plantas: (a) árvore (b) arvoreta (c) arbusto (d) subarbusto (e) erva.
Fonte: Instituto Brasileiro de Geografia e Estatística (1992).

Para que a coleta das amostras seja realizada de acordo com sua finalidade, é necessário que os coletores estejam tecnicamente preparados para desenvolver essa atividade (INSTITUTO BRASILEIRO DE GEOGRAFIA E ESTATÍSTICA, 1992).

Utilizaremos como exemplo uma amostra-padrão retirada de uma árvore. Outros tipos de coleta, como de plantas herbáceas, também serão apresentados a seguir.

Características básicas da amostra:

- Estar fértil, ou seja, conter as partes reprodutivas da planta. No caso das angiospermas com flores, ou, pelo menos com frutos.

- Medir entre 20 e 30 cm. Caso os exemplares a coletar sejam maiores, devem ser dobrados em V ou N.

- Abranger ramos pouco danificados por organismos herbívoros e patógenos de modo a facilitar a interpretação posterior.

- Coletar no mínimo cinco exemplares de cada espécie.

No momento da coleta, os dados referentes ao material coletado devem ser anotados em uma ficha de campo (Figura 4.2) anexada ao material durante todo o seu processamento.

Ficha de campo

Dados de identificação

Família:

Gênero/espécie:

Nome vulgar: (nome pelo qual a espécie é popularmente conhecida ou referida pela comunidade local).

Procedência: (indicar, com detalhamento, o local onde se deu a coleta).

Nome do coletor: **Data da coleta:**

Observações:

(aqui ficam registrados os dados relacionados à planta ou ao ambiente, tais como, porte, altura, cor das flores/frutos, odores característicos, texturas, estágio fenológico, exposição ao sol, epifitismo, substrato e demais informações que o coletor julgar importantes).

Figura 4.2 Ficha de campo para registro das observações.

> **» IMPORTANTE**
> No momento da coleta, os dados referentes ao material coletado devem ser anotados em uma ficha de campo (Figura 4.2) anexada ao material durante todo o seu processamento.

A ficha de campo deve conter todas as informações pertinentes sobre o indivíduo e o ambiente onde foi coletado e que não estarão mais disponíveis após a coleta. As anotações de campo são imprescindíveis, pois diversas características são perdidas rapidamente após a coleta.

Os ramos recém-coletados devem ser imediatamente prensados, utilizando-se, para isso, uma prensa de campo (Figura 4.3).

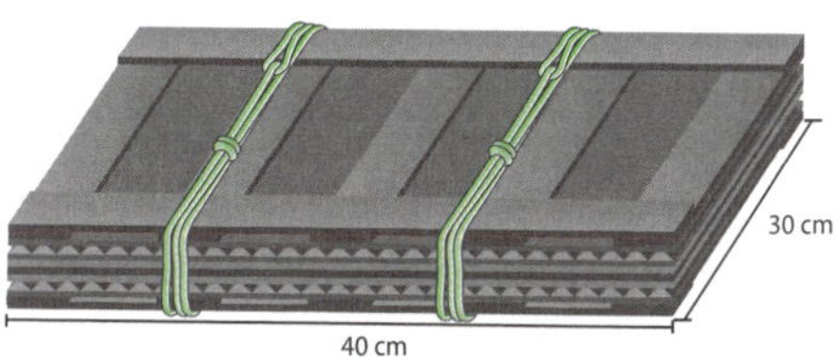

Figura 4.3 Prensa de campo (tamanho aproximado).

A prensagem é o processo inicial de preparação da amostra botânica, realizado em campo, imediatamente após a coleta. Consiste basicamente em acondicionar o exemplar entre folhas de jornal dentro de uma prensa para o transporte até o laboratório ou herbário.

Deve-se tomar o cuidado de arrumar a planta na prensa para que suas folhas fiquem organizadas de modo a evitar sobreposição. As partes reprodutivas (flores e frutos) devem ficar expostas.

Na prensa, as amostras são intercaladas entre jornal e papelão para que fiquem niveladas.

Após a coleta

Após o término da coleta, os exemplares são conduzidos ao laboratório ou herbário, onde geralmente são transferidos da prensa de campo para outra prensa, na

> **» DEFINIÇÃO**
> O herbário é uma coleção de plantas e/ou partes de plantas que são preparadas de acordo com técnicas específicas, numeradas seriadamente e registradas, permitindo que sejam preservadas e utilizadas em estudos futuros. As amostras da flora armazenadas em um herbário podem ser representativas de uma determinada região geográfica, documentar a flora de um país ou ainda conter exemplares oriundos de diversas partes do mundo. Os herbários funcionam como bancos de dados fornecendo registros históricos e documentando a flora. Dessa forma, subsidiam pesquisas científicas e asseguram informações sobre a distribuição geográfica das plantas.

qual são nivelados e desidratados em uma estufa de secagem, com temperatura de $\cong$ 60 °C, buscando preservar as estruturas vegetais.

O material botânico será considerado seco quando se apresentar rígido, sem flexionar ao ser suspenso e sem umidade ao toque. Nessa ocasião será retirado da estufa e montado sobre uma cartolina.

As amostras das plantas que serão depositadas no herbário ou enviadas para identificação são montadas de forma especial, sobre uma cartolina de tamanho padronizado à qual é adicionada uma ficha de identificação. O exemplar botânico devidamente herborizado é denominado **exsicata** (Figura 4.4).

A montagem da exsicata consiste em fixar a amostra botânica desidratada em uma cartolina medindo 42 × 29 cm (INSTITUTO BRASILEIRO DE GEOGRAFIA E ESTATÍSTICA, 1992), com o auxílio de fita adesiva (tipo Kraft) ou costurando-a. Na prática, pode ser utilizado papel A3 (42×29 cm), com gramatura mínima de 180 gm^{-2}.

No lado inferior direito da cartolina deve ser colada etiqueta de identificação contendo todos os dados anotados em campo. Caso não se conheça a identificação da espécie, esse campo fica em aberto na etiqueta, até que o exemplar seja corretamente determinado por especialista.

Depois de finalizada a preparação da exsicata, esta será envolta em uma folha de papel pardo para ser armazenada em local apropriado.

É fundamental acondicionar cada exemplar coletado na folha de jornal, identificando o coletor, e nunca incluir duas amostras em uma mesma folha.

HERBÁRIO

Família: SAPINDACEAE

Gênero/Espécie: *Allophylus guaraniticus* (A. St. -Hill) Radlk

Nome vulgar: vacum, chal-chal

Procedência: Parque Recreativo Estrela. Derrubadas/RS
Fragmento florestal

Observações: Arvoreta, aprox. 5 m de altura. Flores brancas, em botão, interior de mata.

Coletor: J. S. Silva **Data:** 11.II.2011

Determinador: J. S. Silva **Data:** 23.IV.2011

Figura 4.4 Aspecto geral de um ramo herborizado e detalhe de uma etiqueta de identificação.

Técnicas específicas de coleta

Os diferentes grupos de plantas podem apresentar características que requerem técnicas específicas de coleta e preservação para sua adequada conservação.

Por exemplo, no caso de ramos com folhas muito abundantes, estes podem ser desbastados, mantendo-se as bases nas folhas como indicativo da inserção.

Algumas partes das plantas, como frutos de grandes dimensões, não podem ser prensadas e desidratadas devendo ser destacadas da amostra e colocadas para secar separadamente em saco de papel devidamente identificado, ou ainda podem ser preservadas em meio líquido, utilizando-se para isso uma solução fixadora.

Entre os fixadores mais utilizados, devido à facilidade de aquisição, preparo e baixo custo, está o álcool etílico a 70%, mas existem outras soluções que podem ser utilizadas na fixação de amostras vegetais (FIDALGO; BONONI, 1989). Assim como as folhas e flores desidratadas, os frutos também modificam sua coloração após o processo de fixação, ressaltando a necessidade de se anotar na ficha de coleta as características como cor, consistência, textura e odor.

Um exemplo de planta que tem requerimentos específicos para a herborização é a palmeira. Palmeiras possuem grandes folhas e inflorescências, dificultando sua montagem na forma de exsicata. Da mesma forma, plantas herbáceas, gramíneas, bromeliáceas, cactáceas e outros grupos têm características específicas que devem ser consideradas no momento da coleta (FIDALGO; BONONI, 1989).

Além das angiospermas e gimnospermas, existem plantas que se reproduzem por esporos, incluindo as briófitas e as pteridófitas. No caso das briófitas deve-se coletar o material com um pouco de substrato, acondicionando-o em um saco ou envelope de papel.

Anotar o substrato sobre o qual se desenvolvia a briófita: tronco caído, árvore viva, pedra, solo (húmus, areia, argila, etc.), exposição ao sol e outros dados importantes. Devem ser secas em temperatura ambiente, sem prensar e acondicionadas em envelopes, bem como acompanhadas da ficha de identificação.

Já as pteridófitas, quando de pequeno porte, são coletadas inteiras incluindo o rizoma (caule). No caso das pteridófitas de maior porte, como o xaxim (*Dicksonia sellowiana*), coleta-se a fronde (folha) com soros, se possível, até a inserção no caule (escamas). Deve-se observar e anotar dados referentes à altura, à forma das cicatrizes no caule, à presença de espinhos, entre outros.

Muitos outros estudos requerem a coleta de plantas ou partes destas para outras finalidades, tais como análises histológica, nutricional, fisiológica, entre outras. Nesses casos, faz-se necessário o emprego de uma série de recursos técnicos específicos para atingir os resultados desejados. Por exemplo, partes de plantas destinadas à análise histológica geralmente são fixadas em um reagente (o fixador) para bloquear instantaneamente o metabolismo das células, conservando-as em um estado mais parecido ao que tinham quando estavam vivas (FIDALGO; BONONI, 1989).

Além disso, para a coleta de fungos e algas macroscópicas, dois grupos taxonômicos não pertencentes ao reino Plantae que são tradicionalmente estudados pela Botânica, deverá ser consultada uma bibliografia específica devido às características próprias de cada grupo (FIDALGO; BONONI, 1989).

Estudos de ecossistemas aquáticos

» DICA

Não deixe de ler os artigos de Buss, Baptista e Nessimian (2003) e Buss, Oliveira e Baptista (2008) para aprofundamento dos conceitos de bioindicadores de ecossistemas aquáticos.

O uso de parâmetros biológicos para avaliar a qualidade da água se baseia nas respostas dos organismos em relação ao meio onde vivem (BUSS; BAPTISTA; NESSIMIAN, 2003). Por meio da análise dos requisitos ambientais das espécies e da estrutura das comunidades, tais como a riqueza de táxons, diversidade e equitatividade, pode-se obter informações a cerca do local analisado. O acompanhamento desses parâmetros de forma sistemática e periódica, no mesmo local, caracteriza o biomonitoramento.

Conforme consta na Resolução CONAMA nº 357/2005 (BRASIL, 2005), a qualidade dos ambientes aquáticos poderá ser avaliada por indicadores biológicos, quando apropriado, utilizando-se organismos e/ou comunidades aquáticas (artigo 8º, parágrafo 3º).

» NO SITE

Acesse o vídeo 3D sobre os organismos aquáticos marinhos, disponível no ambiente virtual de aprendizagem.

O melhor indicador da sustentabilidade dos ecossistemas aquáticos é a saúde de suas comunidades, sejam elas compostas por organismos planctônicos, bentônicos, nectônicos, perifíton ou plantas aquáticas.

O plâncton compreende o conjunto dos organismos flutuantes transportados pelas correntes de água (DAJOZ, 2005), tais como microalgas (fitoplâncton), animais (zooplâncton), protistas (protozooplâncton) e organismos procariontes autótrofos e heterótrofos (bacterioplâncton). A comunidade fitoplanctônica inclui algas unicelulares isoladas, pluricelulares filamentosas ou organizadas em colônias (cenóbios) e representam a base da cadeia alimentar em ecossistemas aquáticos. A comunidade zooplanctônica é formada por copépodos e cladóceros (ambos microcrustáceos), larvas de diversos grupos biológicos, entre outros. Juntamente com o bacterioplâncton, esses componentes constituem a unidade básica da teia alimentar dos ecossistemas aquáticos.

Já o perifíton envolve uma complexa comunidade de microrganismos (algas, bactérias, fungos e animais), detritos orgânicos e inorgânicos aderidos a substratos inorgânicos ou orgânicos vivos ou mortos (WETZEL, 1983), tais como seixos e talos de vegetação. Colonizam rapidamente os substratos, ocorrendo em abundância nos ecossistemas aquáticos. A importância do perifíton como indicador da qualidade da água é evidenciado por vários autores, principalmente para rios e pequenos corpos d'água (WATANABE, 1990). As diatomáceas bentônicas, por exemplo, são consideradas boas indicadoras ambientais essenciais no monitoramento da qualidade ecológica.

As macrófitas aquáticas (Figura 4.5) envolvem desde macroalgas até plantas vasculares, podem ser classificadas em plantas emergentes, flutuantes fixas, submersas e flutuantes livres, de acordo com a maneira que crescem em relação à água e ao substrato (CORDAZZO; SEELIGER, 1988). São importantes biótopos para diversos invertebrados. As macrófitas aquáticas podem atuar como bioindicadoras, apontando tanto o estágio sucessional quanto o estágio trófico do ecossistema aquático.

WWW

» **NO SITE**
Para conhecer alguns organismos do plâncton, acesse o vídeo *The Secret life of plankton*, disponível no ambiente virtual de aprendizagem.

Figura 4.5 Exemplos de macrófitas aquáticas: *Salvina* sp.

WWW

» **NO SITE**
Saiba mais sobre a comunidade perifítica, acessando o ambiente virtual de aprendizagem.

A comunidade bentônica compreende os organismos que vivem no fundo dos ambientes aquáticos, sobre os substratos ou no interior do sedimento, como as conchas. Essa comunidade é uma das mais utilizadas em biomonitoramento de ambientes aquáticos, devido a suas características como contato constante com o substrato, alta diversidade e abundância, mobilidade restrita; organismos com diferentes graus de tolerância às modificações ambientais (ROSENBERG; RESH, 1993).

» PARA SABER MAIS

Acesse o artigo *Macroinvertebrados bentônicos como ferramenta para avaliar a saúde de riachos*, de Callisto, Moretti e Goulart (2001), disponível no ambiente virtual de aprendizagem. Verifique a utilização desses organismos como bioindicadores, em ambientes de água doce.

O nécton compreende os organismos que se deslocam ativamente, sendo capazes de vencer as correntes de água, tais como os peixes. Os peixes são componentes importantes nos ambientes aquáticos e excelentes instrumentos na avaliação da qualidade da água, podendo ser utilizados como indicadores biológicos, em estudos de bioacumulação, em ensaios ecotoxicológicos, entre outros. Ainda, o inventário das espécies, a riqueza e dominância de espécies nativas de peixes, a presença de espécies exóticas são informações utilizadas na avaliação dessa comunidade.

>> PARA SABER MAIS

Os moluscos bivalves são excelentes biomonitores de ambientes aquáticos marinhos e costeiros, comumente utilizados no monitoramento ambiental. A espécie Perna-perna, por exemplo, foi utilizada por Bellotto et al. (2005) para a avaliação de metais pesados no ambiente marinho. Acesse o ambiente virtual de aprendizagem e leia a respeito

>> ASSISTA AO FILME

Assista ao vídeo sobre a importância do fitoplâncton e a metodologia de estudo utilizada em sua observação. Disponível no ambiente virtual de aprendizagem.

>> Coleta de amostras em ecossistemas aquáticos

Você conheceu uma diversidade de organismos que podem ser utilizados para a avaliação da qualidade de ambientes aquáticos. Para cada comunidade, existem diferentes metodologias de coleta. Em 2011 foi publicado o *Guia nacional de coleta e preservação de amostras: água, sedimento, comunidades aquáticas e efluentes líquidos* (BRANDÃO et al., 2011), para os ecossistemas aquáticos de água doce, aprovado pela Resolução nº 724/2011 (BRASIL, 2011). Com objetivo de apoiar a implementação do Programa Nacional de Avaliação da Qualidade das Águas (PNQA) no país, a referida Resolução estabelece procedimentos padronizados para coleta e preservação de amostras de águas superficiais para fins de monitoramento da qualidade dos recursos hídricos.

>> PARA SABER MAIS

Para aprofundar seus conhecimentos, sugere-se a leitura do capítulo *Bioindicadores Ambientais* de autoria de Kapusta e Freitas (2010), que consta no livro *Introdução ao Gerenciamento Ambiental*, organizado por Cristiano Poleto.

>> JUNTANDO TUDO!

1) Acesse o Guia Nacional no site da Agência Nacional de Águas (ANA) e verifique os amostradores, métodos e procedimentos utilizados para a coleta de comunidades aquáticas: www.ana.gov.br. Faça um quadro-resumo sobre as comunidades, os amostradores e as características dos locais amostrados.

2) O Estudo de impacto ambiental/Relatório de impacto ao meio ambiente) é um dos instrumentos da Política Nacional do Meio Ambiente e é realizado por uma equipe multidisciplinar. A qualificação técnica da equipe multidisciplinar responsável pelo desenvolvimento do EIA/RIMA é essencial para garantir a preservação dos recursos naturais. Utilizando a Resolução CONAMA nº 1/1986, de 23 de janeiro de 1986 (BRASIL, 1986), (disponível no ambiente virtual de aprendizagem), reflita sobre os aspectos dessa resolução que se referem ao campo de atuação dos técnicos da área ambiental. Procure elencar, comparativamente, quais as etapas necessárias para realizar um estudo que envolva a análise da biota terrestre e aquática.

REFERÊNCIAS

BELLOTTO, V. R. et al. Biomonitoramento ativo de metais traço e efeito biológico em mexilhões transplantados para área de influência de efluente de indústria de beneficiamento de aço – fase I. *Braz. J. Aquat. Sci. Technol.*, v. 9, n. 2, p. 33-37, 2005. Disponível em: <www6.univali.br/seer/index.php/bjast/article/download/587/497>. Acesso em: 05 nov. 2012.

BRANDÃO, C. J. et al. (Org.). *Guia nacional de coleta e preservação de amostras*: água, sedimento, comunidades aquáticas e efluentes líquidos. São Paulo: CETESB; Brasília: ANA, 2011.

BRASIL. Agência Nacional de Águas. Resolução nº 724, de 3 de outubro de 2011. *Diário Oficial da União*, 19 out. 2011. Seção 1, n. 201, p. 105.

BRASIL. Conselho Nacional do Meio Ambiente. Resolução nº 1, de 23 de janeiro de 1986. *Diário Oficial da União,* 17 fev. 1986. Seção 1, n. 31, p. 2.548.

BRASIL. Conselho Nacional do Meio Ambiente. Resolução nº 357, de 17 de mar. de 2005. *Diário Oficial da União,* 18 mar. 2005. Seção 1, n. 53, p. 58.

BRASIL. Instituto Brasileiro do Meio Ambiente e dos Recursos Naturais Renováveis. Instrução Normativa nº 146, de 10 de janeiro de 2007a. *Diário Oficial da União*, 11 jan. 2007. Seção 1, n. 8, p. 56.

BRASIL. Instituto Brasileiro do Meio Ambiente e dos Recursos Naturais Renováveis. Instrução Normativa nº 154, de 1º de março de 2007b. *Diário Oficial da União*, 14 mar. 2007. Seção 1, n. 50, p. 62.

BRASIL. Instituto Chico Mendes de Conservação da Biodiversidade. Instrução Normativa nº 4, de 2 de setembro de 2009a. *Diário Oficial da União*, 18 set. 2009. Seção 1, n. 179, p. 98.

BRASIL. Instituto Chico Mendes de Conservação da Biodiversidade. Instrução Normativa nº 5, de 2 de setembro de 2009b. *Diário Oficial da União*, 18 set. 2009. Seção 1, n. 179, p. 99.

BÜNDCHEN, M.; CANTO, C. Ecossistemas e conservação ambiental. In: SCHWANKE, C (Org.). *Ambiente*: conhecimentos e práticas. Porto Alegre: Bookman, 2013. p. 147-164

BUSS, D. F.; BAPTISTA, D. F.; NESSIMIAN, J. L. Bases conceituais para a aplicação de biomonitoramento em programas de avaliação da qualidade da água de rios. *Cad. Saúde Pública*, v. 19, n. 2, p. 465-473, 2003.

BUSS, D. F.; OLIVEIRA, R. B.; BAPTISTA, D. F. Monitoramento biológico de ecossistemas aquáticos continentais. *Oecol. Bras.*, v. 12, n. 3, p. 339-345, 2008.

CALLISTO, M.; MORETTI, M.; GOULART, M. Macroinvertebrados bentônicos como ferramenta para avaliar a saúde de riachos. *Revta. Bras. Rec. Hid.*, v. 6, n. 1, p. 71-82, 2001.

CARVALHO, H. A. A *Tradescantia* como bioindicador vegetal na monitoração dos efeitos clastogênicos das radiações ionizantes. *Radiol. Bras.*, v. 38, n. 6, p. 459-462, 2005. Disponível em: <http://www.scielo.br/scielo.php?pid=S0100-39842005000600015&script=sci_arttext>. Acesso em: 22 nov. 2012.

CORDAZZO, C. V.; SEELIGER, U. *Guia ilustrado da vegetação costeira no extremo sul do Brasil*. 2. ed. Rio Grande: FURG, 1988.

DAJOZ, R. *Princípios de ecologia*. 7. ed. Porto Alegre: Artmed, 2005.

ESPIRITO-SANTO, F. D. B. et al. Variáveis ambientais e a distribuição de espécies arbóreas em um remanescente de floresta estacional semidecídua montana no campus da Universidade Federal de Lavras, MG. *Acta Bot. Bras.*, v. 16, n. 3, p. 331-351, 2002. Disponível em: <http://www.scielo.br/pdf/abb/v16n3/15396.pdf>. Acesso em: 05 nov. 2012.

FIDALGO, O.; BONONI, V. L. R. (Org.). *Técnicas de coleta, preservação e herborização de material botânico*. São Paulo: Instituto de Botânica, 1989.

INSTITUTO BRASILEIRO DE GEOGRAFIA E ESTATÍSTICA. *Manual técnico da vegetação brasileira*. Rio de Janeiro: IBGE, 1992. (Série Manuais técnicos em geociências, n. 1).

JORGE, R. S. P. et al. SISBio: uma ferramenta para a gestão da sociobiodiversidade. *Jornal da Ciência*, 2011. JC e-mail 4392, de 25 de novembro de 2011. Disponível em: <http://www.jornaldaciencia.org.br/Detalhe.jsp?id=80260>. Acesso em: 22 nov. 2012.

KAPUSTA, S. C. *Bioindicação ambiental*. Porto Alegre: Escola Técnica da Universidade Federal do Rio Grande do Sul, 2008. Curso técnico em Meio Ambiente, desenvolvido pelo Programa Escola Técnica Aberta do Brasil.

KAPUSTA, S. C.; FREITAS, S. M. F. Bioindicadores ambientais. In: POLETO, C. (Org.). *Introdução ao gerenciamento ambiental*. Rio de Janeiro: Interciência, 2010. p. 109-179.

KLUMPP, A. Utilização de bioindicadores de poluição em condições temperadas e tropicais. In: MAIA, N. B., MARTOS, H. L.; BARRELLA, W. (Org.). *Indicadores ambientais*: conceitos e aplicações. São Paulo: EDUC, 2001. p. 77-94.

LIMA, J. S. *Bioindicação, biomonitoramento*: aspectos bioquímicos e morfológicos. Belo Horizonte: IETEC, 2000b. Disponível em: <http://www.ietec.com.br/site/techoje/categoria/detalhe_artigo/172>. Acesso em: 05 nov. 2012.

LIMA, J. S. *Bioindicação em ecossistemas terrestres*. Belo Horizonte: IETEC, 2000a. Disponível em: <http://www.ietec.com.br/site/techoje/categoria/detalhe_artigo/173>. Acesso em: 05 nov. 2012.

MACHADO, A. B. M.; DRUMMOND, G. M.; PAGLIA, A. P. (Ed.). *Livro vermelho da fauna brasileira ameaçada de extinção*. Brasília: MMA, 2008. (Biodiversidade, 19).

ROSENBERG, D. M.; RESH, V. H. Introduction to freshwater biomonitoring and Benthic macroinvertebrates. In: ROSENBERG, D. M.; RESH, V. H. (Ed.). *Freshwater biomonitoring and benthic macroinvertebrates*. New York: Chapman & Hall, 1993.

ROTTA, E.; BELTRAMI, L. C. C.; ZONTA, M. *Manual de prática de coleta e herborização de material botânico*. Colombo: Embrapa Florestas, 2008. Documento 173.

SALOMÃO, M. G.; AURICCHIO, P. (Org.). *Técnicas de coleta e preparação de vertebrados*. São Paulo: Terra Brasilis, 2002.

SILVEIRA, L. F. et al. Para que servem os inventários da fauna? *Estud. Av.*, v. 24, n. 68, p. 173-207, 2010. Disponível em: <http://www.scielo.br/pdf/ea/v24n68/15.pdf>. Acesso em: 22 nov. 2012.

SZABO, A. V. et al. Acúmulo foliar de enxofre e suas relações com alterações no crescimento de plantas jovens de *Tibouchina pulchra* Cogn. (Melastomataceae) expostas nas proximidades do polo industrial de Cubatão, SP. *Rev. bras. Bot.*, v. 26, n. 3, p. 379-390, 2003. Disponível em: <http://www.scielo.br/pdf/rbb/v26n3/18957.pdf>. Acesso em: 05 nov. 2012.

VIBRANS, A. C. et al. Inventário florístico florestal de Santa Catarina (IFFSC): aspectos metodológicos e operacionais. *Pesquisa Florestal Brasileira*, v. 30, n. 64, p. 291-302, 2010. Disponível em: <http://www.cnpf.embrapa.br/pfb/index.php/pfb/article/view/96>. Acesso em: 22 nov. 2012.

VIEIRA, D. B.; SHIBATTA, O. A. Peixes como indicadores da qualidade ambiental do ribeirão Esperança, município de Londrina, Paraná, Brasil. *Biota Neotrop.*, v. 7, n. 1, p. 57-65, 2007. Disponível em: <http://www.scielo.br/scielo.php?pid=S1676-06032007000100008&script=sci_arttext>. Acesso em: 22 nov. 2012.

WATANABE, T. Perifíton: comparação de metodologias empregadas para caracterizar o nível de poluição das águas. *Acta Limnol. Brasil.*, v. 3, p. 593-615, 1990.

WETZEL, R. G. Opening remarks. In: WETZEL, R. G. (Ed.). *Periphyton of freshwater ecosystems*. Boston: The Hague Dr. W. Junk, 1983.

Aline Grunewald Nichele

capítulo 5

Tratamento da água

Mesmo a água sendo fundamental para a saúde e o bem-estar humano, grande parte da população mundial não tem acesso a esse bem essencial com as características de potabilidade necessárias. E há perspectiva de uma escassez ainda maior de água. A manutenção da vida depende da água. Entretanto, de toda a quantidade de água presente em nosso planeta, apenas um pequeno percentual é constituído de água doce, e um percentual ainda menor de água potável. Onde está e como preservar esse bem tão precioso?

Neste capítulo convidamos você a entender um pouco mais sobre a água, sua distribuição em nosso planeta e os processos envolvidos no tratamento de águas e esgotos. Você vivenciará na prática profissional a impossibilidade de compreender a complexidade ambiental de forma fragmentada, pois a sustentabilidade depende de uma abordagem integrada e colaborativa.

OBJETIVOS

Após o estudo deste capítulo, você deverá ser capaz de:

» Compreender a importância da água para o desenvolvimento da civilização e para a manutenção da vida.

» Representar a molécula de água.

» Apresentar a distribuição da água em nosso planeta.

» Caracterizar as principais etapas envolvidas no tratamento de água e no tratamento de esgoto.

A água é um bem de grande importância não só para o homem, mas para as demais formas de vida em nosso planeta. Reservas de água doce fresca são essenciais para a vida fora dos oceanos. Lagos, rios, córregos e áreas úmidas são o *habitat* para uma variedade de espécies, nutrem as terras ao seu redor e sustentam populações humanas. São indispensáveis nas irrigações agrícolas, nas indústrias, para beber e para fins domésticos, como o preparo de alimentos e higiene.

Globalmente, o setor agrícola é o maior consumidor de água doce fresca, seguido do setor industrial. A menor porcentagem é usada domesticamente, incluindo a água para beber; entretanto, mais de um bilhão de pessoas tem restrição no acesso à água potável, devido à precariedade ou à inexistência de tratamento de água e ao saneamento adequado.

Da mesma forma, quase três bilhões de pessoas vivem em áreas sem coleta ou sem tratamento do esgoto. Com a falta de condições básicas de saneamento, em especial as relacionadas ao tratamento da água e do esgoto, uma parcela significativa da população mundial é infectada com organismos patogênicos (NATIONAL GEOGRAPHIC SOCIETY, 2009, p. 40).

Composição da água

A água é uma substância química com características inesperadas, uma delas, é ser líquida nas condições normais de temperatura na Terra. Por ser uma molécula de massa molar tão pequena, deveria ser um gás. Como se explica isso?

É sempre importante ter claro que, nesse contexto, condições normais representam temperaturas em torno de 20 °C, diferentemente das denominadas *condições normais de temperatura e pressão* (CNTP) e *condições padrão de temperatura de pressão* (CPTP).

Na molécula de água, o átomo de oxigênio, muito eletronegativo, está ligado de forma direta a dois átomos de hidrogênio, formando ligações interatômicas altamente polarizadas (Figura 5.1). A proximidade de uma molécula de água com outra gera interações intermoleculares intensas, denominadas ligação de hidrogênio, responsáveis pela elevada temperatura de fusão e de ebulição da água.

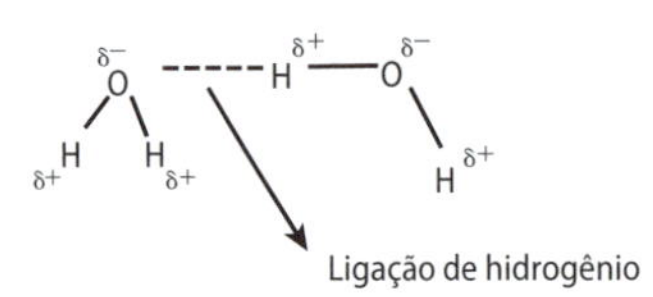

Figura 5.1 Moléculas de água e a interação por meio da ligação de hidrogênio.

>> PARA SABER MAIS

Para saber mais sobre ligações interatômicas e sobre as condições normais e padrão de temperatura e pressão, leia os artigos *Interações intermoleculares* (ROCHA, 2001), da revista *Cadernos Temáticos de Química Nova na Escola*, e *O uso da terminologia normal e padrão* (LOURENÇO; PONTES, 2007) disponíveis no ambiente virtual de aprendizagem: www.bookman.com.br/tekne.

Além disso, a água no estado sólido difere das demais substâncias com relação à sua densidade. A maioria das substâncias é mais densa em seu estado sólido do que em seu estado líquido. Ao contrário, o gelo é menos denso do que a água a 0 °C, o que faz com que o gelo, e os *icebergs*, flutuem na água. Essa característica deve-se às ligações de hidrogênio, as quais originam no estado sólido uma estrutura tridimensional extremamente organizada, mais aberta do que a do líquido.

Também em função das ligações de hidrogênio entre suas moléculas, a água e o gelo, em grandes espessuras, exibem coloração azulada, pois "[...] quando uma molécula de água vibra, ela se arrasta e empurra suas vizinhas unidas por ligações de hidrogênio; como resultado, absorve um pouco de luz vermelha, deixando uma tonalidade azulada na luz transmitida." (ATKINS, 2000, p. 24).

>> Distribuição de água na Terra

Embora, hoje, saiba-se da existência de água em outros planetas, inclusive fora do sistema solar, apenas na Terra ela é encontrada como um líquido na superfície e em abundância. A concentração de sais permite a distinção da água em duas grandes categorias: águas doces, que possuem baixo teor de sais, usualmente encontradas em rios e lagos; e, águas salinas, com concentração mais significativa de sais, que é o caso das águas oceânicas.

Aproximadamente 71% da superfície de nosso planeta é coberta pelos oceanos. Da quantidade total de água na superfície da Terra, cerca de 97,5% da água é salgada, imprópria para consumo humano. Com isso, apenas 2,5% do total de água presente em nosso planeta é água doce.

A maior parte desses 2,5% de água doce disponível, cerca de 69,5%, está solidificada nos polos; outros 30,1% são águas subterrâneas, ou seja, encontram-se abaixo da superfície terrestre em formações rochosas porosas chamadas aquíferos, que são reabastecidos pela água que se infiltra no solo. Dessa maneira, sobram apenas 0,4% do total de água doce no planeta disponível na superfície e na atmosfera terrestre, e parte desta ainda está dispersa entre a umidade do solo e terras alagadas (Figura 5.2).

>> ASSISTA AO FILME

Você já ouviu falar do aquífero Guarani? Trata-se de um imenso reservatório de água subterrânea que abrange o Brasil, a Argentina, o Paraguai e o Uruguai. Para saber mais, assista ao vídeo disponível no ambiente virtual de aprendizagem.

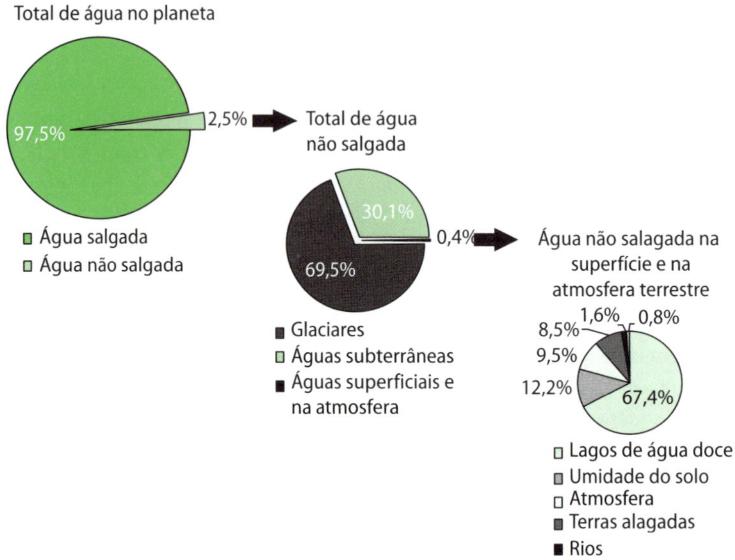

Figura 5.2 Distribuição da água na Terra.
Fonte: National Geographic Society (2009).

Tão importante quanto a quantidade de água é a qualidade da água disponível. Nas últimas décadas, a qualidade da água de nosso planeta tem se deteriorado crescentemente. O aumento da industrialização, da urbanização e das atividades humanas na segunda metade do século XX aumentou a geração de poluentes, que alcançaram águas subterrâneas e superficiais.

WWW

» **NO SITE**
O artigo *As águas no planeta Terra*, de Marco Tadeu Grassi (2001), apresenta uma interessante análise sobre a água. Leia o texto na íntegra, acessando o ambiente virtual de aprendizagem.

O aporte de poluentes na água pode ser classificado como pontual ou difuso. Fontes pontuais são aquelas cuja descarga de efluentes tem origem identificada, como de indústrias e estações de tratamento de esgoto, podem ser facilmente monitoradas e regulamentadas, permitindo a determinação da composição desses resíduos e seus impactos ambientais. Fontes difusas podem apresentar características bastante diferenciadas e, por isso, são de difícil determinação e abrangência – incluem o escoamento superficial urbano e de áreas agrícolas.

O controle da poluição da água pode se dar a partir da redução de resíduos na fonte ou a partir do tratamento dos resíduos com a remoção ou a transformação dos contaminantes. Microrganismos patogênicos, como bactérias, vírus e parasitas, oriundos de excrementos de seres humanos e animais que contaminam os corpos aquáticos podem ser controlados por meio da coleta e do tratamento de esgoto, bem como pelo tratamento e pela desinfecção da água para abastecimento público.

» Breve história do tratamento de água

A transformação das populações nômades em sedentárias foi proporcionada pelo desenvolvimento agrícola e pecuário próximo a rios que atendiam às demandas domésticas e agrícolas. Assim, foi favorecida a formação de vilas, cidades e outras formas de agregação social, seguida do aumento populacional, da urbanização e da industrialização. A água passou a ser utilizada na movimentação de máquinas que cortavam madeiras, em moinhos de grãos e em processos industriais.

Frente à grande oferta de água, efeitos indesejáveis do desenvolvimento ficaram evidentes: a água era empregada como solvente universal na limpeza e no transporte de todos os resíduos produzidos pelo homem. Os resíduos gerados eram maiores do que a capacidade da natureza de degradá-los, ocasionando acúmulo, poluição dos rios e disseminação de doenças relacionadas à água poluída, uma vez que a solução mais simples era descartar o lixo e os resíduos nos mananciais. Até hoje, a água é utilizada para descarte de resíduos, muitas vezes sem que estes passem por qualquer tipo de tratamento.

Segundo Rocha, Rosa e Cardoso (2009) o primeiro sistema de distribuição de água surgiu há cerca de 4500 anos, embora o homem tenha aprendido a armazená-la utilizando potes de barro e de cerâmica muitos anos antes. Mas ocorreu na Índia, há cerca de 4.000 anos, a construção do primeiro sistema de distribuição de água eficiente.

A Idade Média (entre os séculos V e XV) foi um período marcado pela estagnação no desenvolvimento sanitário. A situação se agravou durante o século XVIII com o aumento do acúmulo de lixo nas ruas associado ao crescimento da população. Ainda nos primórdios da era industrial, o aumento da produção de resíduos impulsionou novamente o desenvolvimento dos sistemas de efluentes industriais e sanitários. O destino final eram os mananciais, que rapidamente sofreram os efeitos da poluição com a morte de peixes e com a proliferação de doenças como a cólera.

A Inglaterra, sede da Revolução Industrial, foi o primeiro país a se preocupar com os efluentes, devido à poluição de seus rios. Assim, transformou-se no país pioneiro na medição e caracterização da poluição, na regulamentação visando à proteção sanitária dos mananciais e à implementação de processos de tratamento de águas residuais. Em 1847, com a "reforma sanitária", a Inglaterra iniciou a construção de redes de efluentes domésticos, o que potencializou a deterioração da qualidade da água pelo aumento da quantidade de matéria orgânica nos rios.

Por outro lado, no que se refere ao tratamento da água, o ano de 1929 constitui-se um marco, com a construção, em Londres, da primeira estação de tratamento de água, que consistia em filtrar com areia a água do rio Tâmisa.

Apenas em 1849 suspeitou-se que a água poderia ser o meio de transmissão de doenças como a cólera. Posteriormente, foi verificado que a filtração era capaz de remover, além da turbidez e coloração, a maior parte dos microrganismos. Assim, até 1907 a filtração consistiu no método recomendado para o tratamento de água; contudo, a partir de 1902 o cloro passou a ser utilizado como desinfetante de águas destinadas ao abastecimento público.

Atualmente, o tratamento para purificação da água de abastecimento é indispensável, uma vez que praticamente toda água potável que consumimos é transfor-

» ASSISTA AO FILME

O documentário *Como a Terra nos fez*, da rede de televisão BBC, explora a nossa complexa relação com a água. Lugares extraordinários como a Islândia, o Oriente Médio e a Índia foram visitados para demonstrar como o controle da água foi vital para a existência humana nesses lugares.
O documentário exibe o ciclo da água. Assistindo-o, você perceberá que, ao longo da história, o êxito das civilizações dependeu da habilidade de adaptação e controle sobre os recursos hídricos.
Disponível no ambiente virtual de aprendizagem.

mada em esgoto, retornando aos mananciais com a presença de contaminantes químicos ou biológicos, que tem de ser removidos antes do consumo humano. Desse modo, torna-se fundamental o tratamento da água para que esta volte a ser propícia para o consumo humano.

É importante distinguirmos tratamento da água de tratamento do esgoto; o tratamento da água é realizado a partir da água disponível nos mananciais, com a intenção de torná-la própria para o consumo humano; o tratamento do esgoto é realizado em águas residuais de residências ou indústrias com a intenção de minimizar o impacto ambiental de sua reintrodução no manancial.

WWW

» **NO SITE**
Confira o conteúdo, na íntegra, da Portaria nº 518 do Ministério da Saúde de 25 de março de 2004, acessando o ambiente virtual de aprendizagem.

» Tratamento da água

Normalmente a água não tratada, disponível em mananciais, não apresenta a qualidade necessária para o abastecimento público, pois apresenta resíduos orgânicos, partículas em suspensão, metais pesados e microrganismos que precisam ser removidos. A qualidade dessa água pode variar muito e, consequentemente, o tratamento ao qual ela terá de ser submetida também.

Nos centros urbanos, para que a água de abastecimento esteja propícia para o consumo humano, esta é levada até uma estação de tratamento de água (ETA) onde diversos tratamentos, associadamente, são empregados para torná-la potável, atendendo a padrões estabelecidos pelo governo e fiscalizados por autoridades sanitárias. A água potável é aquela para consumo humano cujos parâmetros microbiológicos, físicos, químicos e radioativos atendam ao padrão de potabilidade e que não ofereça riscos à saúde.

No Brasil, a Portaria nº 518 do Ministério da Saúde, de 25 de março de 2004 (BRASIL, 2004), determina os procedimentos e as responsabilidades relativos ao controle e à vigilância da qualidade da água para consumo humano e o seu padrão de potabilidade. A norma de qualidade de água para consumo humano estabelece padrões de potabilidade relacionados ao controle microbiológico, de turbidez, de substâncias químicas que apresentam riscos à saúde e de radioatividade. Essa norma não se aplica às águas envasadas e a outras, cujos usos e padrões de qualidade são estabelecidos em legislação específica.

Nas estações de tratamento de água, os tratamentos empregados à água de abastecimento diferem dependendo da finalidade. Estes são efetuados para atender às exigências higiênicas (como a remoção de substâncias tóxicas, redução de impurezas, redução de resíduos orgânicos, microrganismos), estéticas (como o controle da cor, odor, sabor, turbidez) e econômicas (como a redução da dureza – presença de íons cálcio e magnésio – cor, turbidez, ferro).

Agora é a sua vez!

A Agência Nacional de Águas (ANA) coordena uma pesquisa, iniciada em 2005 e que resultou no denominado Atlas Brasil. Essa pesquisa é constituída por um trabalho de diagnóstico e planejamento nas áreas de recursos hídricos e saneamento no Brasil, tendo como objetivo principal a garantia da oferta de água para o abastecimento das sedes urbanas em todo o país. O estudo abrangeu quatro segmentos de atividades: oferta de água e demandas, diagnóstico, planejamento e estratégias de implementação. Nesse contexto, foram avaliados todos os mananciais e sistemas de produção de água de todas as sedes urbanas, viabilizando a indicação das principais obras e ações de gestão para o atendimento das demandas até 2025. Além disso, no Atlas Brasil também são indicadas as ações de coleta e de tratamento de esgotos necessários para a proteção da qualidade das águas dos mananciais.

Que tal conhecer melhor as condições dos recursos hídricos e do saneamento da sua região? Acesse o portal Atlas Brasil (http://atlas.ana.gov.br/Atlas) e confira como estão a oferta e a demanda de água e se há ações que envolvam tratamento de esgotos voltadas para a proteção dos mananciais.

Tratamento inicial

É importante ressaltar que a ordem das etapas e os reagentes empregados no tratamento da água podem variar dependendo das características iniciais da água, do volume e da finalidade do tratamento. De uma maneira geral, o processo que ocorre em uma ETA é esquematizado na Figura 5.3.

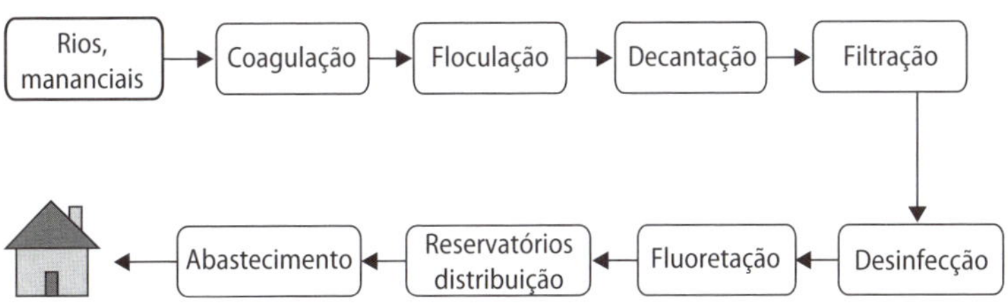

Figura 5.3 Etapas básicas do tratamento de água para abastecimento.

Clarificação

A clarificação, remoção das partículas em suspensão, é conseguida por meio da adição de reagentes químicos capazes de incorporar fisicamente essas partículas, ou seja, promover a **coagulação**, na entrada dos **floculadores**, onde há a agitação mecânica da água.

O termo coagulação diz respeito à desestabilização dos coloides, provocada pela adição de reagentes químicos. Por outro lado, a floculação é o processo de agitação lenta que promove a aglutinação das partículas, produzindo aglomerados com tamanho suficiente para serem decantados.

Esses reagentes químicos, no caso denominados coagulantes, podem ser os sulfatos de ferro III ou de alumínio – $Fe_2(SO_4)_3$ ou $Al_2(SO_4)_3$ – que, em pH neutro ou alcalino, formam os respectivos hidróxidos – $Fe(OH)_3$ ou $Al(OH)_3$, que possuem a característica de adsorver as partículas em suspensão, formando aglomerados que, depois de separados, resultam em uma água com aspecto clarificado. Além disso, a formação desses compostos diminui a concentração de íons hidróxido (OH^-), contribuindo para a diminuição da alcalinidade do meio.

Após essa etapa de floculação, a água segue para os **decantadores**, onde permanece por cerca de 4 horas, tempo em que as partículas maiores se depositam no fundo do tanque de decantação. Esse resíduo sólido, composto de matéria orgânica e minerais, é denominado lodo. Para remoção das partículas não decantadas, ou seja, aquelas que permanecem em suspensão, a água é escoada por canaletas localizadas no topo dos decantadores, o processo de **filtração** é realizado por meio de sucessivas camadas de areia de variadas granulometrias, suportadas sobre cascalho.

Desinfecção da água

A desinfecção da água tem como objetivo a destruição ou a inativação de organismos patogênicos, responsáveis pela disseminação de doenças. A desinfecção não implica, necessariamente, na esterilização, ou seja, na eliminação total de todas as formas vivas.

A desinfecção da água pode ser obtida pela utilização de diversos meios, incluindo processos físicos e químicos. Os **processos físicos** podem envolver etapas de sedimentação, coagulação e filtração – comuns nas estações de tratamento de água (ETA) convencionais – que removem parte dos microrganismos, descritos anteriormente. Os **processos químicos** podem envolver diferentes agentes desinfetantes, como o cloro ou o ozônio. Existem diferentes processos para a desinfecção da água, sendo as características da água a ser tratada determinantes no processo de desinfecção.

É importante considerar a natureza do agente desinfetante, se este for um oxidante, deve-se considerar que a presença de matéria orgânica, bem como de outros compostos passíveis de sofrer oxidação consumirão parte da quantidade de desinfetante necessária para destruir os microrganismos.

O método tradicional de desinfecção da água é a cloração, utilizado desde a primeira década do século XX de maneira contínua. Entretanto, outros métodos envolvendo agentes oxidantes mais fortes do que o oxigênio (O_2) são utilizados, entre eles, o ozônio, o dióxido de cloro, o permanganato de potássio, o peróxido de hidrogênio, além da radiação ultravioleta.

Cloração

O cloro no tratamento da água é utilizado para a desinfecção (eliminação de microrganismos) e/ou para a oxidação da matéria orgânica, uma vez que o cloro é um forte agente oxidante. A desinfecção da água com cloro (ou outro agente) pode ser efetuada em dois momentos distintos, no momento em que a água ingressa na ETA ou na etapa final.

A cloração consiste na adição de ácido hipocloroso (HClO) ou de substâncias que gerarão essa espécie química na água. Esse ácido é instável quando concentrado, sendo, por esse motivo, obtido *in situ*. Em grande escala ele pode ser gerado a partir de cloro gasoso (Cl_2) em meio aquoso, no qual é estabelecido o equilíbrio químico apresentado na Figura 5.4.

$$Cl_{2}\,(g) + H_{2}O\,(l) \rightleftharpoons HClO + H^{+} + Cl^{-}$$

Figura 5.4 Reação de geração do ácido hipocloroso a partir do cloro gasoso.

O pH da água é determinante para o estabelecimento da espécie química de cloro presente no meio. Esse equilíbrio favorecendo a formação de HClO (Figura 5.4) é conseguido com o pH da água neutro ou levemente básico (se necessário, a elevação do pH se dá por meio da adição de óxido de cálcio, CaO, após a cloração). O pH ácido deslocaria esse equilíbrio para a esquerda, segundo o princípio de Le Chatelier*, favorecendo a formação de $Cl_{2(g)}$.

Em valores de pH superiores a 4, esse equilíbrio é significativamente deslocado para a direita, ou seja, para a formação de HClO, que é um ácido inorgânico fraco, que em soluções aquosas com pH inferior a 6 se ioniza fracamente** (Figura 5.5), prevalecendo a espécie química HClO.

$$HClO \rightleftharpoons H^{+} + ClO^{-}$$

Figura 5.5 Ionização do ácido hipocloroso.

As águas de abastecimento usualmente apresentam valores de pH que oscilam entre 5 e 10, situação em que as espécies químicas presentes são o ácido hipocloroso (HClO) e o íon hipoclorito (ClO^-). Assim, o valor do pH influenciará na relação da concentração dessas espécies químicas na água. A partir do equilíbrio estabelecido na ionização do ácido hipocloroso é possível estimar que quanto mais próximo de 5 estiver o pH, mais significativa será a concentração de HClO em relação a de ClO^-, ao contrário do que se espera para valores de pH próximos a 10.

Em valores altos de pH, a reação do ácido hipocloroso com o íon hidróxido (base), favoreceria a formação o íon hipoclorito (ClO^-), que tem menor capacidade de desinfecção. A maior eficiência de desinfecção associada ao ácido hipocloroso é atualmente creditada à sua forte capacidade de oxidação, ao pequeno tamanho de sua molécula e a sua neutralidade elétrica, que permitiriam uma rápida penetração nas células dos microrganismos.

---

* Segundo o princípio de Le Chatelier, quando um sistema em equilíbrio sofre uma perturbação, ele se desloca no sentido de minimizar o efeito. Nesse caso, o aumento da concentração de íons H^+, que ocorreria com pH ácido, desfavoreceria a formação de HClO, pois este seria consumido pelo excesso de H^+ formando Cl_2 e H_2O.

** Em soluções aquosas de pH inferior a 2, a espécie química predominante é o Cl_2; em valores de pH próximos a 5, a predominância é do HClO, sendo desconsiderável a concentração de Cl_2.

Em pequena escala, a obtenção do ácido hipocloroso se dá mais comumente por meio da adição de um sal contendo o ânion hipoclorito (ClO^-) como, por exemplo, o hipoclorito de sódio (NaClO) ou o hipoclorito de cálcio ($Ca(ClO)_2$), que se dissociam em meio aquoso (Figura 5.6).

$$NaClO_{(s)} \rightleftharpoons Na^+_{(aq)} + ClO^-_{(aq)}$$

$$Ca(ClO)_{2\,(s)} \rightleftharpoons Ca^{+2}_{(aq)} + 2\,ClO^-_{(aq)}$$

Figura 5.6 Dissociação iônica do hipoclorito de sódio e do hipoclorito de cálcio.

Em água, ocorre a reação de hidrólise do íon hipoclorito (Figura 5.7), formando o ácido hipocloroso. Para favorecer sua formação é importante o controle do pH, evitando-se valores de pH muito elevados, ou seja, básico, que elevaria a concentração de íons hidróxido (OH^-) no meio e provocaria um deslocamento desse equilíbrio para a esquerda, favorecendo a formação de ClO^-.

$$ClO^-_{(aq)} + H_2O(l) \rightleftharpoons HClO + OH^-$$

Figura 5.7 Hidrólise do íon hipoclorito.

Atualmente, independente do método de cloração, esta é a técnica mais utilizada para desinfecção da água por ser barata e por propiciar a manutenção de um leve excesso de HClO no meio, que mantém o poder de desinfecção após o tratamento. O cloro presente na água na forma de íon hipoclorito (ClO^-) e de ácido hipocloroso (HClO) é denominado cloro residual livre.

De acordo com o artigo 13, da Portaria nº 518, do Ministério da Saúde, de 25 de março de 2004 (BRASIL, 2004), após a desinfecção, a água deve conter um teor mínimo de cloro residual livre de 0,5 mg/L, sendo obrigatória a manutenção de, no mínimo, 0,2 mg/L em qualquer ponto da rede de distribuição, recomendando-se que a cloração seja realizada em pH inferior a 8,0 e tempo de contato mínimo de 30 minutos.

Compostos orgânicos encontrados na água, entre eles alguns de ocorrência natural, como as substâncias húmicas, resultantes da decomposição da vegetação, contêm substâncias com o grupo funcional carbonila (C=O), como as cetonas, que podem reagir com o cloro presente na água levando à formação de tri-halometanos (THM) (Figura 5.8).

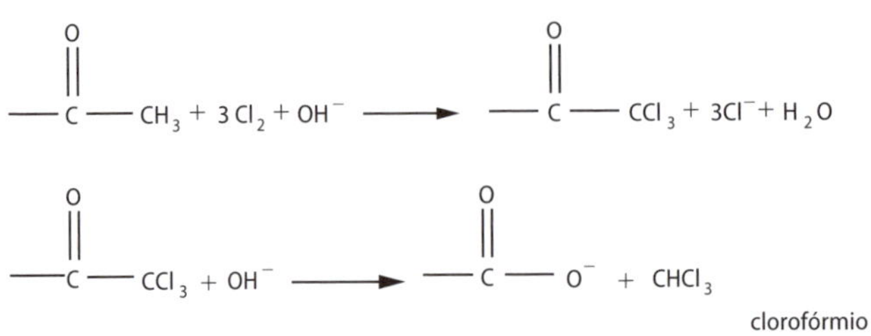

Figura 5.8 Formação de clorofórmio a partir da reação de contaminantes orgânicos da água com o cloro.

Um dos THMs produzidos é o clorofórmio ($CHCl_3$); a presença de bromo e iodo na água pode levar à formação de outros tri-halometanos como o bromodiclorometano ($CHBrCl_2$), dibromoclorometano ($CHBr_2Cl$), tribromometano ($CHBr_3$) (Figura 5.9), todos suspeitos de serem cancerígenos. Por essa razão, a concentração de tri-halometanos é um importante parâmetro de qualidade da água no Brasil.

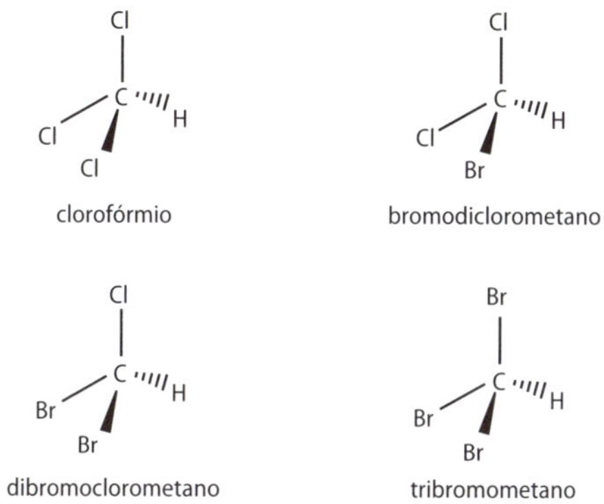

Figura 5.9 Alguns dos tri-halometanos que podem ser formados na reação de contaminantes orgânicos da água com o cloro e outros halogênios.

A formação dos THMs será favorecida quanto maior for o tempo de contato das substâncias orgânicas com o cloro, a temperatura, o pH, a concentração das substâncias húmicas, a concentração de outros halogênios (bromo, iodo) e a concentração de cloro livre.

A redução na formação dos THMs pode ser conseguida por meio do controle da quantidade de matéria orgânica presente na água, o qual pode se dar por diferentes meios:

- Clarificação, que inclui a coagulação e a precipitação como método para redução da turbidez da água, também é responsável pela redução dos compostos orgânicos.

- Agentes oxidantes capazes de oxidar completamente a matéria orgânica, tais como o ozônio, o dióxido de cloro, o permanganato de potássio, o peróxido de hidrogênio e a radiação ultravioleta.

- Adsorção da matéria orgânica na superfície do carvão ativado.

De acordo com o padrão de potabilidade para substâncias químicas que representam risco à saúde, estabelecido pelo Ministério da Saúde brasileiro, a concentração máxima permitida de tri-halometanos totais é de 0,1 mg/L na água de abastecimento.

Outros métodos de desinfecção

Segundo Portaria nº 518, do Ministério da Saúde (BRASIL, 2004), é admitida a utilização de outro agente desinfetante ou outra condição de operação do processo de desinfecção, desde que fique demonstrado pelo responsável do sistema de tratamento uma eficiência de inativação microbiológica equivalente à cloração.

» **ASSISTA AO FILME**
Confira o funcionamento de uma estação de tratamento de água, assistindo ao vídeo de animação disponível no ambiente virtual de aprendizagem.

A ozonização é uma alternativa à cloração. A desvantagem desse método é seu custo, por o ozônio se tratar de uma espécie química bastante reativa, de baixa estabilidade, ele tem de ser gerado *in situ*. Além disso, em virtude da baixa estabilidade, é importante considerar que o ozônio não se mantém na água tratada, não a protegendo de contaminações posteriores ao tratamento. A desinfecção da água com o ozônio se dá com o borbulhamento deste na água por um período de até 10 minutos.

A radiação ultravioleta emitida por lâmpadas de mercúrio ($\lambda = 254$ nm) pode ser utilizada para desinfecção da água, em um procedimento rápido, no qual a lâmpada é imersa na água. Um aspecto negativo desse método de desinfecção é que essa radiação é absorvida por íons de ferro e por substâncias húmicas (matéria orgânica que dá a coloração escura ao solo), na presença destes, a quantidade de radiação disponível para desinfecção é diminuída.

Por fim, após a descrição das etapas normalmente envolvidas no tratamento de água de abastecimento, uma síntese é apresentada na Figura 5.10.

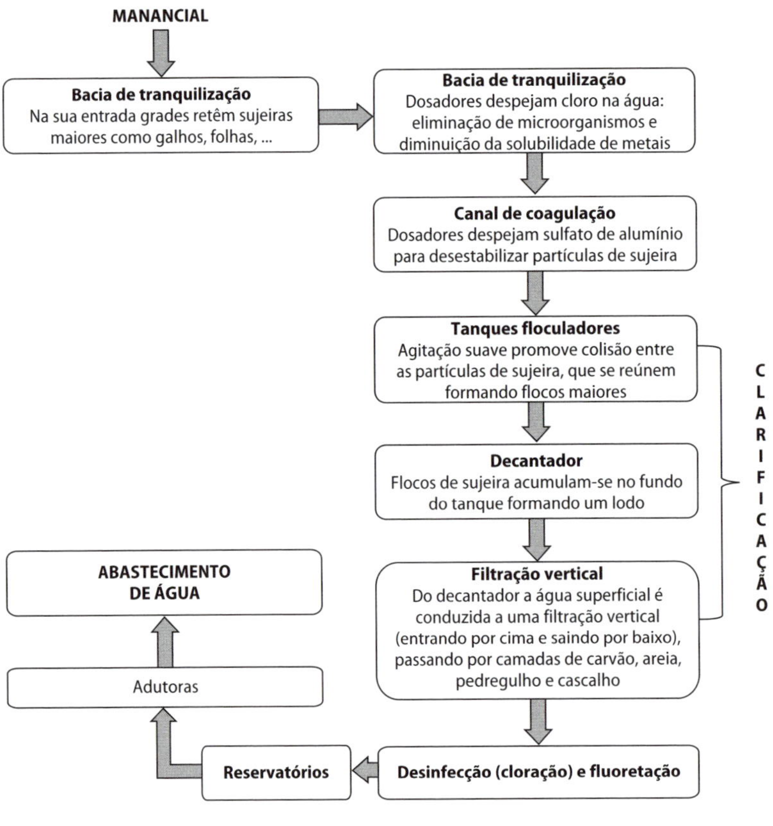

Figura 5.10 Síntese das etapas envolvidas no tratamento de água de abastecimento.

Tratamento de águas poluídas

A poluição das águas, sejam subterrâneas ou superficiais, pode se dar por contaminantes químicos ou biológicos e constitui-se em um problema mundial.

A contaminação das águas subterrâneas acontece, normalmente, por compostos químicos orgânicos – tais como os com origem em pesticidas – e por consequência do descarte inadequado de resíduos sólidos.

A contaminação das águas superficiais ocorre principalmente nas grandes cidades, onde, depois de consumida nas residências e indústrias, a água de abastecimento é denominada de água residual, a qual também é chamada de efluente ou esgoto.

O tratamento da água residual é fundamental para a saúde da população e a preservação dos corpos de água, por reduzir os contaminantes da água antes dela retornar ao manancial, minimizando os danos ao meio ambiente e à saúde humana. Nos centros urbanos, esse tratamento da água residual oriunda das residências normalmente ocorre nas denominadas estações de tratamento de esgotos (ETE).

Para essa diminuição dos contaminantes de um efluente, na ETE a água residual é submetida a diversos tratamentos, sejam eles físicos, químicos ou biológicos, com a finalidade de devolver ao ambiente um efluente tratado, com uma carga de contaminantes inferior à original e que atenda aos padrões estabelecidos pela legislação ambiental.

No Brasil, a Resolução nº 357, do Conselho Nacional do Meio Ambiente (CONAMA), de 17 de março de 2005 (BRASIL, 2005), alterada pelas Resoluções nº 410/2009 e nº 430/2011, determina a classificação dos corpos de água e as diretrizes ambientais para o seu enquadramento, bem como estabelece as condições e os padrões de lançamento de efluentes.

A primeira etapa do tratamento de esgoto é a passagem deste por grades, para retirar os resíduos e as sujeiras maiores. Na sequência, passa por caixas de desarenação, para retirada da areia que está misturada ao esgoto. Após, no decantador primário são sedimentadas e eliminadas as partículas mais densas; o sólido resultante no fundo do tanque decantador é denominado de lodo primário, cujo processo de tratamento difere do tratamento que será dado à fase líquida do esgoto.

O lodo primário, que contém grande quantidade de água, segue para os adensadores para sedimentação e separação dos sólidos. Por flotação, o lodo é concentrado e transferido para digestores, onde microrganismos degradam a matéria orgânica, produzindo gás metano (CH_4), que é queimado, ou que pode ser utilizado para geração de energia. A finalização do tratamento do lodo se dá no filtro prensa, com a prensagem e desidratação do material, que é depositado em aterros sanitários. Uma das aplicações desse sólido resultante do tratamento do lodo é o uso em fertilizantes.

A fase líquida, oriunda do decantador primário, segue para tanques de aeração. A aeração, que consiste no borbulhamento de ar, é utilizada para melhorar a quali-

WWW

» NO SITE
Leia mais sobre as condições normais e as condições padrão de temperatura e pressão no artigo *O uso da terminologia normal e padrão* (LOURENÇO; PONTES, 2007), da revista *Química nova na escola*, disponível no ambiente virtual de aprendizagem.

» ASSISTA AO FILME
Confira como funciona uma estação de tratamento de esgoto, assistindo ao vídeo disponível no ambiente virtual de aprendizagem.

dade da água por proporcionar a eliminação de gases nela dissolvidos, tais como alguns compostos orgânicos voláteis e os malcheirosos compostos organossulfurados e o ácido sulfídrico (H_2S).

Com o aumento da concentração de oxigênio na água, provocado pela aeração, íons ferro II (Fe^{+2}) são oxidados a íons ferro III (Fe^{+3}), os quais, em meio alcalino formam hidróxido de ferro III, que é menos solúvel que o hidróxido de ferro II*. Assim, o processo de aeração possibilita a remoção de íons ferro na forma de $Fe(OH)_3$ precipitado, conforme a Figura 5.11.

$$Fe^{+3} + 3\,OH^{-} \longrightarrow Fe(OH)_{3(s)}$$

Figura 5.11 Reação de formação do hidróxido de ferro III.

Os compostos orgânicos de pequena massa molar, remanescentes da aeração, são removidos no decantador secundário. A água resultante desse processo não é potável, mas pode ser devolvida aos mananciais para, posteriormente, retornar às estações de tratamento de água (ETA). Uma síntese das etapas normalmente envolvidas no tratamento de esgotos residenciais é apresentada na Figura 5.12.

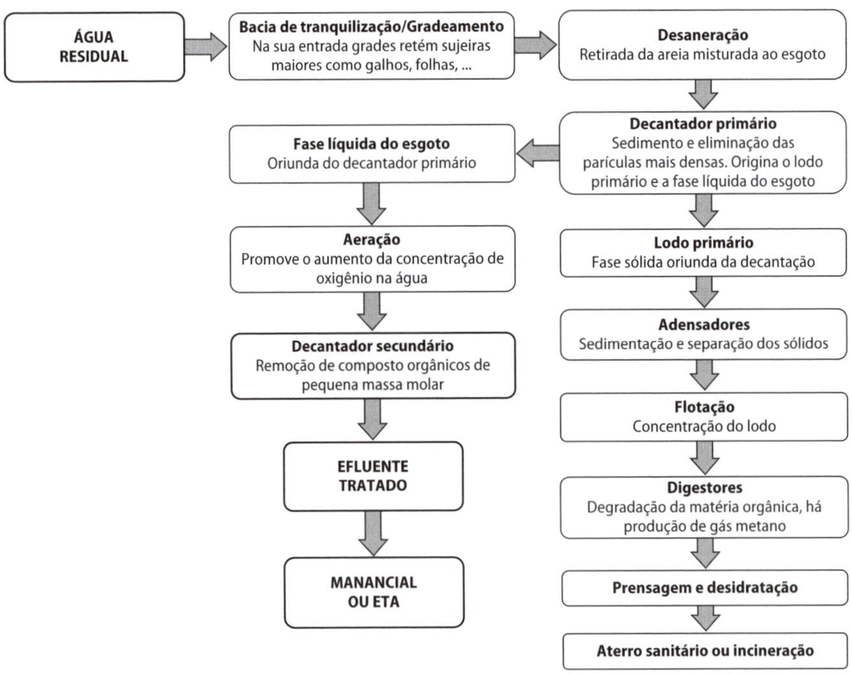

Figura 5.12 Síntese das etapas envolvidas no tratamento de esgoto.

* O hidróxido de ferro II tem Kps $8{,}0.10^{-16}$ e o hidróxido de ferro III têm Kps $4{,}0.10^{-38}$; o menor valor da constante de solubilidade (Kps) do hidróxido de ferro III indica que este tem menor solubilidade e maior tendência a precipitar.

PARA SABER MAIS

Os cadernos temáticos da *Revista Química na Escola* apresentam vários assuntos relacionados à questão da água, sendo interessantes fontes de consulta. Eles estão disponíveis no ambiente virtual de aprendizagem.

JUNTANDO TUDO!

1) Suponha que você seja um profissional que trabalha em uma estação de tratamento de água e esgoto e terá de explicar como ocorre o tratamento da água em sua região, tornando-a propícia ao abastecimento. Elabore um esquema detalhado contemplando o ciclo completo da água que você utiliza na sua residência, considerando, inclusive, o destino da água utilizada.

2) Que tal visitar uma estação de tratamento de esgoto e verificar as etapas descritas neste capítulo?

REFERÊNCIAS

ATKINS, P. W. *Moléculas.* São Paulo: EDUSP, 2000.

BRASIL. Agência Nacional das Águas. *Atlas Brasil:* abastecimento urbano de água. Brasília: ANA, 2010. Disponível em: <http://atlas.ana.gov.br/Atlas/forms/Home.aspx>. Acesso em: 16 nov. 2012.

BRASIL. Conselho Nacional do Meio Ambiente. Resolução nº 357, de 17 de março de 2005. *Diário Oficial da União,* 18 mar. 2005. Seção 1, n. 53, p. 58.

BRASIL. Ministério da Saúde. Portaria nº 518, de 25 de março de 2004. *Diário Oficial da União*, 26 mar. 2004. Seção 1, n. 59, p. 266.

GRASSI, M. T. As águas no planeta terra. *Cadernos Temáticos de Química Nova na Escola*, edição especial, p. 31-40, 2001. Disponível em: <http://qnesc.sbq.org.br/online/cadernos/01/aguas.pdf>. Acesso em: 22 nov. 2012.

LOURENÇO, L. M.; PONTES, P. M. O uso da terminologia normal e padrão. *Química Nova na Escola,* n. 25, p. 8-9, 2007. Disponível em: <http://qnesc.sbq.org.br/online/qnesc25/ccd01.pdf>. Acesso em: 05 nov. 2012.

NATIONAL GEOGRAPHIC SOCIETY. *National Geographic visual atlas of the world*. Washington: National Geographic Society, 2009.

ROCHA, J. C.; ROSA, A. H.; CARDOSO, A. A. *Introdução à química ambiental*. 2. ed. Porto Alegre: Bookman, 2009.

ROCHA, W. R. Interações intermoleculares. *Cadernos Temáticos de Química Nova na Escola*, n. 4, p. 31-36, 2001. Disponível em: <http://qnesc.sbq.org.br/online/cadernos/04/interac.pdf>. Acesso em: 05 nov. 2012.

Telmo Francisco Manfron Ojeda
Rodrigo J. S. Jacques

capítulo 6

Manejo do solo

O solo representa um sistema complexo, heterogênio e frágil. Dessa forma, este capítulo destaca aspectos relevantes ao seu manejo. Por ser um tema abrangente e atual, considera-se fundamental para qualquer profissional que atue na área ambiental reconhecer nossa dependência do solo e identificar as formas para sua utilização e conservação. Assim, os conteúdos relacionados à ciência do solo aqui apresentados servem como ponto de partida, como uma recomendação de tópicos a serem estudados com maior profundidade por aqueles que se interessam pelo futuro do planeta.

OBJETIVOS

Após o estudo deste capítulo, você deverá ser capaz de:

» Reconhecer os constituintes do solo e a sua heterogeneidade.

» Destacar a necessidade de classificação do solo visando seu aproveitamento.

» Descrever as principais técnicas de manejo do solo, suas vantagens e desvantagens.

» Explicar a importância dos cuidados ao manejar o solo.

» Contextualizar a importância ambiental da degradação dos solos.

Uso do solo

Apesar do significativo avanço tecnológico alcançado por nossa sociedade, atualmente, nossa sobrevivência ainda depende do solo. De todas as calorias consumidas pelo homem, 99,7% são produzidas a partir do solo e somente 0,3% provêm dos ambientes aquáticos (OSTRENSKI; BORGHETTI; SOTO, 2007). Essa dependência ainda deve se prolongar por muitos e muitos anos, pois a curto e médio prazo não se vislumbra nenhum processo tecnológico que seja capaz de produzir alimentos de forma mais econômica do que a agricultura.

Já é possível afirmar que nossa dependência em relação ao solo tenderá a se tornar cada vez maior nos próximos anos, principalmente em função do elevado crescimento da população mundial, da concentração das pessoas nos centros urbanos e da significativa parcela da população mundial que continua passando fome.

Essas preocupações mundiais pressionarão cada vez mais para que a agricultura produza alimentos em maior quantidade, maior qualidade, menor custo e com reduzido impacto ambiental, fazendo com que o uso e o manejo adequado do solo assumam uma importância cada vez mais estratégica no desenvolvimento das nações.

Agora é a sua vez!

Você poderia sugerir uma explicação de por que a produtividade do solo é muito maior do que a dos oceanos? Para responder a essa questão, é interessante consultar, no ambiente virtual de aprendizagem: www.bookman.com.br/tekne, o texto *Fatores que influenciam na produtividade dos oceanos: a importância do fluxo de difusão dos nutrientes para a biomassa do fitoplâncton na região oceânica do nordeste brasileiro* (MONTES, 2003).

PENSAMENTO CRÍTICO

Você acredita que o Brasil pode se beneficiar da importância crescente dos produtos agrícolas no contexto mundial? Acesse os textos *Agronegócio brasileiro: uma oportunidade de investimentos* (SILVA, 2004) e *A evolução do agronegócio brasileiro no cenário atual* (LOURENÇO, 2008), disponíveis no ambiente virtual de aprendizagem.

No entanto, é importante destacar que a dependência do solo pela sociedade atual vai além da segurança alimentar, pois esse recurso natural também é responsável pela produção de fibras para o vestuário (algodão e outros materiais). Atualmente, grandes áreas agrícolas têm sido destinadas à produção de energia, como é o caso dos biocombustíveis no Brasil.

Somado a isso, o solo ainda realiza os chamados **serviços ambientais**, que são definidos como os serviços prestados pelos ecossistemas naturais, essenciais para a permanência da vida humana na Terra. São exemplos de serviços ambientais realizados pelo solo: a filtração e a purificação da água, a manutenção das águas superficiais e subsuperficiais, a participação no ciclo hidrológico, a regulação climática, a manutenção da diversidade de organismos que vivem no solo, a degradação ou a detoxificação de poluentes, o sequestro do carbono e a redução do aquecimento global.

» PARA REFLETIR

Revise as leituras sugeridas e reflita sobre as diversas utilidades do solo, além da produção agrícola.

Apesar da extrema dependência que o homem possui em relação ao solo, há muitos anos esse recurso natural vem sendo utilizado e manejado de forma incorreta tanto no meio rural quanto no urbano. Esse mau uso acontece em praticamente todas as regiões do planeta, levando à sua constante degradação. São indicativos da degradação do solo: a erosão, a baixa disponibilidade de nutrientes, a escassez hídrica, a perturbação dos ciclos biológicos, a perda da biodiversidade, entre outros.

Um levantamento realizado em nível mundial pelo *Global Assessment of Land Degradation and Improvement* (GLADA, 2008) indica que 24% da superfície do planeta estão degradados, o que representa mais de 1,5 bilhão de hectares e um aumento de 37% em relação ao levantamento de 1991 (GLASOD, 1991). Segundo o levantamento do Glada, 1,5 bilhão de pessoas dependem dessas áreas degradadas para sobrevivência, o que indica uma condição de desenvolvimento humano precário, pois as áreas degradadas apresentam produtividade muito abaixo das áreas não degradadas.

» **DEFINIÇÃO**
Chamamos de **degradação do solo** a perda de produtividade por longo prazo, causado por distúrbios que impedem que o solo se recupere sozinho.

O Brasil apresenta mais de 200 milhões de hectares de áreas degradadas, o que corresponde a 22,11% do território nacional e 5,38% de toda área degradada do mundo, sendo que o Bioma Pampa está entre as regiões com as maiores quantidades de áreas degradadas do mundo (GLADA, 2008).

Esses dados tornam-se ainda mais alarmantes se considerarmos que a recuperação das áreas degradadas é um processo lento e que demanda altos investimentos econômicos, os quais dificilmente ocorrem, por causa da condição socioeconômica dos agricultores que sobrevivem nessas áreas. Assim, fica evidente que, pelo menos a curto e médio prazo, as áreas degradadas no mundo continuarão aumentando, reduzindo a disponibilidade de áreas aptas à agricultura.

Isso representa um problema de extrema gravidade para as populações e os governos de todos os países, face ao aumento da demanda de alimentos com preços reduzidos para atender a enorme quantidade de pessoas que ainda passam fome no mundo. Assim, é imperativo frear os processos de degradação e adotar práticas de uso e manejo dos solos que visem à manutenção e ao aumento da capacidade produtiva. Tais práticas se referem ao preparo e à formação da camada superficial do solo para receber o cultivo de plantas úteis à espécie humana.

No atual estágio de desenvolvimento da **ciência do solo**, podemos afirmar que é possível "produzir sem degradar". As técnicas para o manejo e a conservação dos solos disponíveis são suficientes para possibilitar o cultivo de praticamente todos os tipos de solos, sem causar sua degradação e significativos impactos negativos no ambiente. Com isso, fica evidente que a degradação dos solos atualmente observada é consequência da não utilização das técnicas adequadas de uso, manejo e conservação do solo por parte de técnicos e agricultores.

O que de melhor podemos fazer para frear o processo de degradação é formar profissionais qualificados e atualizados com as técnicas disponíveis para o manejo do solo.

» Solo: ambiente complexo e heterogêneo

Um dos conceitos de solo mais aceitos mundialmente é o proposto pelo Departamento de Agricultura dos Estados Unidos (UNITED STATES DEPARTAMENT OF AGRICULTURE, 2012):

> Solo é um corpo natural composto das fases sólida, líquida e gasosa, que ocupa espaço na superfície terrestre e distingue-se do material de origem por apresentar horizontes e camadas formados a partir de adição, perda, transferência e transformação de matéria e energia e, além disso, é capaz de suportar o desenvolvimento dos sistemas radiculares das plantas.

O solo é o ambiente natural mais complexo do planeta. A fase sólida é formada por partículas minerais e orgânicas. As partículas minerais se originam do intemperismo das rochas.

» DEFINIÇÃO
Intemperismo é o conjunto de fenômenos físicos e químicos que leva à degradação e ao enfraquecimento das rochas.

As partículas orgânicas se originam da decomposição biológica das células de animais, vegetais e microrganismos mortos e depositados na superfície do solo. Tanto as partículas minerais quanto as orgânicas possuem cargas elétricas, o que permite que os nutrientes (que também possuem cargas elétricas) sejam retidos pela atração das cargas elétricas de sinais opostos. Quanto mais cargas elétricas um solo possui, mais produtivo ele é. Esses nutrientes passam para a fase líquida do solo (i.e., a solução do solo) e da solução são absorvidos pelas plantas e microrganismos.

Assim, a fase líquida é formada pela água da chuva ou do lençol freático e substâncias orgânicas (citrato, malato, glicose) e inorgânicas (nitrato, sulfato, fosfato, potássio, cálcio) dissolvidas. Há também a fase gasosa formada pelos mesmos gases da atmosfera, porém com menores concentrações de oxigênio e maiores de gás carbônico, devido à alta atividade de respiração das raízes e dos organismos do solo.

Do ponto de vista **físico**, o solo é considerado um meio poroso, não rígido, trifásico (i.e., com as fases sólida, líquida e gasosa), formado de partículas que possuem complexidade de forma, tamanho e estrutura mineralógica, sendo algumas partículas finamente divididas, de maneira que apresentam grande área superficial.

Do ponto de vista **químico**, o solo é uma mistura complexa de sólidos (incluídas aqui partículas de materiais inorgânicos e orgânicos), líquidos (água, minerais e matéria orgânica dissolvidos, formando a solução do solo) e gases (ar e gases liberados por organismos presentes).

Do ponto de vista **biológico**, o solo é o ambiente que abriga a maior biodiversidade do planeta. Nele, há enorme quantidade e diversidade de macro, meso e microrganismos. Um único grama de solo pode conter bilhões de microrganismos divididos em milhares de espécies. A convivência de todos esses organismos em um mesmo ambiente só é possível devido à grande heterogeneidade do solo, que resulta em grande disponibilidade de *habitats*: alguns poros com oxigênio, outros sem oxigênio; alguns com pH ácido, outros com pH básico; alguns com alta disponibilidade de matéria orgânica, outros com baixa.

Essa enorme quantidade e diversidade de organismos é responsável por inúmeros processos fundamentais ao crescimento das plantas e ao desenvolvimento do ambiente, tais como o consumo dos nutrientes, a agregação das partículas que compõem o solo, a degradação de poluentes, o controle biológico de pragas e doenças. De modo geral, quanto maior o número e a diversidade de organismos no solo, maior probabilidade de que esses processos benéficos estejam ocorrendo e maior será a produtividade desse solo.

Uma das características marcantes do solo diz respeito a sua grande heterogeneidade natural, como já vimos. Se estivermos analisando um único metro quadrado de solo, observaremos ali milhares de *habitats*, cada um deles possuindo propriedades físicas, químicas e biológicas complemente diferentes. Essa grande heterogeneidade provém da interação dos mais diversos processos físicos, químicos e biológicos, os quais estão estreitamente interligados.

Se você observar uma paisagem, verá que a heterogeneidade está na presença dos diferentes tipos de solos em inúmeros locais dessa paisagem. Essa heterogeneidade tem origem em um fundamento importante da ciência do solo, segundo o qual os solos são formados pela interação entre os fatores de formação do solo, que são:

- material de origem (rochas que deram origem ao solo) (mo);
- relevo (r);

• clima (cl);

• organismos (o);

• tempo (t).

De modo ilustrativo, podemos representar esse fundamento da seguinte maneira:

$$S = f(mo, r, cl, o, t)$$

Onde o solo (S) é função da combinação dos seus fatores de formação. Podemos exemplificar essa ideia pela análise dos solos desde o topo de uma montanha até o ponto mais baixo no terreno (normalmente próximo a um córrego ou banhado). Nessa paisagem, podemos ter os mesmos materiais de origem do solo, clima, organismos semelhantes e período de tempo. Somente a variação do relevo já é suficiente para resultar em diferentes solos, com distância entre eles de apenas alguns metros.

Na Figura 6.1 está representada uma sequência (também chamada de topossequência) de solos que pode ser encontrada na região da depressão central do Rio Grande do Sul. A variação do relevo foi suficiente para originar diferentes solos. Em outros casos, a variação do material de origem é responsável pela formação dos diferentes solos. Em outros locais, há dois ou mais fatores em variação, o que originará uma heterogeneidade de solo ainda maior.

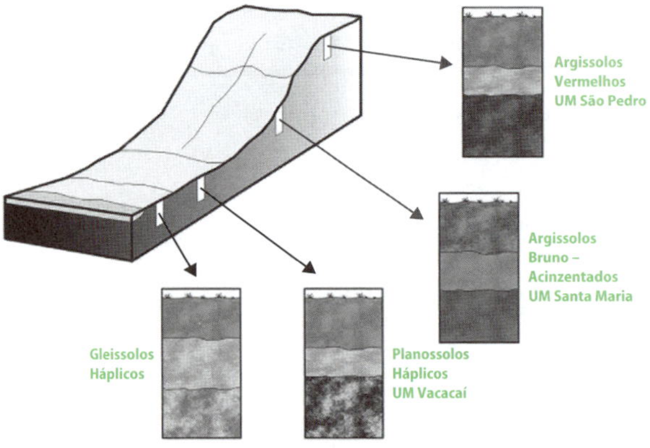

Figura 6.1 Topossequência de solos na região da Depressão Central do Rio Grande do Sul.
Fonte: Brasil (1973).

Como existem muitas possibilidades de combinação entre os fatores de formação do solo, resultando em uma grande diversidade de solos formados. Cada um desses solos possui diferentes propriedades químicas, físicas e biológicas, o que resultará em solos com diferentes suscetibilidades a erosão, diferentes disponibilidades de água e oxigênio, diferentes teores de nutrientes e matéria orgânica, enfim, solos que suportam diferentes usos e manejos, de acordo com as limitações e as potencialidades de cada um deles.

O desconhecimento da presença de diferentes solos na paisagem e a consequente aplicação dos mesmos usos e manejos para solos com características diferentes é um dos principais motivos que levam à degradação. Por isso, o conhecimento do tipo de solo com o qual iremos trabalhar é a primeira e fundamental etapa para que este possa ser utilizado de forma racional e evitando sua degradação.

» PARA REFLETIR

Há várias propostas de classificação dos solos atualmente. Uma visão geral sobre os sistemas de classificação dos Estados Unidos, da FAO (Organização das Nações Unidas para Alimentação e Agricultura) e do Brasil pode ser encontrada no ambiente virtual de aprendizagem. O que você acha das diferenças entre os diversos sistemas?

» Mapas de solos e os sistemas de classificação

O conhecimento do solo no qual o profissional trabalhará inicia por sua identificação, que pode ocorrer por mapas de solos e relatórios já publicados produzidos por pedólogos (profissionais especializados na morfologia, gênese e classificação dos solos) e publicados por órgãos governamentais. Nesses mapas e relatórios, os solos são agrupados em diferentes classes e denominados de acordo com o Sistema Brasileiro de Classificação de Solos (SiBCS), que teve sua segunda edição publicada em 2006 sob coordenação da Embrapa Solos (EMPRESA BRASILEIRA DE PESQUISAS AGROPECUÁRIAS, 2006).

» DEFINIÇÃO
Terra é uma porção da superfície do globo terrestre que além do solo é caracterizada por condições climáticas, cobertura vegetal, localização, posição topográfica, estágio de degradação.

Para citar um exemplo, o Rio Grande do Sul possui um mapa de solos, publicado em 1973, quando foi realizado o Levantamento de Reconhecimento de Solos do RS, composto também por um relatório (BRASIL. MINISTÉRIO DA AGRICULTURA, 1973). Mais recentemente, foi publicado um livro que apresenta uma discussão atualizada sobre os solos presentes nesse levantamento, com fotos de todas as classes de solos e as indicações sobre seu uso e manejo (STRECK et al., 2008).

Por tratar-se de um levantamento estadual, o levantamento de 1973 não apresenta detalhes de áreas menores como uma propriedade rural ou de solos urbanos de um município. Para o planejamento de uso desses solos, existem levantamentos realizados por alguns municípios do RS que possuem mapas de solos com muito mais detalhes. A lista dos municípios que possuem esses levantamentos encontra-se em Streck et al. (2008).

Nos casos em que não dispomos de mapas detalhados da área de interesse, poderemos ser auxiliados por um pedólogo, que irá identificar, classificar e mapear os solos de interesse do contratante. Este é, sem dúvida, o melhor investimento que podemos fazer para iniciar de maneira correta a exploração sustentável do solo, pois o pedólogo, além de mapear os solos, irá também realizar as chamadas classificações interpretativas, ou seja, irá recomendar o uso e o manejo correto a ser aplicado em cada tipo de solo, com base no Sistema de Avaliação da Aptidão Agrícola das Terras e no Sistema de Capacidade de Uso das Terras.

Isso porque os mapas de solos são elaborados com base nas características do solo. Tais informações devem ser interpretadas com a finalidade de informar de maneira fácil e prática, as opções de uso de cada um dos solos, de acordo com suas potencialidades e limitações. Por isso, chamamos de classificações interpretativas, pois a partir das informações do levantamento de solos, fazemos uma interpretação de forma a traduzir as informações do levantamento em alternativas corretas de uso do solo.

» **DEFINIÇÃO**
Pedologia (do grego *pedon* – solo, terra): é o estudo dos solos em seu ambiente natural, submetido à ação da natureza. A pedologia estuda a pedogênese (formação dos solos), a morfologia e a classificação dos solos. O pesquisador é denominado pedólogo. Silvicultura é a ciência que trata da implantação, do melhoramento e da regeneração de florestas em função de interesses ecológicos, científicos, econômicos e sociais.

No Sistema de Avaliação da Aptidão Agrícola das Terras a partir dos fatores limitantes do solo (fertilidade, disponibilidade de água, disponibilidade de oxigênio, suscetibilidade à erosão e impedimento à mecanização), procuramos diagnosticar o comportamento das terras para lavouras, nos sistemas de manejo A (isto é, de baixo nível tecnológico) que tem pastagem natural, B (nível tecnológico médio) que compreende pastagem plantada e/ou silvicultura e C (nível tecnológico alto). As terras sem aptidão para o uso agrícola são classificadas como de preservação da flora e fauna.

O Sistema de Capacidade de Uso das Terras divide as terras em próprias para cultivos anuais – que inclui as utilizadas sem práticas especiais, as que necessitam de práticas simples, de práticas complexas e de uso restrito – e as impróprias para cultivos anuais – que abrangem as não adaptadas ao cultivo de ciclo curto, mas que servem para pastagem, florestas ou mesmo para a preservação da flora e fauna ou para recreação.

Pode parecer que a obtenção de mapas de solo e de classificações interpretativas irão burocratizar e complicar o uso do solo, resultando em custos elevados e em tempo perdido. Porém, é justamente por ações que buscam o retorno econômico rápido e despreocupado das questões ambientais que temos anualmente um crescimento da área de solos degradados.

Quando afirmarmos que existem tecnologias que permitem a utilização de todos os tipos de solos, nos referimos, entre outras, ao emprego dos levantamentos de solos e das classificações interpretativas como bases para a sua utilização sustentável. A seguir, discutiremos as práticas agrícolas que já foram amplamente testadas e que atualmente são recomendadas para o manejo do solo, mas que devem ser empregadas somente após termos a certeza de estarmos usando o solo de acordo com sua aptidão e capacidade de uso.

>> PENSAMENTO CRÍTICO

Comente os principais aspectos de conservação do solo abordados nos filmes: *Dia de campo na TV: planejamento conservacionista da propriedade agrícola* e *Dia de campo na TV: biofertilizantes e defensivos naturais para controle de pragas*, disponíveis no ambiente virtual de aprendizagem.

Evolução do manejo do solo

» DEFINIÇÃO

Aração é a técnica de utilização do arado, um instrumento que serve para revolver a terra, com o objetivo de descompactá-la, facilitando o crescimento das raízes, a penetração de minhocas, o enterramento dos restos de culturas agrícolas anteriores, a penetração da água no solo e a mistura com adubos e corretivos de acidez. Gradagem é a técnica (que normalmente ocorre após a aração) de utilização da grade, instrumento que serve para desfazer os torrões e nivelar a superfície do solo.

Na década de 1950, a crescente necessidade pela produção de alimentos, em função do aumento expressivo da população e do surgimento das grandes cidades, levou à remoção de grandes extensões de florestas e campos nativos para a implantação de lavouras e pastagens cultivadas com a finalidade de introduzir mais grãos e forragem.

No Brasil, essa situação foi observada de forma mais intensa com o surgimento da Revolução Verde, com cunho extremamente produtivista, pelo uso massivo de adubos químicos, de agrotóxicos e da mecanização agrícola. O preparo do solo era realizado por meio de arações e gradagens, denominado de preparo convencional. Muitas vezes, o preparo e a semeadura eram feitos no mesmo sentido da declividade do terreno e com ausência de terraceamento. Além disso, ainda era utilizada a prática da queimada da palha da cultura anterior para facilitar a semeadura da cultura posterior.

O cultivo dessas áreas nas décadas de 1960, 1970 e 1980 levou à degradação do solo, pela erosão, pela compactação subsuperficial do solo, pela redução da matéria orgânica, pela porosidade, pela infiltração de água e pelo armazenamento de água no solo, etc. Outra consequência desse processo foi a degradação dos recursos hídricos pela contaminação das águas superficiais e subsuperficiais por adubos químicos e agrotóxicos, e deposição de grande quantidade de sedimentos nos rios, resultantes da erosão.

Como consequência desse manejo do solo, houve grandes impactos ambientais, como emissão de grandes quantidades de gases do efeito estufa, poluição das águas e redução da biodiversidade, possibilitando o surgimento de várias espécies de pragas agrícolas. Dessa forma, o modelo de agricultura adotado se mostrou desastroso do ponto de vista ambiental e ainda levou ao empobrecimento dos agricultores, pois os altos investimentos em adubação e agrotóxicos não revertiam em aumentos da produtividade dessas culturas, devido ao uso e manejo inadequado do solo, da água e da biodiversidade.

No final da década de 1980, com a crescente preocupação com as consequências negativas da erosão sobre o ambiente e a produtividade agrícola, o sistema de semeadura direta (também denominado plantio direto) abriu caminho para uma agricultura mais conservacionista. No sistema de semeadura direta (SSD) a palha da cultura anterior permanece na superfície do solo e a semeadura da cultura posterior é realizada pelo revolvimento do solo somente na linha onde são depositadas as sementes e os fertilizantes.

>> PENSAMENTO CRÍTICO

As queimadas são uma prática primitiva de agricultura, destinada principalmente à limpeza do terreno para o cultivo de plantações ou para a formação de pastos. São empregadas ainda hoje em todo o país, inclusive na Amazônia. Pesquise na internet sobre os impactos ambientais decorrentes da adoção dessa prática.

>> **DEFINIÇÃO**
O termo plantio direto é contestado por muitos pesquisadores, pois plantio é a prática em que uma parte vegetativa da planta é utilizada para sua propagação, como o plantio de um fragmento de um caule, de um tubérculo, etc. Já o termo semeadura se refere à prática de propagar plantas por meio de sementes, como ocorre nas lavouras de soja, milho, etc.

Desse modo, não existe preparo do solo em toda área da lavoura, as plantas daninhas são controladas por herbicidas, e os resíduos permanecem na superfície do solo, sendo degradados somente pela atividade dos organismos do solo. O sistema de semeadura direta não é somente um modo de preparo do solo. É um sistema, pois envolve, obrigatoriamente, a realização de outras práticas agrícolas, como a rotação de culturas, a cobertura permanente do solo com plantas mortas ou vivas, o manejo integrado de pragas, doenças e plantas daninhas e o controle do tráfego de máquinas na lavoura.

Comparado ao preparo convencional, o SSD apresenta grandes vantagens, como o controle da erosão pela cobertura permanente do solo, o aumento dos teores da matéria orgânica no solo, o aumento da água armazenada no solo, a redução da oscilação térmica, o aumento da atividade biológica, a melhoria da estrutura do solo, a economia de combustível e o aumento da vida útil das máquinas pelo menor número de operações de preparo do solo.

Por isso, o SSD vem sendo adotado por um número cada vez maior de produtores rurais (Figura 6.2), e as estimativas governamentais apontam para uma área de 25 milhões de hectares no Brasil na safra 2010/2011.

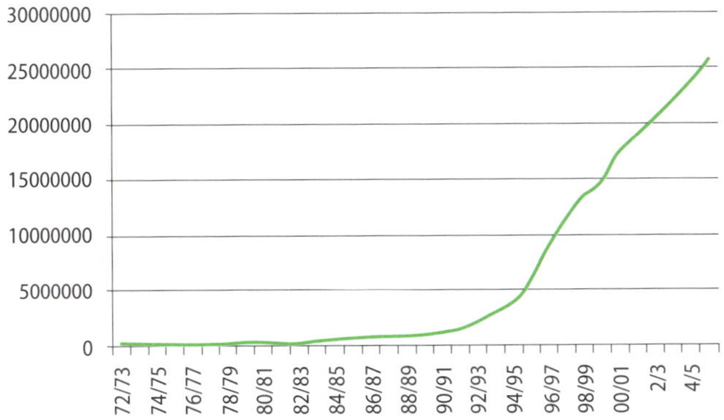

Figura 6.2 Área de adoção do sistema de semeadura direta no Brasil (hectares/ano).
Fonte: Federação Brasileira de Plantio direto na palha (2011).

» PARA REFLETIR

Muitos agricultores norte-americanos sofreram os efeitos terríveis da degradação do solo na década de 1930, com o período conhecido como *dust bowl*. Informe-se melhor sobre o que foi esse período, quais foram as suas causas e as consequências. Reflita sobre as medidas tomadas pelo governo norte-americano.

Adubação verde ou fertilizantes sintéticos?

A adubação verde consiste na prática de adicionar plantas ao solo com objetivo de melhorar as suas condições físicas, químicas e biológicas. No período entre culturas economicamente rentáveis, pode ser muito vantajosa a introdução de plantas que protejam o solo da erosão, mantenham o solo arejado, estimulem a população microbiana, associem-se a microrganismos fixadores de nitrogênio e controlem pragas e doenças. Essas plantas são cortadas e incorporadas ao solo antes do cultivo seguinte. O nabo forrageiro tem raízes fortes e profundas, ajudando a descompactar e a oxigenar o solo. A ervilhaca é uma leguminosa que auxilia na fixação de nitrogênio do ar no solo. A aveia preta é uma gramínea que ajuda na prevenção contra a erosão. A rotação de culturas é a alternância regular de cultivos de diferentes espécies vegetais, de forma a manter o solo protegido e enriquecido de nutrientes.

» DEFINIÇÃO
Terraceamento é uma técnica de conservação do solo destinada ao controle da erosão hídrica, utilizada em terrenos muito inclinados. Consiste na construção de terraços transversais à direção de declive do terreno.

» Continuidade do manejo do solo

Como vimos, o sistema de semeadura direta (SSD) é uma excelente alternativa para manter ou aumentar a produtividade das plantas, reduzindo os impactos ambientais. Por exemplo, atualmente cerca de 90% das áreas cultivadas com soja, milho e cereais no Rio Grande do Sul utilizam o plantio, contudo a qualidade desse sistema está aquém do esperado para reduzir de forma mais significativa os problemas de conservação do solo e do ambiente. Isso é consequência do desrespeito aos fundamentos do SSD, como demonstraremos a seguir.

Observa-se com maior frequência o retorno da erosão do solo em áreas de SSD, causado por vários motivos, entre os quais se destaca o abandono das práticas mecânicas de controle da erosão, como o terraceamento e a semeadura no sentido do declive.

Os resíduos vegetais depositados na superfície têm potencial para dissipar 100% da energia cinética da gota de chuva, mas a partir de determinado comprimento de declive, a capacidade de dissipação da energia do escoamento superficial (enxurrada) é limitada. Portanto, a manutenção dos terraços e a semeadura em contorno, ou seja, perpendicularmente ao sentido da declividade, são práticas fundamentais para a eliminação da erosão no SSD.

A rotação de culturas tem sido praticamente abandonada em muitas áreas de SSD. No Rio Grande do Sul, a maioria das áreas cultiva trigo ou aveia nos meses de inverno, e soja ou milho nos meses de verão, mas observamos, principalmente, o binômio aveia/soja. Isso acarreta no aumento da incidência de pragas, doenças e ervas daninhas nas lavouras, o que resulta em maior quantidade de agrotóxicos aplicados, maior custo ao produtor, maior tráfego de máquinas sobre o solo e maior contaminação ambiental.

Além disso, a rotação de culturas é fundamental para que haja diversidade de sistemas radiculares, explorando o solo e os resíduos depositados na superfície do solo, o que resulta em aumento da diversidade de organismos do solo e dos benefícios por eles realizados, entre eles o controle biológico de pragas e doenças.

Outra prática maléfica ao SSD que podemos observar é a baixa produção de resíduos vegetais no inverno, tornando insuficiente a cobertura do solo no período de primavera-verão, quando o risco de erosão é maior pela maior intensidade das chuvas e cobertura ainda incipiente do solo pelas culturas de verão recém-implantadas. Tal fato decorre da falta de cuidados com os cultivos de inverno no que diz respeito à adubação, população de plantas, controle de pragas, doenças e plantas daninhas ou devido à condução inadequada do sistema de integração lavoura-pecuária.

A integração lavoura-pecuária (ILP) pode ser definida como a consorciação das atividades de agricultura e de pecuária em uma determinada área de forma harmônica, de tal maneira que haja benefícios para ambas. No Rio Grande do Sul, por exemplo, a ILP se caracteriza pela utilização de pastagens de aveia e azevém no inverno, para alimentação dos bovinos, e cultivo de soja e milho no verão, para produção de grãos.

Entretanto, observa-se é que os produtores utilizam excesso de animais na pastagem (conhecido como superpastoreio); mantêm os animais na pastagem em condições de alta umidade do solo, inclusive à noite, o que aumenta a compactação do solo e mantêm os bovinos na pastagem até poucos dias antes da semeadura da cultura de verão, o que impede a recuperação da pastagem e a produção de uma biomassa vegetal suficiente para uma adequada cobertura do solo.

>> CURIOSIDADE

Foi demonstrado (FLORES et al., 2007) que o pisoteio animal não causa compactação do solo na pastagem de aveia e azevém mantida com 30 ou 40 cm de altura, nem afeta o estabelecimento e a produtividade da soja semeada cultivada em sucessão.

Os benefícios ambientais do SSD poderiam ser ainda maiores se as lavouras não permanecessem tanto tempo sem cultivo, como ocorre na sucessão soja/aveia preta, utilizada pela maioria dos produtores rurais do sul do país. Como o ciclo médio da soja é de 140 dias e da aveia de 100 dias, o solo permanece aproximadamente 120 dias em pousio (i.e., sem cultivo), o que representa um longo período em que a lavoura está somente produzindo CO_2 devido à atividade respiratória dos organismos do solo, e não está retirando CO_2 da atmosfera, pois não há crescimento de plantas.

Uma alternativa para reduzir essas perdas de CO_2 é o cultivo de plantas melhoradoras do solo no outono, após o cultivo de verão e antes do cultivo de inverno, como crotalárias, feijão guandu anão, mucunas, feijão de porco, caupi, lab-lab, entre outras.

Uma das consequências mais drásticas da não adoção de um adequado sistema de semeadura direta diz respeito ao aumento da compactação do solo causado pelo tráfego excessivo de máquinas e equipamentos agrícolas na lavoura.

A compactação do solo reduz a taxa de infiltração e a capacidade de armazenamento de água no solo, com prejuízo ao desenvolvimento das raízes e ocorrência de déficits hídricos às plantas, mesmo em períodos curtos sem chuva. Observa-se que, devido à taxa de infiltração de água no solo ser reduzida, a água da chuva que atinge a superfície do solo tende a escoar superficialmente, causando erosão e deposição de sedimentos nos rios (conhecido como assoreamento) e elevando repentinamente o volume de água nos rios, o que tem levado a enchentes.

Por outro lado, as lavouras, que possuem baixas taxas de infiltração de água, têm baixa quantidade de água armazenada, e, por consequência, as plantas apresentam sintomas de déficit hídrico após poucos dias sem chuva, o que reduz a produção agrícola. Assim, observamos que os solos cultivados em SSD apresentam, em sua maioria, baixa taxa de infiltração e capacidade de armazenamento de água, o que conduz a frequentes enchentes, seguidas de frequentes estiagens.

» JUNTANDO TUDO!

1) O que são plantas melhoradoras de solo? Qual a forma de atuação? Quais são as suas vantagens? Dica: pesquise nos sites da Embrapa.

2) Encontre alguém que plante, pode ser em uma fazenda, em um sítio ou até em um quintal. Visite o local, reconheça suas características e seus problemas. Com base nos assuntos aqui abordados e nos conhecimentos adquiridos em suas pesquisas proponha um planejamento de atividades agrícolas para o local para os próximos cinco anos. Cite algumas características importantes do solo. Quais as deficiências de nutrientes? O que você quer plantar? Como irá preparar o solo? Que cuidados deve tomar? Você optará por cultivo convencional ou por semeadura direta? Como será feito o rodízio de culturas (adubação verde)? Quais as preocupações com a erosão?

REFERÊNCIAS

BRASIL. Ministério da Agricultura. Departamento de Pesquisa Agropecuária. *Levantamento de reconhecimento dos solos do Estado do Rio Grande do Sul.* Recife: DNPEA-DPP, 1973. (Boletim Técnico, 30).

EMPRESA BRASILEIRA DE PESQUISAS AGROPECUÁRIAS. *Sistema brasileiro de classificação de solos.* Brasília: EMBRAPA-SPI; Rio de Janeiro: EMBRAPA-SOLOS, 2006.

FEDERAÇÃO BRASILEIRA DE PLANTIO DIRETO NA PALHA. Ponta Grossa: FEBRAPDP, 2012. Disponível em: <http://www.febrapdp.org.br/>. Acesso em: 22 fev. 2011.

FLORES, J. P. C. et al. Atributos físicos do solo e rendimento de soja em sistema plantio direto em integração lavoura-pecuária com diferentes pressões de pastejo. *Revista Brasileira de Ciência do Solo*, v. 31, n. 4, p. 771-774, 2007.

GLADA. *Land degradation assessment in drylands.* [S.l.]: ISRIC, 2008. Disponível em: <http://www.isric.org/projects/land-degradation-assessment-drylands-glada>. Acesso em: 27 maio 2012.

GLASOD. Classification of soil degradation. *Chapter biodiversity & land degradation*, p. 1-5, 1991. Disponível em: <http://www.unescap.org/stat/envstat/stwes-class-glasod.pdf>. Acesso em: 27 maio 2012.

LOURENÇO, J. C. *A evolução do agronegócio brasileiro no cenário atual.* [S.l.]: Administradores.com, 2008. Disponível em: <http://www.administradores.com.br/informe-se/artigos/a-evolucao-do-agronegocio-brasileiro-no--cenario-atual/24824//>. Acesso em: 26 nov. 2012.

MONTES, M. J. F. *Fatores que influenciam na produtividade dos oceanos: a importância do fluxo de difusão dos nutrientes para a biomassa do fitoplâncton na região oceânica do nordeste brasileiro.* 2003. 198 f. Tese (Doutorado em Oceanografia) – Departamento de Oceanografia, Universidade Federal de Pernambuco, Recife, 2003. Disponível em: <http://www.liber.ufpe.br/teses/arquivo/20040607150411.pdf>. Acesso em: 23 nov. 2012.

OSTRENSKY, A.; BORGHETTI, J. R.; SOTO, D. *Estudo setorial para consolidação de uma aqüicultura sustentável no Brasil.* Curitiba: GIA, 2007. Disponível em: <ftp://ftp.fao.org/fi/document/aquaculture/sect_study_brazil.pdf>. Acesso em: 27 maio 2012.

SILVA, W. L. A. *Agronegócio brasileiro*: uma oportunidade de investimentos. [S.l.]: GeoMundo, 2004. Disponível em: <www.geomundo.com.br/geografia-30105.htm>. Acesso em: 26 nov. 2012.

STRECK, E. V. et al. *Solos do Rio Grande do Sul*. 2. ed. Porto Alegre: EMATER/RS-ASCAR, 2008.

UNITED STATES DEPARTMENT OF AGRICULTURE. Natural Resources Conservation Service. *What is soil?* USA: NRCS, 2012. Disponível em: <http://soils.usda.gov/education/facts/soil.html>. Acesso em: 27 maio 2012.

Luiz Felipe Velho
Eliana Lima da Fonseca

capítulo 7

Geotecnologias

Conhecer a superfície da Terra nos dá segurança e oportunidades. Quando saímos de casa, temos o conhecimento da vizinhança, de onde podemos pegar um ônibus, de como ir para uma direção e de como retornar para casa. Isso acontece porque vivenciamos aquele espaço, e esse conhecimento acumulado nos dá segurança para irmos aos mais diferentes lugares e aproveitarmos o que eles podem nos oferecer. Mas e quando não conhecemos o lugar, o que podemos fazer? Para onde ir? Certamente você vai procurar um mapa para conseguir encontrar essas respostas! A busca pelo conhecimento da superfície da Terra, dos elementos que a constituem e das características e propriedades de cada elemento levou o homem a desenvolver tecnologias que permitiram a construção de ferramentas e de técnicas para a observação e a interpretação dos dados terrestres.

OBJETIVOS

Após o estudo deste capítulo, você deverá ser capaz de:

- Identificar o que são geotecnologias.
- Reconhecer e aplicar os princípios físicos do sensoriamento remoto.
- Caracterizar uma imagem.
- Definir geoprocessamento.
- Diferenciar estrutura raster e vetorial.

Desde a Antiguidade, as sociedades buscam registrar os caminhos percorridos pelos homens, ou os lugares por eles ocupados. Esses registros eram feitos em argila, madeira, tecidos ou pergaminhos (JOLY, 2009), e as informações eram coletadas por meio de observações astronômicas e por cuidadosas medidas de ângulos e distâncias no terreno. Assim, as pessoas podiam se deslocar até a cidade ou o porto mais próximo para negociar produtos.

>> **DEFINIÇÃO**
As **geotecnologias** são as tecnologias aplicadas ao entendimento da Terra, capazes de obter e de tratar as informações, armazenando, compilando e cruzando dados espaciais para que se compreenda o que ocorre em nosso planeta.

Mas será que só os roteiros para deslocamento eram representados? Será que nenhuma outra informação fazia parte dos mapas? Os rios, a vegetação, as praias, os montes, os vales, enfim, as principais referências da região também estavam no mapa para facilitar o planejamento da viagem.

Conforme os séculos foram passando, as necessidades foram aumentando. A busca por novos territórios, novos produtos e novos mercados consumidores fizeram com que a **cartografia** fosse cada vez mais utilizada, contribuindo para que as técnicas para obtenção de informações da superfície se aprimorassem. Afinal de contas, a população foi crescendo e era de grande importância conhecer o ambiente em que se vivia e saber onde encontrar recursos para manter a população com qualidade de vida.

Além do crescimento populacional, ampliou-se o número de ciências que também querem saber como é a distribuição de seus fenômenos no espaço. Como saber onde ficam solos mais férteis? Para onde está se deslocando um ciclone? Será que o óleo que vazou de um navio vai atingir o litoral brasileiro?

>> Tecnologias para análise de dados terrestres

O sensoriamento remoto, por meio das imagens de satélite, vem contribuindo para o conhecimento das regiões mais inóspitas da Terra. Além disso, por termos a repetida passagem dos satélites por um mesmo local, é possível observar modificações na superfície, como desmatamentos, queimadas, aumento de áreas urbanizadas, saúde da vegetação, entre outras aplicações.

>> PARA SABER MAIS

Para saber mais sobre geoprocessamento, leia o livro *Geoprocessamento: teoria e aplicações*, organizado por Câmara, Monteiro e Davis (2001).

O **geoprocessamento** tem sido empregado na elaboração de bancos de dados de informações espaciais. No decorrer deste capítulo você saberá mais a respeito das informações espaciais, mas é possível compreender o impacto que elas causam em nosso cotidiano quando acessamos o *Google Earth*, o *Google Maps*, o *Bing Maps*, os Mapas Interativos do Instituto Brasileiro de Geografia e Estatística (IBGE) e do Ministério do Meio Ambiente (MMA).

Essas ferramentas, disponíveis na internet, possibilitam a compreensão do ambiente, pois mostram desde o relevo do local, uma imagem de satélite, as principais vias de acesso até informações de fauna e flora, de espécies ameaçadas de extinção, entre outros.

Além do sensoriamento remoto e do geoprocessamento, há uma terceira geotecnologia, o posicionamento por satélites. Este último é bastante conhecido pelos navegadores que utilizam o *Global Positioning System* (GPS) para informar as coordenadas do lugar onde estamos. Atualmente, é grande o número de pessoas que têm em seus automóveis os navegadores veiculares. Os navegadores possuem mapas das ruas da cidade e permitem, por satélites, localizar o usuário.

Na área ambiental, a localização das informações é bastante importante. Como poderemos analisar dados de qualidade do ar se não sabemos qual é a localização da estação de monitoramento? Como saber onde foi coletada uma amostra de solo se não temos as coordenadas desse local?

Dessa forma, é possível perceber que precisamos de informação espacial, ou seja, da localização dos ambientes, das regiões vizinhas, das possibilidades de recursos naturais e de várias outras informações. Isso servirá para que você compreenda como aquele ambiente funciona e como são as interações de cada compartimento ambiental em um determinado ponto. Assim, será mais fácil você entender aquele lugar e visualizar as soluções que poderão ser colocadas em prática para resolver problemas ambientais.

>> Sensoriamento remoto

O sensoriamento remoto é uma das geotecnologias que utilizamos para estudar e monitorar os processos que ocorrem na superfície do nosso planeta (JENSEN, 2009). Para entender um pouco mais sobre sensoriamento, é preciso entender um primeiro conceito. Você sabe o que é um alvo? Alvos são objetos ou fenômenos monitorados de forma remota.

>> PARA SABER MAIS

Para saber mais sobre sensoriamento remoto leia o livro *Sensoriamento remoto do ambiente*, de Jensen (2009). Leia também o material do Instituto Nacional de Pesquisas Espaciais (INPE), disponível no ambiente virtual de aprendizagem: www.bookman.com.br/tekne.

Vamos imaginar que um geólogo quer descobrir qual tipo de rocha está exposta em uma determinada região e, para não ter de ir pessoalmente até o local, utilizará uma imagem de satélite. Nesse caso, o alvo é a rocha. Se um botânico utilizar uma imagem, certamente seu alvo será a vegetação. Tudo o que está na superfície do nosso planeta, tal como as plantas, as rochas, os corpos d´água, as geleiras e também as construções feitas pelos homens, são chamados alvos.

Agora, vamos entender melhor o funcionamento dessa geotecnologia. Sensoriamento remoto tem, em seu nome, duas dicas sobre seu funcionamento: "sensor" e "remoto". Sensor vem da necessidade da utilização de sensores, que receberão as informações provenientes dos alvos. Remoto porque não há contato direto entre o sensor e o alvo, ou seja, o sensor está distante do alvo. Para que essa definição fique mais clara, imagine que há um satélite orbitando ao redor da Terra e que nesse satélite há um sensor captando as informações dos alvos.

Como o sensor conseguirá receber as informações do alvo se não é possível entrar em contato direto com ele? Da mesma forma que você faz todos os dias. Nós, seres humanos, também temos sensores remotos. Nossos olhos não precisam encostar nos objetos para que saibamos qual a cor dele, sua textura, seu tamanho. Conseguimos essas informações pela luz (que é uma onda eletromagnética) que incide sobre o objeto e é refletido por ele, chegando aos nossos olhos (LILLESAND; KIEFER; CHIPMAN, 2008).

Esse mesmo processo ocorre com os sensores. Eles utilizam as ondas eletromagnéticas que são refletidas ou emitidas pelos alvos para receber informações sobre esse objeto (BURROUGH; MC DONNELL, 1998).

Foi dito que um alvo pode refletir ou emitir as ondas eletromagnéticas que o sensor irá captar. Mas como isso pode acontecer?

Para que você possa entender melhor isso, precisamos conhecer outro conceito. A onda eletromagnética vem de algum lugar, de uma **fonte**. Portanto, fonte é o gerador de ondas eletromagnéticas. Todos os dias convivemos com diversas fontes. O sol é uma delas, pois gera a luz que ilumina os alvos que enxergamos. Durante a noite utilizamos lâmpadas para gerarem ondas que iluminam os alvos que enxergamos.

O sensoriamento remoto trabalha com as mais diversas fontes, mas as mais comuns são o sol, a Terra e os radares. O sol emite as ondas que serão refletidas pelos alvos e depois captadas pelo sensor. A Terra, e alguns objetos da superfície, emite radiação térmica. Essas ondas emitidas serão captadas pelo sensor. Os radares são sensores que emitem as ondas que serão refletidas pelos alvos e que retornarão ao sensor, que captará as ondas que retornaram.

Nesses três exemplos de fontes, é possível perceber que as ondas que chegam ao sensor apresentam trajetórias diferentes. Por isso, os sensores são classificados em duas grandes categorias: sensores ativos e sensores passivos. Os sensores ativos são os que emitem as ondas que ele receberá, como no caso dos radares. Já os sensores passivos recebem as ondas provenientes de outra fonte, como o sol e a Terra (LILLESAND; KIEFER; CHIPMAN, 2008).

>> PARA REFLETIR

Vamos ver se você conseguiu entender a diferença entre sensores ativos e passivos. Considerando o que vimos até agora sobre alvos, sensores e fontes, como você classificaria nossos olhos, como sensores ativos ou passivos?

É possível perceber que são infinitos os tipos de alvo e que cada um apresenta diferentes características. Além disso, por suas propriedades, ele pode ser iluminado por uma fonte ou ser a fonte emissora. Mas como saberemos diferenciar os alvos em uma imagem?

Constatar se um alvo é liso ou rugoso, sua coloração, seu material, entre outras características, serão aspectos percebidos na imagem porque causarão efeitos nas ondas eletromagnéticas que serão refletidas ou emitidas. É pelas modificações nas ondas que o sensor receberá mais ou menos energia e, a partir dessas diferenças, conseguiremos identificar os alvos. Então, além de sabermos qual alvo queremos encontrar nas imagens e como é o comportamento na superfície, precisamos entender um pouco sobre as ondas eletromagnéticas e sobre como elas interagem com os alvos.

As ondas eletromagnéticas não precisam de um meio físico para se propagar, são caracterizadas pelo seu comprimento de onda ou por sua frequência (JENSEN, 2009). O comprimento de onda, também conhecido pela letra grega lambda (λ), é a distância entre 2 picos ou 2 vales de onda, ou seja, o comprimento de 1 ciclo (ver Figura 7.1).

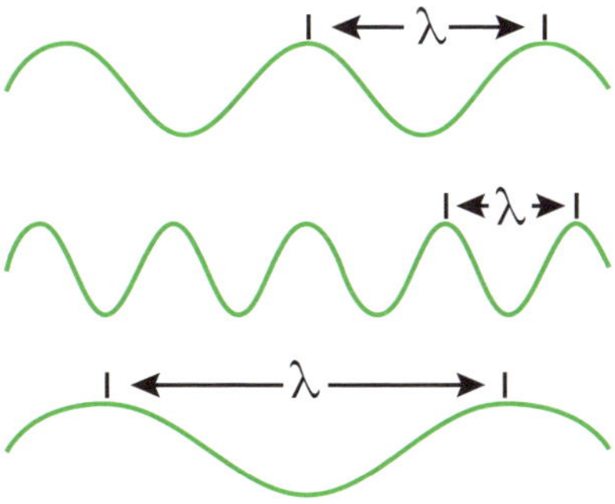

Figura 7.1 Medição de comprimento de onda.
Fonte: Canadian Centre for Remote Sensing (2008).

Os comprimentos de onda são dados em unidades do sistema métrico. As ondas eletromagnéticas mais utilizadas em sensoriamento remoto possuem comprimentos de onda bastante pequenos. Tão pequenos que precisam de divisões do sistema métrico, menores que o milímetro, para poderem ser medidos. Geralmente, você encontrará os valores de comprimento de onda expressos em micrômetro (μm), que equivale a 10^{-6} metro, ou em nanômetro (nm), que equivale a 10^{-9} metro (JENSEN, 2009).

Agora é a sua vez!

Faça uma pesquisa sobre os submúltiplos do metro acessando o ambiente virtual de aprendizagem e veja como é possível medir comprimentos tão pequenos.

A frequência mede quantos ciclos passam, por unidade de tempo, em um mesmo ponto. Usualmente a unidade de tempo escolhida é o segundo. A unidade que expressa o número de ciclos por segundo é o hertz (Hz).

O comprimento de onda e a frequência são inversamente proporcionais, ou seja, conforme um aumenta, o outro diminui. Exemplificando, conforme o comprimento de onda aumenta, a frequência diminui.

A Figura 7.1 apresenta três exemplos de ondas, cada uma com um comprimento diferente. Agora imagine todas as ondas eletromagnéticas, com comprimentos de onda que vão diminuindo cada vez mais, sendo colocadas lado a lado, da maior para a menor. Isso é o que chamamos de espectro eletromagnético, ou seja, todo o intervalo de ondas eletromagnéticas.

O espectro eletromagnético pode ser visualizado na Figura 7.2. Na parte superior, as medidas de comprimento de onda vão ficando cada vez menores, ao passo que a escala da frequência apresenta uma ordem crescente de valores.

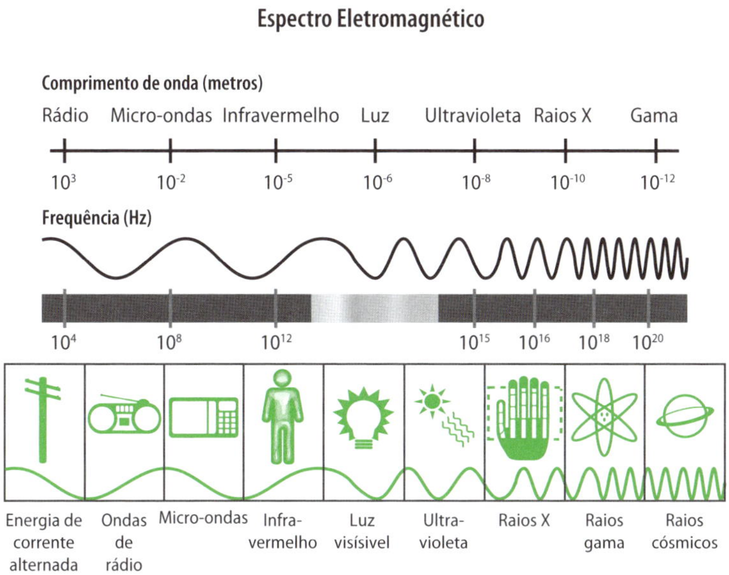

Figura 7.2
Espectro eletromagnético.*

Você conhece a radiação eletromagnética com nomes específicos, conforme a faixa do espectro, mas dificilmente associa o nome ao comprimento de onda. Como exemplo, temos o raio X, usado em exames médicos e que possui comprimento de onda bastante pequeno, medido em nanômetros; o infravermelho termal, usado em equipamentos que medem a radiação térmica emitida pelos corpos, com um comprimento de onda medido em micrômetros; temos ainda as micro-ondas, que possuem o seu comprimento de onda medido em centímetros.

O espectro eletromagnético apresenta todas as ondas eletromagnéticas ordenadas a partir do seu comprimento de onda e da quantidade de energia.

Essas ondas chegam à superfície, interagem com o alvo e, depois, são recebidas pelos sensores. Durante a interação da radiação com o alvo, a energia incidente será parte **absorvida**, parte **transmitida** e parte **refletida** (LILLESAND; KIEFER; CHIPMAN, 2008). Os sensores não são capazes de interpretar todo e qualquer comprimento de onda. Assim, cada sensor é construído para registrar um intervalo de comprimentos de onda refletidos pelo alvo. Esse intervalo de comprimentos de onda é chamado banda.

Portanto, quando falamos que estamos trabalhando na banda do azul queremos dizer que o sensor foi construído para registrar os comprimentos de onda que estão no entorno do comprimento de onda do azul puro.

» NO SITE
No ambiente virtual de aprendizagem é possível obter informações detalhadas sobre o programa Satélite Sino-Brasileiro de Recursos Terrestres (CBERS), que é o programa de satélites mais importante do Brasil na atualidade, sendo possível obter imagens de forma gratuita.

* N. de E.: Para ver o espectro eletromagnético com todas as cores, acesse o ambiente virtual de aprendizagem.

A maior parte desses sensores foi construída para medir a energia refletida ou emitida pelos alvos da superfície da Terra apenas nas faixas do visível e do infravermelho (espectro óptico) do espectro eletromagnético (LILLESAND; KIEFER; CHIPMAN, 2008) e são denominados sensores ópticos. Para os sensores ópticos, as fontes de radiação eletromagnética são o sol e a Terra.

Existem sensores que operam na faixa das micro-ondas, denominados radar (que é um acrônimo de *radio detection and ranging* ou detecção e telemetria pelo rádio). Para os radares, a radiação eletromagnética é emitida pelo próprio satélite na direção dos alvos. A radiação é emitida apenas na faixa das micro-ondas do espectro eletromagnético e, após o processo de interação com o alvo, os sensores medem a quantidade de energia que retornou dos alvos (JENSEN, 2009).

>> PARA REFLETIR

Você já parou para pensar se os sensores óticos utilizam o sol como fonte, que tipo de sensores eles são? Ativos ou passivos? E os radares?

Formação de imagem de satélite

Já vimos de onde vêm as ondas eletromagnéticas, quais são suas características, como interagem com os alvos e como são detectadas pelo sensor. Mas, como é formada uma imagem de satélite?

Uma imagem de satélite é formada a partir da energia detectada pelos sensores em cada ponto da superfície do planeta. Os sensores ópticos são os mais utilizados para estudos do meio ambiente e são formados por um conjunto de detectores cuja função é medir a energia que é refletida na direção do satélite.

De forma simplificada, o detector mede a energia refletida por todos os alvos que estiverem dentro do seu ângulo de visada na superfície da Terra (JENSEN, 2009). Esse conceito de projeção do detector na superfície é um conceito muito importante no sensoriamento remoto e define o campo de visada (Figura 7.3), que posteriormente será utilizado para entender o conceito de pixel de uma imagem digital.

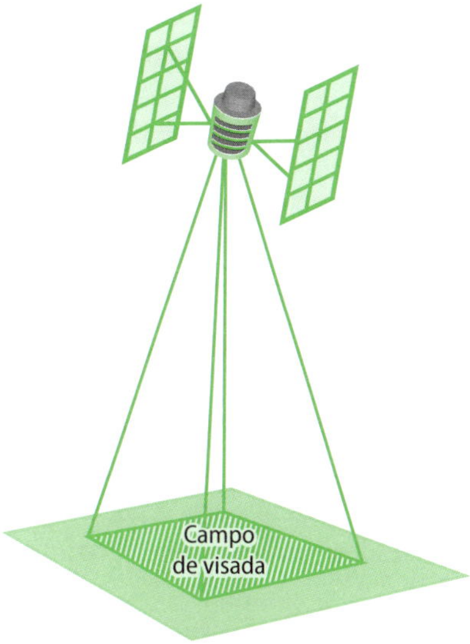

Figura 7.3 Campo de visada.

As imagens de satélite são formadas a partir de leituras contínuas da superfície da Terra feitas pelos sensores remotos. Essas leituras são enviadas pelo satélite para as estações de recepção de imagens localizadas em diferentes pontos da Terra. As estações de recepção fazem um processamento prévio desses dados antes de distribuir as imagens para os usuários. Uma das etapas desse processamento é justamente organizar todos os dados e formar a imagem que é distribuída no formato digital.

Essa imagem é uma **matriz**, onde os dados são organizados em linhas e colunas. Cada célula dessa matriz representa a energia detectada no campo de visada do detector e essas células estão posicionadas lado a lado, com base na sua posição da superfície da Terra. Dessa forma, o usuário pode visualizar a superfície da Terra a partir de uma imagem de satélite (Figura 7.4). As células são chamadas de elementos de resolução, também conhecidas como **pixel**.

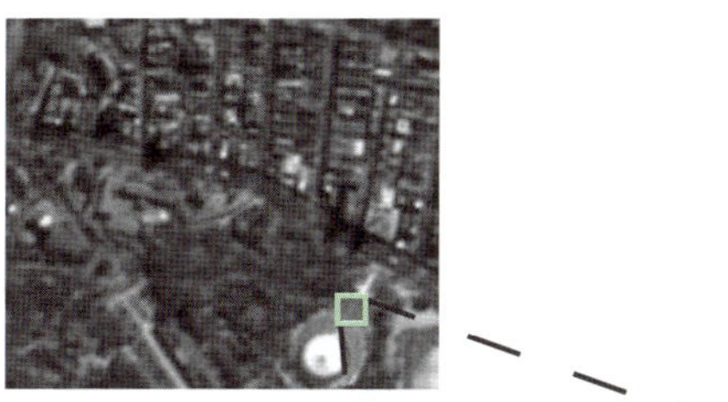

102	107	111	144	190	228
97	116	130	181	228	223
107	125	148	218	251	195
111	125	167	232	223	162
116	144	204	228	181	130
130	190	223	195	139	93

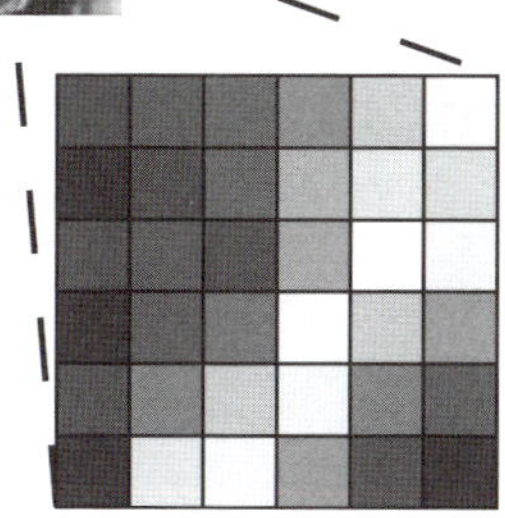

Figura 7.4 Imagem de satélite e sua representação matricial.
Fonte: Instituto Nacional de Pesquisas Espaciais (INPE/MCT), Divisão de Geração de Imagens (DGI) e Coordenação Geral de Observação da Terra (OBT) (2011).

Devemos prestar atenção no seguinte aspecto: como a imagem é construída, pixel a pixel, não podemos chamá-la de fotografia. Uma fotografia é adquirida toda em um mesmo instante e a imagem é construída pixel a pixel, os quais não foram todos adquiridos pelo sensor no mesmo instante.

O sensoriamento remoto orbital é realizado utilizando sensores que estão a bordo de satélites que perfazem uma órbita ao redor do nosso planeta. Um detalhe importante é que um mesmo satélite pode ter mais de um sensor.

Por exemplo, o satélite CBERS 3, do programa Satélite Sino-Brasileiro de Recursos Terrestres (CBERS – *China-Brazil Earth Resources Satellite*), possui quatro diferentes sensores: PANMUX, MUXCAM, IRMSS e WFI (INSTITUTO NACIONAL DE PESQUISAS ESPACIAIS, 2011), que são assim denominados em função das suas especificações técnicas, definidas no momento da construção dos sensores pela equipe de engenharia. Essas especificações, denominadas resoluções, serão detalhadas mais adiante.

WWW.

» NO SITE
Veja o material sobre satélites meteorológicos, disponível no ambiente virtual de aprendizagem.

Tipos de órbitas percorridas pelos satélites

Como os principais sensores de imageamento estão em satélites, é preciso saber como é a órbita do satélite, pois ela será importante para sabermos em que locais da Terra será possível obter informações. Os satélites podem ser caracterizados segundo a órbita que percorrem, podendo ser geoestacionários ou heliossíncronos (LILLESAND; KIEFER; CHIPMAN, 2008). Os satélites geoestacionários (Figura 7.5) descrevem uma órbita circular com a mesma velocidade de rotação do planeta (JENSEN, 2009).

Esses satélites adquirem imagens sempre da mesma região da superfície da Terra sendo utilizados principalmente para estudos dos processos meteorológicos. Usa-se o termo geoestacionário, pois os satélites estão "estacionados" sobre uma região da Terra. As imagens adquiridas pelos satélites geoestacionários cobrem uma grande área da superfície da Terra (geralmente todo um lado do globo) e para isso ser possível estão a uma grande altitude, em torno de 36.000 quilômetros.

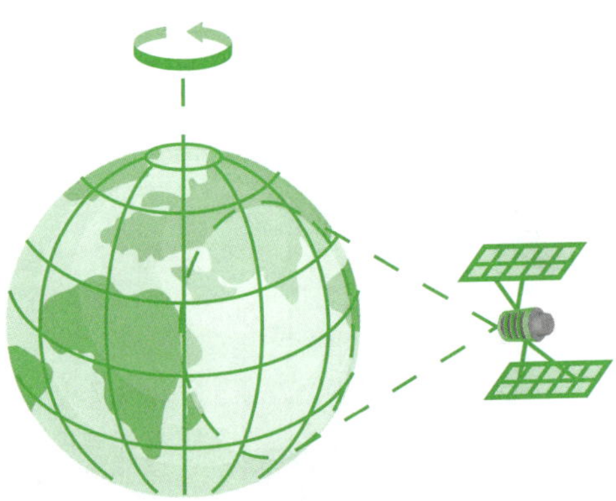

Figura 7.5 Exemplo de satélite geoestacionário.
Fonte: Canadian Centre for Remote Sensing (2008).

Os satélites heliossíncronos (Figura 7.6) circundam o planeta passando muito próximo dos polos geográficos. Eles são chamados de heliossíncronos porque cruzam o Equador sempre no mesmo horário em relação ao sol (LILLESAND; KIEFER; CHIPMAN, 2008). Esses satélites são utilizados no monitoramento dos processos ambientais e antrópicos que ocorrem na superfície da Terra como, por exemplo, o desmatamento da Amazônia.

Esses satélites possuem uma altitude bem mais baixa que os satélites geoestacionários, estando posicionadas em torno de 700 quilômetros de altitude e, em consequência disso, as imagens cobrem uma faixa bem estreita da superfície da Terra.

Figura 7.6 Exemplo de satélite heliossíncrono.
Fonte: Canadian Centre for Remote Sensing (2008).

Características de uma imagem de satélite

Como descrever tecnicamente as características de uma imagem de satélite? Como escolher uma imagem de satélite para um determinado estudo ou projeto? Para responder essas perguntas utilizamos as resoluções dos sensores. As resoluções são definidas para cada tipo de sensor, pois, como já vimos, um mesmo satélite pode ter como carga útil mais de um sensor. São quatro as resoluções: espacial, temporal, espectral e radiométrica.

A **resolução espacial** faz referência ao tamanho do campo de visada, cuja definição vimos anteriormente. Se a projeção do detector na superfície define uma área de 20 × 20 metros, a resolução espacial da imagem de satélite será de 20 metros; se a projeção do detector na superfície for de 5 × 5 quilômetros, a resolução espacial dessa imagem será de 5 quilômetros.

É importante saber, quando formos decidir qual imagem adquirir para um determinado estudo, que uma resolução espacial de 20 metros não significa que poderão ser visualizados na imagem objetos com 20 metros, já que um objeto com essa dimensão será representado por um único pixel na imagem, não sendo possível definir a sua forma.

Quando comparamos imagens de diferentes sensores, podemos dizer que uma imagem possui resolução espacial maior ou menor que a outra. Para realizarmos essa comparação devemos levar em consideração que, quanto menor a área da superfície contida em um pixel, maior é o detalhamento dessa superfície. Assim, quanto menor for a área da superfície definida na projeção do sensor, maior é a resolução espacial. Por exemplo, uma imagem com pixel de 5 metros tem maior resolução espacial do que uma imagem com pixel de 20 metros.

Existem imagens com alta resolução espacial, com pixels representando áreas inferiores a 1 metro no terreno. Esse tipo de imagem é adequada para áreas com grande nível de detalhes como, por exemplo, estudos em áreas urbanas. Já as imagens de baixa resolução espacial possuem pixels com dimensões iguais ou maiores a 1 quilômetro, sendo adequadas para estudos dos processos que ocorrem nos oceanos ou dos processos meteorológicos, onde não existem grandes variações em pequenas áreas do terreno, exatamente o oposto das áreas urbanas.

» PARA SABER MAIS

Acesse o *Google Maps* e selecione a visualização para "satélite". Agora aumente e diminua o *zoom* e veja a diferença na imagem. Por que as imagens parecem mudar conforme aproximamos o *zoom*?

Porque para cobrir uma área maior de visualização é preciso de imagens com faixas largas de imageamento. Isso implica no aumento do pixel. Conforme nos aproximamos, começamos a detalhar mais o terreno, ou seja, a diminuir o tamanho do pixel para definirmos melhor cada alvo.

Então, na alteração do zoom, vemos a mudança de resolução espacial nas imagens.

A **resolução temporal** é definida como o intervalo de tempo entre a aquisição de imagens consecutivas de um mesmo ponto da superfície da Terra, por um mesmo sensor. Para o monitoramento dos processos atmosféricos, que possuem uma dinâmica muito rápida, são necessárias imagens com uma alta resolução temporal, ou seja, que sejam adquiridas imagens do mesmo local em um curto espaço de tempo. Quanto mais tempo um sensor leva para imagear a mesma área, menor é a resolução temporal.

Os satélites meteorológicos, por exemplo, adquirem uma imagem a cada 15 minutos. Essa resolução temporal permite o acompanhamento da formação de tempestades, do deslocamento de furacões e dos demais processos atmosféricos, possibilitando aos meteorologistas fazer a previsão do tempo com base na interpretação dessas imagens e possibilitando informar a população sobre a ocorrência de eventos severos que possam causar catástrofes.

Para o monitoramento da produção agrícola de uma determinada região não são necessárias imagens adquiridas com a mesma frequência que para a previsão do tempo. Para o monitoramento do crescimento da vegetação, cuja dinâmica é mais lenta, podem ser utilizadas imagens com resolução temporal entre 10 e 15 dias, possibilitando acompanhar todo o ciclo de crescimento de uma lavoura de milho, por exemplo.

A **resolução espectral** se refere ao posicionamento das bandas do sensor, nas quais o sensor detecta a energia refletida pelos alvos no espectro eletromagnético. Os sensores do satélite CBERS 3, por exemplo, possuem bandas posicionadas em diferentes porções do espectro eletromagnético (ver Quadro 7.1, que apresenta também as resoluções espacial, temporal e largura da faixa imageada por cada sensor).

No caso específico desse satélite existem bandas posicionadas em faixas semelhantes do espectro eletromagnético, mas com resoluções espaciais e temporais distintas. Dessa forma, as imagens adquiridas podem ser utilizadas em estudos em diferentes escalas e com diferentes propósitos, como já exemplificado nos itens em que foram apresentadas as resoluções espacial e temporal.

A **resolução radiométrica** está associada ao registro da informação pelo sensor. O sensor é responsável pela recepção e pelo registro da energia proveniente dos alvos. Contudo, cada quantidade de energia recebida de uma porção da superfície precisa ser convertida em um valor que será registrado. Esses valores são definidos por uma escala de níveis de cinza (NC), que vão desde o preto (nenhum valor de energia recebida) até o branco (máximo de energia).

» **IMPORTANTE**
Imagens de satélite com baixa resolução temporal possuem alta resolução espacial e imagens de satélite com alta resolução temporal possuem baixa resolução espacial. Isso se deve principalmente a largura da faixa imageada pelos sensores. Sensores de baixa resolução espacial geram imagens de áreas muito mais amplas que sensores de alta resolução espacial e por isso conseguem obter imagens sobre um mesmo ponto da superfície da Terra com uma maior frequência, aumentando a sua resolução temporal.

Quadro 7.1 » Características dos sensores do satélite CBERS 3

Sensor	Câmera PanMux (PANMUX)	Câmera Multiespectral (MUXCAM)	Imageador por Varredura de Média Resolução (IRMSS)	Câmera Imageadora de Amplo Campo de Visada (WFI)
Identificação e posicionamento das bandas espectrais (μm)	B01: 0,51 – 0,85 B02: 0,52 – 0,59 B03: 0,63 – 0,69 B04: 0,77 – 0,89	B05: 0,45 – 0,52 B06: 0,52 – 0,59 B07: 0,63 – 0,69 B08: 0,77 – 0,89	B09: 0,50 – 0,90 B10: 1,55 – 1,75 B11: 2,08 – 2,35 B12: 10,4 – 12,5	B13: 0,45 – 0,52 B14: 0,52 – 0,59 B15: 0,63 – 0,69 B16: 0,77 – 0,89
Largura da faixa imageada (km)	60	120	120	866
Resolução temporal (dias)	5	26	26	5
Resolução espacial (m)	5 / 10	20	40 / 80	64

Fonte: Instituto Nacional de Pesquisas Espaciais (2011).

A quantidade de NC é definida pela expressão 2^n, onde n é o número de bits que o sensor possui para separar os tons de cinza. Geralmente, os sensores possuem 8 bits de resolução radiométrica, ou seja, a escala de NC é de 256 tons de cinza. Nessas escalas o menor valor (referente ao preto) é o 0. Assim, em uma escala de 256 tons de cinza a contagem começa no 0 e vai até 255. Quanto maior a escala de tonalidades, maior a possibilidade de percepção das diferenças na energia refletida pelos diferentes alvos, pois o sensor terá uma maior possibilidade de registrar essas diferenças.

» Geoprocessamento

O geoprocessamento é a área do conhecimento que busca o tratamento da informação geográfica, possibilitando a interpretação dos dados coletados, o cruzamento de diferentes informações, a previsão de cenários, o apoio à tomada de decisões.

Para compreender o geoprocessamento é necessário que se entenda o que é informação geográfica. Ao estudar a fauna, a flora, os recursos naturais e minerais, os solos e demais compartimentos ambientais, além das características físico-químicas, morfológicas, entre outras, tem de se considerar a localização desses fenômenos ou objetos analisados. Assim, podemos dizer que uma informação geográfica possui uma ocorrência espacial, ou seja, localiza-se em algum ponto ou área, e tem suas características associadas a esse local.

WWW.

» NO SITE
Acesse o ambiente virtual de aprendizagem e saiba mais sobre a aplicação dos cálculos de transformação entre sistemas geodésicos e a evolução dos SGR no Brasil.

Sistema geodésico de referência

Para que possamos localizar um objeto ou um fenômeno na superfície da Terra, é necessário criarmos um sistema de coordenadas para realizar a navegação. E esse sistema de coordenadas necessita um ponto de partida, uma referência para iniciar sua contagem e indicar direções e sentidos.

Quando nos lembramos da superfície da Terra, pensamos em áreas com montanhas, em planícies, em oceanos, lagos, rios, planaltos, enfim, em uma superfície contínua, mas não homogênea, que sofre com diferenças de altitudes. Então, para simplificar a representação da Terra, foi proposta a construção de uma superfície matemática que se aproximasse da forma geométrica do nosso planeta, facilitando a interpretação das posições dos diferentes lugares e das distâncias existentes entre eles.

As superfícies matemáticas escolhidas foram a esfera e o elipsoide, ou seja, uma elipse em revolução. A esfera é definida pelo seu raio, já o elipsoide é definido por um semieixo maior (a) e um semieixo menor (b), parâmetros básicos para a construção da elipse que rotacionará em torno de seu semieixo menor (b).

Nesse elipsoide são definidos o norte, o sul, o Equador, o meridiano de Greenwich, os paralelos e os meridianos. Então, podemos dizer que o elipsoide será um modelo matemático da superfície da Terra, semelhante a forma do nosso planeta, onde é definido o sistema de coordenadas geográficas que conhecemos: latitude e longitude. A esse sistema de coordenadas, definido sobre um elipsoide, dá-se o nome de sistema geodésico de referência (SGR).

Contudo, não é fácil encontrar um modelo matemático que seja adequado para todo o planeta, ou melhor, um modelo global. Assim, cada país ou cada grupo de países construiu elipsoides que se adequassem à superfície de seus países. Além disso, com o passar dos anos, novas técnicas de posicionamento surgiram, aumentando o conhecimento da superfície e possibilitando a geração de elipsoides mais adequados para a cartografia. É por isso que temos inúmeros elipsoides sendo utilizados no mundo inteiro.

Como são vários os elipsoides (por consequência, serão vários os SGR), é possível que tenhamos uma mesma informação geográfica com coordenadas em dois SGR diferentes. Por exemplo, há muitos anos atrás as coordenadas de uma praça foram definidas sobre o elipsoide A. Com o passar dos anos definiram um outro elipsoide B, mais adequado para o posicionamento naquela região, gerando, assim, um novo SGR e, por conseguinte, outras coordenadas. Dessa forma, teremos coordenadas no SGR A e no SGR B para essa praça.

Quando temos SGR diferentes, temos elipsoides diferentes. E isso implica formas diferentes para a Terra. Assim, se tivermos um elipsoide mais achatado (com "a" maior que "b"), teremos uma distribuição de latitudes e longitudes diferente de um elipsoide menos achatado (com pouca diferença entre os comprimentos de "a" e "b").

Sendo assim, compreendemos que dois SGR diferentes podem ter a mesma coordenada, mas que a posição dessas coordenadas nas duas superfícies será diferente. Ou então que um mesmo objeto, em um mesmo ponto da superfície da Terra, poderá ter coordenadas diferentes em sistemas geodésicos de referência diferentes.

» DICA

Navegue pelo site do Instituto Brasileiro de Geografia e Estatística (IBGE) e busque informações a respeito do Sistema Geodésico Brasileiro: www.ibge.gov.br.

» CURIOSIDADE

Quando temos coordenadas em um SGR é possível transformá-las para outro SGR? Sim, podemos. O importante é que o usuário dessas coordenadas saiba qual é o SGR de suas coordenadas e busque os parâmetros definidores do sistema de origem e do sistema para o qual as coordenadas serão transformadas.

Projeções cartográficas

Ao definirmos o SGR calculamos posições e distâncias sobre uma superfície curva e sobre o elipsoide. Assim, as distâncias entre cidades, países, oceanos, entre outros, são dadas em ângulos, dificultando a manipulação e a interpretação dessas informações, uma vez que é mais confortável para os usuários de mapas terem as distâncias medidas em metros sobre uma superfície plana, em um papel.

WWW

» NO SITE
Acesse o ambiente virtual de aprendizagem e leia mais sobre sensoriamento remoto e projeções cartográficas.

Para solucionar esses problemas e tornar as informações da superfície mais fáceis de serem manipuladas, surgiram as projeções cartográficas, que são conjuntos de fórmulas matemáticas que transformam a superfície curva do elipsoide em um plano (em um mapa) e vice-versa. Com isso, é possível transformar as informações que estão referenciadas ao elipsoide em um mapa e, assim, determinar distâncias, áreas e posições relativas de uma forma mais prática e rápida, facilitando a utilização das informações espaciais.

Assim como nos SGR, há inúmeros tipos de projeções cartográficas. Quando transformamos dados de uma superfície curva em informações em um plano teremos uma distorção naquilo que é representado. É como se cortássemos uma bola de futebol ao meio e esticássemos uma das metades da bola até que se transformasse em um plano. Por mais que estiquemos essa bola, sempre terá um pedaço que não ficará plano. Essa é a distorção que teremos ao transformar as informações de uma superfície para a outra.

» DICA
No ambiente virtual de aprendizagem você encontra informações sobre sistema geodésico de referência, projeções cartográficas e escala.

Como não é possível eliminar essa distorção, tentamos preservar uma propriedade na projeção, que terá suas distorções eliminadas ou minimizadas no processo de transformação. As propriedades em questão levam em consideração a aplicação do mapa e a finalidade para a qual ele será construído: distâncias, áreas e formas.

De acordo com a escolha, teremos uma projeção diferente. Se optarmos pelas distâncias, teremos uma projeção equidistante; se optarmos pela área, equivalente; se optarmos pela forma, conforme.

Para escolher a melhor projeção, precisamos avaliar o que vamos mapear. Além disso, podemos representar países alongados no sentido norte-sul, como o Chile, ou no sentido leste-oeste, como a Rússia. Para cada uma dessas regiões, uma superfície de projeção será mais indicada, buscando representar o máximo de área em um mesmo mapa e preservando as mesmas propriedades.

WWW

» NO SITE
No ambiente virtual de aprendizagem, você encontra links sobre Cartografia.

Essas superfícies podem ser planas, cônicas, cilíndricas ou polissuperficiais e podem entrar em contato com o elipsoide de forma tangente ou secante (INSTITUTO BRASILEIRO DE GEOGRAFIA E ESTATÍSTICA, [2000?]).

Escalas

A escala é uma proporção que indica o quanto uma medida foi ampliada ou reduzida. Assim, quando se lê uma escala 1:5000 ou 1/5000 (um para cinco mil) entende-se que o que está representado é cinco mil vezes menor que a informação original. Para uma escala 1:25000 (um para vinte e cinco mil) a redução é de vinte e cinco mil vezes. Assim, quanto maior o denominador, menor é a escala, ou seja, 1:25000 é menor que 1:5000.

Exemplificando, se eu medir 1 cm em um mapa 1:5000, essa distância corresponde a 5000 cm na superfície real. Para calcular a escala usamos a seguinte proporção:

E = d/D, onde E é a escala, d é a distância no mapa e D é a distância real.

Contudo, a escala não informa apenas o quão reduzida é a representação da superfície da Terra. Ela também nos indica o detalhamento das informações que se tem no mapa. Voltando ao exemplo do mapa em escala 1:5000. Se medirmos 1 cm no mapa, a distância, no terreno, será de 5000 cm, ou 50 m. Se medirmos 0,5 cm no mapa, a distância real será de 25m. Conforme se diminui as distâncias no mapa, diminui-se as distâncias reais, até um momento em que não se consegue mais medir distâncias no mapa.

Se utilizarmos uma régua do tipo escolar, o máximo que se consegue detalhar em uma medida de distância é 0,1 cm que, para uma escala 1:5000, representa 5 m. Mas e se tivermos um mapa em escala 1:25000? Medindo 0,1 cm no mapa teremos 25 m no terreno. Assim, podemos concluir que na escala 1:5000 consegue-se medir distâncias menores no terreno do que em uma escala 1:25000.

Ou seja, quanto maior a escala, mais detalhes da superfície terrestre pode-se representar, pois 0,1 cm no mapa 1:5000 equivale a distâncias ou objetos de dimensão igual a 5m na superfície, enquanto que no mapa 1:25000 representa distâncias ou objetos de dimensão igual a 25 m.

Para facilitar a utilização da escala, ela pode ser informada como escala numérica (como já citada antes), ou seja, 1:5000, ou como escala gráfica, onde é construída uma barra com graduações indicando distâncias gráficas no mapa e valores dessa distância no terreno.

Representação de dados espaciais

Até aqui tratamos da dimensão espacial dos objetos ou dos fenômenos. Ou seja, pensamos apenas na localização espacial deles, onde eles ocorrem. Contudo, esses objetos possuem características a serem representadas, informações que precisam ser consideradas e trabalhadas. Portanto, não basta somente localizarmos o objeto no espaço. É preciso pensar como esse objeto será representado. Como traduzir para uma representação o que temos na realidade?

Reconstruir a realidade nos ambientes digitais (assistidos por computadores) é uma tarefa complexa que utiliza estruturas para facilitar esse trabalho. Essas estruturas é que apresentarão a possibilidade de informar o maior número de características sobre um objeto ou fenômeno de forma a contemplar todas as necessidades de estudo desse objeto, minimizando os problemas de integração de diferentes dados.

Quando as informações de um ambiente são representadas em geoprocessamento, pensa-se na separação dessas informações em diferentes camadas. Dessa forma, podemos pensar na representação de uma cidade. Em uma camada serão representadas as ruas. Em outra, os limites dos terrenos. E assim serão elaboradas diferentes camadas para cada tipo de informação do ambiente.

Assim como são diferentes as informações, diferentes são as características desses dados e a necessidade de representação deles. Baseadas nessa diversidade foram elaboradas duas estruturas de representação das informações espaciais: matricial, também conhecida por raster, e vetorial (Figura 7.7). A representação vetorial utiliza polígonos, linhas e pontos para representar digitalmente os objetos da superfície (CÂMARA; MONTEIRO, 2001). Com essa representação busca-se representar a geometria dos objetos da melhor forma possível.

Já a estrutura matricial é uma grade, formada por inúmeras células (pixels), como se fosse uma grande matriz. Essa grade pode ter linhas e colunas de dimensões variadas (alteração na resolução espacial), dependendo da necessidade de representação exigida para o estudo. Nessa estrutura, cada objeto será representado por uma célula ou por um conjunto de células, dependendo do tamanho do objeto ou fenômeno e do espaçamento de linhas e colunas.

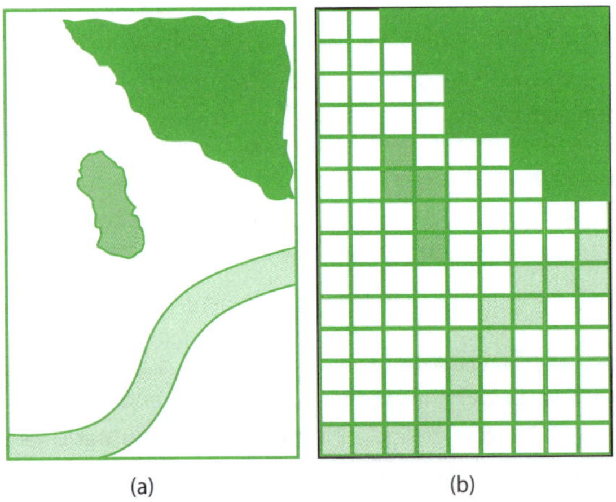

Figura 7.7
Comparativo entre representação vetorial (a) e raster (b).

Utilização do sistema de informação geográfica

Já vimos como localizar uma informação, projetá-la e representá-la. Contudo, quando trabalhamos com o ambiente, temos inúmeras informações provenientes dos diferentes compartimentos. Assim, teremos uma camada de dados de vegetação, outra de hidrografia e quem sabe uma de solos. Porém, para chegarmos a uma conclusão a respeito do que acontece no ambiente, buscando um diagnóstico ou um apoio para uma tomada de decisão, precisamos de ferramentas que facilitem o cruzamento desses dados.

Além disso, é preciso pensar em uma forma de reunir todas as informações, provenientes dos mais diferentes tipos de levantamentos, para termos a maior quantidade de dados das mais diversas áreas do conhecimento e pelo maior espaço de tempo possível. Somente com uma boa série temporal e com o máximo de conhecimento do ambiente é que conseguiremos compreender o funcionamento do ambiente estudado.

A partir da necessidade de reunir dados, ou seja, de criar um banco de dados capaz de armazenar informações espaciais e não espaciais e realizar o cruzamento dessas diferentes informações, com a possibilidade de gerar mapas e relatórios, é que surge o Sistema de Informação Geográfica (SIG). Esses sistemas estão com ferramentas cada vez mais sofisticadas, refletindo as necessidades dos usuários e dos projetos que utilizam informação geográfica.

Em um SIG é possível reunir os mais diferentes dados, como imagens de satélite, fotografias aéreas, mapas digitais, tabelas com informações sobre os dados espaciais, entre outros. Esses dados podem ser referentes a um dia, um mês, um ano, uma década ou a intervalos maiores de tempo. Todas essas informações serão armazenadas e interpretadas no ambiente SIG, uma vez que estão todos em um mesmo local e possuem ferramentas para otimizar sua manipulação.

A partir do cruzamento das informações e das ferramentas de visualização e geração de mapas, podemos extrair desde valores de coordenadas em uma visualização em tela até mapas de vulnerabilidade.

>> JUNTANDO TUDO!

Acesse o *Google Maps* e digite na barra de busca os pares de coordenadas de três lugares diferentes do Brasil. As coordenadas são as que seguem abaixo, mas lembre-se de visualizar um lugar por vez.

1) −29.94, −51.322

2) −19.07, −40.00

3) −19.00, −57.66

Nos três casos, insira as coordenadas, faça a busca e diminua o *zoom* para visualizar uma região maior. Depois, veja as diferenças na vegetação e tente identificar áreas de vegetação natural, de reflorestamento e de cultivo. Preste atenção, também, no desenho que o relevo local causa na imagem, dando a impressão de áreas mais altas e mais baixas. Analise os corpos d'água, sua localização, se são naturais ou construídos.

Além de ver as informações das imagens, repare na importância das informações de traçados de estradas e cidades, facilitando nossa navegação pelas imagens.

REFERÊNCIAS

BURROUGH, P.A; MCDONNELL, R. A. *Principles of geographical information systems.* Oxford: Oxford University, 1998.

CÂMARA, G.; MONTEIRO, A. M. V. Conceitos básicos em ciência da geoinformação. In: CAMARA, G.; MONTEIRO, A. M. V.; DAVIS, C. (Ed.) *Introdução à ciência da geoinformação*. São José dos Campos: INPE, 2001. cap. 2. Disponível em: <http://www.dpi.inpe.br/gilberto/livro/introd/cap2-conceitos.pdf>. Acesso em: 17 mar. 2013.

CÂMARA, G.; MONTEIRO, A. M. V.; DAVIS, C. (Ed.). *Introdução à ciência da geoinformação*. São José dos Campos: INPE, 2001. Disponível em: <http://www.dpi.inpe.br/gilberto/livro/>. Acesso em: 21 jun. 2010.

CANADIAN CENTRE FOR REMOTE SENSING. *Satellite characteristics*: orbits and swaths. [S.l.]: CCRS, 2008. Disponível em: <http://www.nrcan.gc.ca/earth-sciences/geography-boundary/remote-sensing/fundamentals/1124>. Acesso em: 17 mar. 2013.

INSTITUTO BRASILEIRO DE GEOGRAFIA E ESTATÍSTICA. *Noções básicas de cartografia*. Rio de Janeiro: IBGE, [2000?]. Disponível em: <http://www.ibge.gov.br/home/geociencias/cartografia/manual_nocoes/indice.htm>. Acesso em: 17 mar. 2013.

INSTITUTO BRASILEIRO DE GEOGRAFIA E ESTATÍSTICA. *Site.* Rio de Janeiro: IBGE, 2012. Disponível em: <http://www.ibge.gov.br/home/>. Acesso em: 10 nov. 2012.

INSTITUTO NACIONAL DE PESQUISAS ESPACIAIS. *Câmeras imageadoras CBERS-3 e 4*. São José dos Campos: INPE, 2011. Disponível em: <http://www.cbers.inpe.br/sobre_satelite/cameras_imageadoras_cbers3e4.php>. Acesso em: 17 mar. 2013.

JENSEN, J. R. *Sensoriamento remoto do ambiente:* uma perspectiva em recursos terrestres. 2. ed. São José dos Campos: Parêntese, 2009.

JOLY, F. *A cartografia.* 12. ed. Campinas: Papirus, 2009.

LILLESAND, T. M.; KIEFER, R. W.; CHIPMAN, J. W. *Remote* Sensing and Image Interpretation. 6th ed. Hoboken: John Wiley & Sons, 2008.

STEFEN, C. A. Introdução ao sensoriamento remoto. In: INSTITUTO NACIONAL DE PESQUISAS ESPACIAIS. *Apostila*. São Paulo: INPE, [20--?]. Disponível em: <http://www.inpe.br/unidades/cep/atividadescep/educasere/apostila.htm>. Acesso em: 26 nov. 2012.

Simone Caterina Kapusta
Nelson Augusto Flores Machado
Maria Teresa Raya-Rodriguez

capítulo 8

Avaliação de impacto ambiental

As questões ambientais são uma constante em nosso dia a dia. Episódios de secas e enchentes relacionados a eventos climáticos extremos, bem como suas implicações no ambiente e na população, são noticiados com frequência pelos meios de comunicação. Da mesma forma, assuntos relativos à qualidade da água, destinação de resíduos, minimização de impactos também são abordados cada vez mais pela sociedade e seus atores sociais.

Mas afinal, qual a definição de impacto ambiental? Qual a relação entre as atividades antrópicas e os impactos ambientais? Qual o papel da sociedade nesse processo de avaliação ambiental?

Este capítulo aborda os principais conceitos associados à avaliação ambiental, aos seus métodos e exigências legais, relacionando-os com a futura prática do profissional em meio ambiente.

OBJETIVOS

Após o estudo deste capítulo, você deverá ser capaz de:

» Explicar como foi instituída a Avaliação de Impacto Ambiental (AIA).

» Identificar as etapas do processo da AIA.

» Destacar as características do Estudo de Impacto Ambiental e do Relatório de Impacto Ambiental.

» Relacionar as atividades que precisam apresentar o EIA/RIMA para a solicitação do licenciamento.

» Caracterizar os métodos utilizados para avaliar os impactos ambientais.

» Utilizar indicadores para o diagnóstico e/ou monitoramento.

Preocupações com as questões ambientais

Você ficaria surpreso se soubesse que as primeiras leis relacionadas à poluição do ar datam do século XIII? De uma maneira geral, ao longo dos anos, as discussões e, principalmente, as decisões em relação aos problemas ambientais ocorriam quando estes eram sentidos pela população, quer dizer, o problema gerava uma resposta dos governantes, sendo os impactos de abrangência local e relacionados com as atividades desenvolvidas em uma determinada área.

Foi a partir da Revolução Industrial que os problemas ambientais começaram a adquirir maior proporção, visto que as atividades industriais começaram a gerar produtos em quantidade e com características diferentes das encontradas no meio ambiente.

Estabelecido o processo da industrialização, no século XIX, a sociedade, em especial o mundo capitalista, passou a explorar cada vez mais os recursos naturais existentes, produzindo os mais variados bens de consumo. Esses recursos naturais, insumos, eram considerados inesgotáveis e a capacidade do meio de absorver os resíduos, gerados por essa produção, não era foco de atenção. Os empreendedores se preocupavam predominantemente com a viabilidade técnica e econômica de suas ideias.

A implementação de grandes projetos, principalmente a partir da década de 1960, bem como a repercussão ambiental negativa decorrente de suas atividades, tais como derrames de petróleo, modificações da paisagem, entre outros, motivaram a criação de movimentos ambientalistas (TOMMASI, 1994). A publicação do livro *Primavera silenciosa*, de Carson (1962), também alertou a sociedade sobre as consequências das ações humanas sobre a natureza, considerando a biomagnificação do DDT.

A pressão dos grupos ambientalistas e a crescente conscientização social de que a viabilidade técnica e econômica dos projetos não deveriam ser os únicos critérios a serem considerados para as tomadas de decisões, levou à criação, nos EUA, da lei da política nacional do meio ambiente, a National Environmental Policy Act (NEPA) aprovada em 1969 e que entrou em vigor em 01 de janeiro de 1970 (TOMMASI, 1994).

Com essa legislação, os aspectos sociais, culturais e ambientais também deveriam ser considerados para a tomada de certas decisões do governo federal em relação a projetos que pudessem acarretar modificações ambientais significativas, tornando obrigatória a realização da avaliação de impacto ambiental.

De acordo com Absy (1995), diferentemente dos países desenvolvidos, que implantaram a AIA em resposta às pressões sociais e ao avanço da consciência ambientalista, no Brasil ela foi adotada, principalmente, por exigência dos organismos multilaterais de financiamento, Banco Interamericano de Desenvolvimento (BID) e Banco Internacional para Reconstrução e Desenvolvimento (BIRD).

» PENSAMENTO CRÍTICO

Leia o livro *Primavera silenciosa*, de Rachel Carson (1962), e reflita sobre as ações do homem sobre a natureza, considerando a demanda por produtos e serviços.

» Política Nacional do Meio Ambiente

A política nacional do meio ambiente, estabelecida no Brasil pela Lei Federal nº 6.938, de 31 de agosto de 1981 (BRASIL, 1981), e regulamentada pelo Decreto nº 99.274/1990 (BRASIL, 1990c), é de suma importância, pois tem o objetivo de preservar, melhorar e recuperar a qualidade ambiental propícia à vida, visando a assegurar, no país, condições para o desenvolvimento socioeconômico, os interesses da segurança nacional e a proteção da dignidade da vida humana.

Como princípios da política, pode-se destacar a racionalização do uso dos compartimentos ambientais, o planejamento e a fiscalização do uso dos recursos ambientais, a proteção dos ecossistemas, com a preservação de áreas representativas, o controle e o zoneamento das atividades potenciais ou efetivamente poluidoras, entre outros (artigo 2º da Lei nº 6.938/1981).

Com o intuito de atender seus objetivos, o zoneamento ambiental, a avaliação de impactos ambientais (AIA) e o licenciamento ambiental são alguns dos instrumentos previstos pela Política.

A Lei nº 6.938/1981 (BRASIL, 1981) destaca, em seu artigo 10, que a construção, a instalação, a ampliação e o funcionamento de estabelecimentos e atividades utilizadoras de recursos ambientais, efetiva ou potencialmente poluidores ou capazes de causar degradação ambiental dependerão de prévio licenciamento ambiental.

» **NO SITE**
Acesse o ambiente virtual de aprendizagem: www.bookman.com.br/tekne, e leia na íntegra a Lei nº 6.938/1981.

O licenciamento ambiental, previsto pelo Decreto nº 99.274/1990 (BRASIL, 1990c) e regulamentado pela Resolução CONAMA nº 237/1997 (BRASIL, 1997), é um procedimento administrativo pelo qual o órgão ambiental competente licencia a localização, instalação, ampliação e a operação de empreendimentos e atividades utilizadoras de recursos ambientais, consideradas efetiva ou potencialmente poluidoras ou daquelas que, sob qualquer forma, possam causar degradação ambiental, considerando as disposições legais e regulamentares e as normas técnicas aplicáveis ao caso (artigo 1º da Resolução). Os empreendimentos e as atividades sujeitas ao licenciamento ambiental encontram-se relacionados no Anexo 1 da referida Resolução.

PARA SABER MAIS

Verifique as atividades sujeitas ao licenciamento ambiental, consultando o Anexo 1 da Resolução CONAMA nº 237/1997.

O licenciamento ambiental é composto principalmente por três licenças: Licença Prévia (LP), Licença de Instalação (LI) e Licença de Operação (LO), sendo suas características apresentadas no Quadro 8.1.

Quadro 8.1 » Características das licenças ambientais

Licença Prévia (LP)	Solicitada na fase preliminar do planejamento do empreendimento ou atividade, aprovando sua localização e concepção, atestando a viabilidade ambiental. Necessária para a implantação, alteração ou ampliação do empreendimento. Estabelece os requisitos básicos e condicionantes a serem atendidos nas fases de instalação e operação, observados os planos municipais, estaduais ou federais de uso do solo. É indispensável para solicitar financiamentos e incentivos fiscais. Aprova a viabilidade ambiental do empreendimento, mas não autoriza o início das obras. Tem prazo de validade não superior a cinco anos. Estabelece as condições para o empreendedor prosseguir com a elaboração do projeto.
Licença Instalação (LI)	Autoriza a instalação do empreendimento ou da atividade de acordo com as especificações constantes nos planos, programas e projetos aprovados, incluindo as medidas de controle ambiental e demais condicionantes. Autoriza o início da obra/empreendimento. É concedida após a análise e a aprovação do projeto executivo e outras condições da LP. Tem prazo de validade de até seis anos.
Licença Operação (LO)	Autoriza a operação da atividade ou do empreendimento, após verificação do efetivo cumprimento do que consta nas licenças anteriores, com as medidas de controle ambiental e condicionantes determinados para a operação. É concedida após vistoria e confirmação do funcionamento dos sistemas de controle ambiental, especificados nas fases anteriores do licenciamento (LP e LI). Autoriza o início do funcionamento do empreendimento. Tem prazo de validade de no mínimo 4 a no máximo 10 anos, devendo levar em consideração os planos de controle ambiental. Deve ser renovada.

Fonte: Kapusta e Raya-Rodriguez (2009).

Os empreendimentos e as atividades consideradas efetiva ou potencialmente causadoras de significativa degradação do meio, quando da solicitação da licença prévia, deverão apresentar o estudo de impacto ambiental (EIA) e o relatório de impacto sobre o meio ambiente (RIMA).

» Processo de avaliação de impacto ambiental

Como visto anteriormente, a avaliação de impacto ambiental (AIA) é um dos instrumentos da política nacional do meio ambiente, sendo de significativa importância para a gestão institucional de planos, programas e projetos em nível federal, estadual e municipal (ABSY, 1995).

Como instrumentos legais para a implementação da AIA, pode-se citar o estudo de impacto ambiental (EIA), o relatório de impacto ambiental (RIMA), bem como outros documentos técnicos, sejam eles o plano de controle ambiental (PCA), o relatório de controle ambiental (RCA) e o plano de recuperação de áreas degradadas (PRAD), necessários ao licenciamento ambiental (ABSY, 1995).

» NO SITE
Leia o artigo de Rocha, Canto e Pereira (2005) sobre a avaliação de impacto ambiental no Mercosul, disponível no ambiente virtual de aprendizagem.

Definição de impacto ambiental

De uma maneira geral, as definições de impacto ambiental relacionam a alteração do meio ambiente decorrente de uma atividade ou ação antropogênica, como pode ser verifcado em Lima (2003), Santos (2007) e Sánchez (2008). De acordo com a Resolução CONAMA nº 1/1986 (BRASIL, 1986a), impacto ambiental é qualquer alteração das propriedades físicas, químicas e biológicas do meio ambiente, causada por qualquer forma de matéria ou energia resultante das atividades humanas que afetam direta e indiretamente a saúde, a segurança e o bem-estar da população; as atividades sociais e econômicas; a biota; as condições estéticas e sanitárias do meio ambiente; e a qualidade dos recursos ambientais.

» NO SITE
Leia na íntegra a Resolução CONAMA nº 1/1986, disponível no ambiente virtual de aprendizagem.

De acordo com a Resolução CONAMA nº 1/1986 (BRASIL, 1986a), em seu artigo 6º, os estudos de impacto ambiental devem efetuar a avaliação dos impactos ambientais do projeto e de suas alternativas, por meio de identificação, previsão da magnitude e interpretação da importância dos prováveis impactos relevantes, discriminando os impactos:

- positivos e negativos (benéficos e adversos);
- diretos e indiretos;
- imediatos, em médio e longo prazo;
- temporários e permanentes;
- grau de reversibilidade.

Devem ser consideradas ainda, as propriedades cumulativas e sinérgicas dos impactos; a distribuição dos ônus e benefícios sociais, bem como apresentadas as medidas mitigadoras dos impactos negativos.

Esse levantamento dos impactos é necessário e importante para avaliar a viabilidade ambiental do projeto, bem como medidas a serem implementadas de maneira a causar o menor impacto adverso possível.

Análise de impacto ambiental

O processo de análise de impacto ambiental (AIA) pode ser dividido em três etapas, cada qual com diferentes atividades. São elas: etapa inicial, análise detalhada e etapa pós-aprovação, caso a tomada de decisão seja favorável (SÁNCHEZ, 2008). De acordo com o autor, na etapa inicial verifica-se a necessidade ou não de uma avaliação detalhada dos impactos ambientais de uma futura ação e, em caso positivo, deve-se definir o alcance e a profundidade dos estudos necessários.

A análise detalhada é aplicada somente nos casos de atividades que tenham o potencial de causar impactos significativos, neste caso, deve-se efetuar o estudo de impacto ambiental da atividade, com o respectivo relatório de impacto ambiental. Caso o empreendimento seja implantado, ocorre o monitoramento dos impactos causados pela atividade, bem como a aplicação das medidas de gestão ambiental.

Estudo de impacto ambiental (EIA) e o Relatório de impacto ambiental (RIMA)

A elaboração do estudo de impacto ambiental (EIA) e o relatório de impacto ambiental (RIMA) são exigências para o licenciamento de diversas atividades consideradas efetiva ou potencialmente causadoras de significativa degradação do meio (Resolução CONAMA nº 1/1986). Sua obrigatoriedade foi fixada pela Constituição Federal de 1988, artigo 225, inciso IV (BRASIL, 1988).

Conforme consta nas Resoluções CONAMA nº 1/1986 e nº 11/1986 (BRASIL, 1986a, 1986b), nº 6/1987 (BRASIL, 1987), nº 9/1990 e nº 10/1990 (BRASIL, 1990a, 1990b), as atividades que devem apresentar o EIA/RIMA, quando na solicitação da licença prévia, são:

1. Estradas de rodagem com duas ou mais faixas de rolamento.
2. Ferrovias.
3. Portos e terminais de minério, petróleo e produtos químicos.
4. Aeroportos.
5. Oleodutos, gasodutos, minerodutos, troncos coletores e emissários de esgotos sanitários.
6. Linhas de transmissão de energia elétrica, acima de 230 KV.

7. Obras hidráulicas para exploração de recursos hídricos, tais como: barragem para fins hidrelétricos, acima de 10 MW, de saneamento ou de irrigação, abertura de canais para navegação, drenagem e irrigação, retificação de cursos d'água, abertura de barras e embocaduras, transposição de bacias, diques.
8. Extração de combustível fóssil (petróleo, xisto, carvão).
9. Extração de minério, inclusive os da classe II, definidas no Código de Mineração.
10. Aterros sanitários, processamento e destino final de resíduos tóxicos ou perigosos.
11. Usinas de geração de eletricidade, qualquer que seja a fonte de energia primária, acima de 10 MW.
12. Complexo e unidades industriais e agroindustriais (petroquímicos, siderúrgicos, cloroquímicos, destilarias de álcool, hulha, extração e cultivo de recursos hídricos).
13. Distritos industriais e zonas estritamente industriais (ZEI).
14. Exploração econômica de madeira ou lenha em áreas acima de 100 hectares ou menores, quando atingir áreas significativas em termos percentuais ou de importância do ponto de vista ambiental.
15. Projetos urbanísticos em áreas acima de 100 ha ou em áreas consideradas de relevante interesse ambiental a critério da SEMA e dos órgãos estaduais ou municipais. Qualquer atividade que utilizar carvão vegetal, derivados ou produtos similares, em quantidade superior a 10 toneladas por dia.
16. Projetos agropecuários que contemplem áreas acima de 1.000 ha ou menores, quando se tratar de áreas significativas em termos percentuais ou de importância do ponto de vista ambiental, inclusive nas áreas de proteção ambiental.
17. Empreendimento potencialmente lesivo ao patrimônio espeleológico nacional.

O órgão ambiental pode solicitar o EIA/RIMA de outros ramos, quando julgar necessário.

O EIA/RIMA é baseado no termo de referência e deve ser realizado por profissionais legalmente habilitados, a custa do empreendedor. O empreendedor e os profissionais que subscrevem os estudos serão responsáveis pelas informações apresentadas, sujeitando-se às sanções administrativas, civis e penais, conforme artigo 11 da Resolução CONAMA nº 237/1997 (BRASIL, 1997).

De acordo com Absy (1995), o termo de referência estabelece as diretrizes orientadoras, o conteúdo e a abrangência do estudo exigido do empreendedor, sendo elaborado pelo órgão de meio ambiente a partir das informações prestadas pelo empreendedor na fase de pedido de licenciamento ambiental. Em alguns casos, o órgão de meio ambiente solicita que o empreendedor elabore o termo de referência, reservando-se apenas o papel de julgá-lo e aprová-lo.

>> **DICA**
Acesse o site do IBAMA, selecione um EIA/RIMA para consulta e verifique o conteúdo do documento e os tópicos estudados.

>> **NO SITE**
Acesse o ambiente virtual de aprendizagem e leia a Resolução CONAMA nº 9/1987, que regula a audiência pública.

Os custos e as despesas referentes ao EIA/RIMA, tais como: coleta e aquisição dos dados e informações, trabalhos e inspeções de campo, análises de laboratório, estudos técnicos e científicos, bem como acompanhamento e monitoramento dos impactos, elaboração do RIMA e fornecimento de pelo menos cinco cópias, correrão por conta do proponente do projeto (Resolução CONAMA nº 1/1986, artigo 8º).

Os conteúdos mínimos que devem ser apresentados no estudo de impacto ambiental, conforme a Resolução CONAMA nº 1/1986 (BRASIL, 1986a), podem ser observados no Quadro 8.2.

Conforme consta na Resolução, o relatório de impacto ambiental (RIMA) deve refletir as conclusões do estudo de impacto ambiental, devendo ser elaborado em linguagem acessível, ilustrado e de fácil compreensão para que a sociedade entenda vantagens e desvantagens do projeto, bem como todas as consequências ambientais de sua implementação. O RIMA deverá conter, no mínimo: os objetivos e justificativas do projeto; a descrição do projeto e suas alternativas tecnológicas e locacionais; a síntese dos resultados dos estudos de diagnósticos ambiental da área de influência do projeto; a descrição dos prováveis impactos ambientais da implantação e operação da atividade; a caracterização da qualidade ambiental futura da área de influência; a descrição do efeito esperado das medidas mitigadoras previstas em relação aos impactos negativos; o programa de acompanhamento e monitoramento dos impactos; recomendação quanto à alternativa mais favorável (conclusões e comentários de ordem geral).

O EIA e o RIMA devem ser submetidos à análise técnica pelo órgão competente municipal, estadual ou federal (BRASIL, 1986a), conforme verificado no processo de avaliação ambiental.

Sempre que julgar necessário, o órgão de Meio Ambiente promoverá a realização de audiência pública ou quando for solicitado por entidade civil, pelo Ministério Público, ou por 50 (cinquenta) ou mais cidadãos (BRASIL, 1987).

O objetivo da audiência pública é o de apresentar o projeto proposto e os impactos ambientais associados, discutir e dirimir dúvidas em relação ao RIMA, bem como fornecer subsídios para a análise e o parecer final do órgão licenciador sobre o empreendimento proposto. Após esse procedimento, o empreendimento pode ou não ser aprovado pelo órgão ambiental.

>> **DICA**
Acompanhe no site do órgão ambiental do seu estado, as datas das audiências públicas e participe!

>> Utilização dos métodos de avaliação ambiental

Como visto anteriormente, a avaliação dos impactos ambientais decorrentes do projeto e de suas alternativas é uma exigência legal. Para auxiliar nessa avaliação, existem diversos métodos para comparar, organizar e analisar informações sobre impactos ambientais de uma proposta, incluindo os meios de apresentação escrita e visual dessas informações (BASTOS; ALMEIDA, 2007).

Quadro 8.2 » Conteúdo mínimo a ser apresentado no estudo de impacto ambiental

Informações gerais do empreendedor: identificação, localização, entre outros.

Caracterização do empreendimento: objetivos, porte, etapas de implantação, entre outros.

Área de influência do empreendimento:

- área de impacto direto;
- área de influência direta;
- área de influência indireta;

Diagnóstico ambiental da área de influência do projeto

Completa descrição e análise dos recursos ambientais e suas interações, tal como existem, de modo a caracterizar a situação ambiental da área, antes da implantação do projeto, considerando:

a) Meio físico: o subsolo, as águas, o ar e o clima, destacando os recursos minerais, a topografia, os tipos e aptidões do solo, os corpos d'água, o regime hidrológico, as correntes marinhas, as correntes atmosféricas.

b) Meio biológico e os ecossistemas naturais: a fauna e a flora, destacando as espécies indicadoras da qualidade ambiental, de valor científico e econômico, raras e ameaçadas de extinção e as áreas de preservação permanente.

c) Meio socioeconômico: o uso e ocupação do solo, os usos da água e a socioeconomia, destacando os sítios e monumentos arqueológicos, históricos e culturais da comunidade, as relações de dependência entre a sociedade local, os recursos ambientais e a potencial utilização futura desses recursos.

Análise dos impactos ambientais do projeto e de suas alternativas:

Por meio de identificação, previsão da magnitude e interpretação da importância dos prováveis impactos relevantes, discriminando:

- os impactos positivos e negativos (benéficos e adversos);
- diretos e indiretos;
- imediatos e a médio e longo prazo;
- temporários e permanentes;
- seu grau de reversibilidade;
- suas propriedades cumulativas e sinérgicas;
- a distribuição dos ônus e benefícios sociais.

Definição das medidas mitigadoras dos impactos negativos: entre elas os equipamentos de controle e sistemas de tratamento de despejos, avaliando a eficiência de cada uma delas.

Elaboração do programa de acompanhamento e monitoramento dos impactos positivos e negativos, indicando os fatores e parâmetros a serem considerados.

Fonte: Brasil (1986a).

De acordo com os autores, ainda não existe uma metodologia completa e ideal que atenda a todos os diferentes EIAs e suas respectivas fases. Além de atender aos requisitos e às normas legais, a seleção da metodologia dependerá de diversos fatores, tais como o tempo para o desenvolvimento do estudo, dos recursos financeiros disponíveis, da existência de informações ou dados existentes, da adaptação/adequação do método às condições específicas de cada atividade e área de estudo analisada.

Como principais métodos de avaliação de impacto ambiental, pode-se citar o *ad hoc* (grupo multidisciplinar); listagens (*check list*); matrizes de interação (matriz de Leopold); redes de interação (*networks*); superposição de cartas (*overlays*); modelos de simulação; projeção de cenários; análise custo-benefício; análise multiobjetivo.

>> PARA SABER MAIS

Leia o artigo *Uso das metodologias de avaliação de impacto ambiental em estudos realizados no Ceará*, de Oliveira e Moura (2009), disponível no ambiente virtual de aprendizagem.

Algumas das características dos métodos podem ser observadas no Quadro 8.3.

Quadro 8.3 » Principais métodos de avaliação de impacto ambiental e suas características

Método	Características
Método *ad hoc* (grupo multidisciplinar)	1) Reúne uma equipe multidisciplinar de especialistas no assunto e/ou na área em questão, que desenvolve a avaliação de forma simples, objetiva e dissertativa. 2) É utilizado em casos com escassez de dados, fornecendo orientação para outras avaliações.
Método das listagens (*check list*)	1) Trata-se de um dos métodos mais utilizados em AIA, na etapa inicial. 2) É adequado somente para avaliações preliminares. 3) Identifica e enumera os impactos, a partir do diagnóstico ambiental feito por especialistas dos meios físico, biótico e socioeconômico. 4) Relaciona-se os impactos decorrentes das fases de implantação e operação do empreendimento, categorizando-os em positivos ou negativos, conforme o tipo da modificação antrópica a ser introduzida no sistema analisado. 5) Existem diversas listas padronizadas por tipo de projetos (projetos hídricos, autoestradas, etc.), além de listas computadorizadas. Mais conhecida é a de *Battelle Columbus*.

(continua)

Quadro 8.3 » Principais métodos de avaliação de impacto ambiental e suas características (*Continuação*)

Método	Características
Método das matrizes de interação (matriz de Leopold)	1) Consiste em uma análise bidimensional, organizada em um quadro onde são listados horizontal e verticalmente os fatores ambientais e as ações de projeto. Métodos basicamente de identificação. 2) Tem maior destaque a matriz de Leopold (1971), que completa considera 100 ações que podem causar impactos e 88 características e condições ambientais.
Método das redes de interação (*networks*)	1) Procura estabelecer a sequência de impactos ambientais a partir de uma determinada intervenção, utilizando método gráfico. 2) Utiliza diagramas, gráficos ou fluxogramas, mostrando a cadeia de modificações que ocorrem, ou seja, os impactos diretos e indiretos que podem resultar de um empreendimento. Abrange efeitos secundários e terciários. 3) Tem maior destaque Sorensen (1974).
Método da superposição de cartas (*overlays*)	1) Confecciona cartas temáticas relativas aos fatores ambientais potencialmente afetados, tais como: embasamento geológico, tipo de solo, declividades. 2) Faz a superposição das imagens segundo conceito de fragilidade (cartas de restrição) e potencial de uso (cartas de aptidão). 3) É bastante utilizado na escolha de traçado de projetos lineares: rodovias, dutos, linhas de transmissão e em diagnósticos ambientais.
Método dos modelos de simulação	1) Trabalha com modelos matemáticos. 2) É estruturado com base na definição dos objetivos, escolha de variáveis e estabelecimento de suas inter-relações, discussão e interpretação dos resultados. 3) Simula várias alternativas do projeto. 4) Pode ser necessário utilizar alguns dos modelos de ponderação já apresentados para a comparação e a ordenação das alternativas.
Método de projeção de cenários	1) Proporciona uma análise de situações ambientais prováveis em termos de evolução de um ambiente (cada situação corresponde a um cenário) e/ou de situações hipotéticas, referentes a situações diferenciadas geradas por proposição de alternativas de projetos e programas.
Método da análise benefício-custo	1) Computa custos e benefícios de um projeto ou de suas alternativas, visando compará-los e ordená-los por meio da relação custo-benefício ou do benefício líquido.

(continua)

Quadro 8.3 » Principais métodos de avaliação de impacto ambiental e suas características (*Continuação*)

Método	Características
Método da análise multiobjetivo	1) É estruturado, em geral, na forma de uma hierarquia: • Meta: intenção ou objetivo muito genérico e que pode ser atendido por objetivos mais específicos que são quantificados por atributos. • Objetivos: refletem as aspirações do decisor em relação ao atendimento de uma determinada meta. Pode ser alcançado pela sua maximização ou minimização. • Atributos: permitem avaliar como um determinado objetivo está sendo alcançado. Aspecto mensurável (reais, metros ou ordinal – alto, médio, baixo).

Fonte: Braga et al. (2005), Oliveira e Moura (2009), Sánchez (2008), Santos (2007) e Tommasi (1994).

» Agora é a sua vez!

Considerando o EIA/RIMA consultado no site do IBAMA, verifique o método utilizado para a avaliação do impacto, utilizado pela equipe técnica responsável pelo estudo.

» Utilização de indicadores para o diagnóstico e/ou monitoramento

O diagnóstico e o monitoramento ambiental são de fundamental importância no processo de avaliação ambiental, tanto para verificar a adesão às normas reguladoras como para apoiar o sistema de gestão. A utilização de indicadores assegura que um processo de avaliação aborde as principais variáveis associadas com a degradação ou com os impactos ambientais significativos. Também melhora a comunicação entre os atores envolvidos.

Indicadores são *bits* de informação que resumem as características de um sistema, ou o que está acontecendo no mesmo, simplificando fenômenos complexos.

É importante destacar que os indicadores, se bem selecionados, indicam diversas tendências, porém não revelam toda a verdade. Um indicador é, portanto, raramente "perfeito" no sentido de revelar todas as informações necessárias para as decisões a serem tomadas. Em vez disso, fornece sinais para futuras investigações.

No contexto de um projeto, os indicadores ambientais são usados como uma ferramenta de gestão para prever alterações ambientais, mitigar ou promover as alterações, bem como acompanhar o desenvolvimento, a fim de gerir o projeto de maneira ideal frente à perspectiva ambiental.

O "método" para identificar e desenvolver indicadores é, portanto, o mais importante no contexto. Nesse estudo não foram incluídos exemplos de indicadores, no entanto, serão fornecidas algumas ideias sobre os indicadores relevantes.

Os indicadores selecionados devem ser de fácil compreensão e utilização por todas as partes envolvidas. Para essa seleção é importante a consulta aos atores locais, o que também representa uma oportunidade para levantamento de estudos já existentes relacionados com outros projetos ou atividades, e para discutir a divisão de responsabilidades. Ainda, os atores locais devem ser continuamente informados e envolvidos nesse processo.

Por exemplo, a avaliação do estado ambiental de uma determinada bacia hidrográfica envolve os diferentes usos e não somente a atividade que está requerendo o licenciamento. No mercado de trabalho, essa avaliação deveria ser de responsabilidade de instituições oficiais e não de um determinado empreendimento.

Contudo, na prática, o que acontece é que uma empresa, que apresenta um EIA/RIMA, muitas vezes precisa avaliar a bacia de uma maneira sistêmica, pois ciclos, processos, serviços ambientais estão interligados. Quando a atividade está em funcionamento por vários anos, com passivo ambiental associado, deve-se analisar os diversos usos da bacia, sob pena do estado do ambiente encontrado, ser creditado nas responsabilidades exclusivamente daquela atividade, uma vez que as demais não foram estudadas.

Uma avaliação completa dos links causais, isto é, a identificação das relações de causa e efeito das atividades, na área de influência do estudo, é um importante passo na identificação de indicadores.

Na análise das relações de causa e efeito, um aspecto ambiental pode ser dividido em cinco elementos diferentes (Figura 8.1):

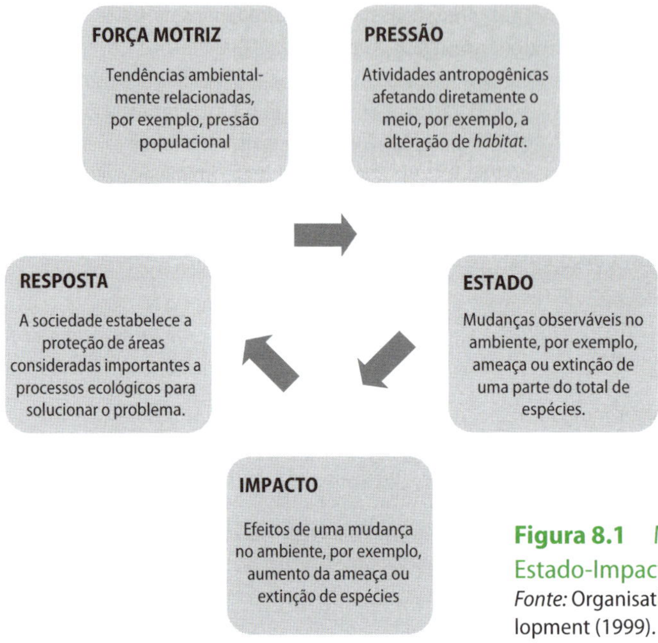

Figura 8.1 Modelo Força Motriz-Pressão-Estado-Impacto-Resposta.
Fonte: Organisation for Economic Co-operation and Development (1999).

1. Tendência subjacente, que está dirigindo o problema ambiental (força motriz).
2. Tendência subjacente que provoca uma mudança de comportamento, o que coloca uma pressão sobre o ambiente (pressão).
3. Pressão da mudança comportamental que resulta em um estado de ambiente transformado (estado).
4. Mudanças no estado do ambiente que resultam em impactos e degradação sobre o meio ambiente e pessoas (impacto).
5. A parte final do aspecto ambiental de uma avaliação, é a resposta das pessoas, da sociedade. Essa resposta pode atingir qualquer uma das partes citadas, mas é, preferencialmente com vista para a tendência subjacente, ou pelo menos as pressões que essas tendências causam (a resposta). Essas respostas surgem por meio de leis, programas, políticas privadas ou públicas ou até mesmo por meio do princípio da precaução.

É importante lembrar, no entanto, que muitas ligações causais já foram estabelecidas por meio de pesquisa e experiências anteriores (p. ex., a ligação entre agricultura intensiva e o potencial de erosão do solo que tem sido observado em numerosas ocasiões).

Escolha dos indicadores

Deve-se estabelecer um conjunto limitado de indicadores, visando a facilitar a interpretação dos resultados. Deve-se levar em consideração que muitos indicadores estão correlacionados, portanto, a escolha de bons indicadores é mais eficaz do que um grande número de indicadores.

O principal objetivo dos indicadores ambientais selecionados é permitir o acompanhamento dos impactos ambientais diretos e indiretos. É importante lembrar que esses impactos podem ser tanto negativos como positivos. No entanto, a identificação e/ou o monitoramento (e controle) dos impactos ambientais adversos é de extrema relevância, pois estes podem afetar negativamente o bem-estar das pessoas e os meios de subsistência e, no pior dos casos, há o risco de esses impactos se tornarem irreversíveis.

Nesse sentido, as relações de causa e efeito, são, portanto, instrumentos vitais para definir os impactos e assim orientar e subsidiar a seleção dos indicadores.

Enquanto as relações de causa e efeito são estabelecidas, é possível selecionar indicadores de pressão para monitorar a causa do impacto, ou da degradação, ou um indicador de impacto para monitorar o efeito real. Um exemplo disso é o indicador "mudança de uso da terra", que é um indicador de uma pressão sobre o sistema natural. Essa pressão pode resultar em vários impactos diferentes, tais como erosão do solo, perda da biodiversidade, migração, entre outros.

Ao observarem-se alterações no uso do solo, pode-se, portanto, obter um primeiro sinal (ou indicação) de uma mudança que deve ser monitorada e mitigada.

Os indicadores devem ser relevantes ao longo de todo o ciclo de vida da atividade estudada, isto é, busca-se a rastreabilidade, permitindo, dessa forma, o acompanhamento, em qualquer tempo, das degradações e dos impactos projetados.

O monitoramento é, portanto, intimamente ligado aos elementos da atividade e de seu desenvolvimento. Esses elementos e as medidas de monitoração associadas são ilustrados na Figura 8.2.

>> PARA SABER MAIS

Para aprofundar seu conhecimento, recomenda-se a leitura dos livros *Avaliação de impacto ambiental*, de Sánchez (2008) e *Planejamento ambiental*: *teoria e prática*, de Santos (2007).

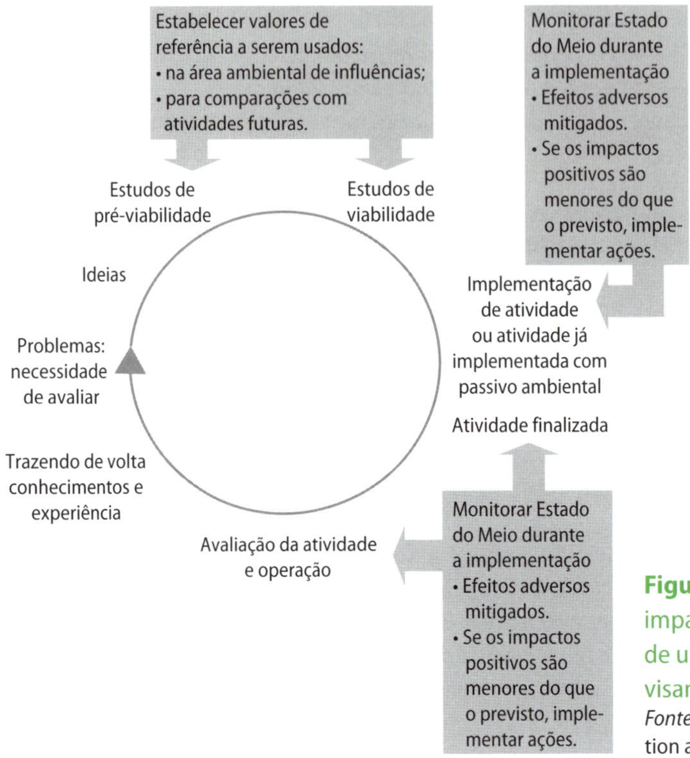

Figura 8.2 Monitoramento dos impactos ou degradação ambientais de um projeto ou de uma atividade, visando a avaliação ambiental.
Fonte: Organisation for Economic Co-operation and Development (1999).

Os indicadores não precisam ser necessariamente quantitativos, sendo que os qualitativos também podem ser selecionados para acompanhamento e facilidade de comunicação aos atores.

A seleção de indicadores também deve considerar o custo da amostragem. Se dois indicadores apontam a mesma coisa, é muito natural que o menos caro deva ser escolhido. No entanto, é importante considerar não só os custos de um indicador, mas também o benefício de ter a informação fornecida pelo mesmo.

Pode-se recorrer a listas existentes de indicadores e utilizá-las como se fossem listas de compras, selecionando aqueles indicadores na lista que são mais apropriados para a avaliação.

Aspectos como credibilidade, custo e eficácia dos indicadores determinam não só a qualidade do sistema de monitoramento, estado do ambiente, como também a sua sustentabilidade e as possibilidades de integrá-lo em relevantes processos de tomada de decisão.

É de extrema relevância que os resultados do monitoramento sejam confiáveis e que a equipe responsável pelo estudo tenha a capacidade adequada para desenvolver e analisar os indicadores, para que não ocorram distorções ou interpretações errôneas das informações.

Após os indicadores terem sido desenvolvidos e os dados coletados, ainda é necessário interpretar os resultados. O estabelecimento prévio de um valor de referência é essencial para a comparação dos resultados. Sem esse valor não é possível interpretar se os resultados indicam uma melhora ou uma deterioração da qualidade ambiental.

Para simplificar e minimizar o risco de erros na interpretação dos indicadores, deve-se considerar que:

- O plano de atividades para o projeto ou as atividades deve ser claramente definido. Quanto mais específica a atividade, mais fácil a detecção do impacto ou a degradação com esta, bem como a sua mitigação.

- A proposta do projeto deve, na medida do possível, identificar claramente os impactos ambientais do projeto. Descrições vagas ou demasiado amplas, tais como "prejuízo na biodiversidade" são de pouca utilidade na seleção de indicadores.

- A alternativa zero, que é o cenário no qual se deve considerar o meio sem as atividades projetadas ou já em andamento, deve ser pensada e desenvolvida com muito cuidado. Sem uma alternativa zero, a interpretação dos indicadores fica muito difícil, devido à falta de um importante componente de comparação.

» JUNTANDO TUDO!

1) Efetue uma análise crítica do EIA/RIMA consultado no site do IBAMA, destacando no documento os conceitos abordados ao longo do capítulo.

2) Pesquise, conceitue e diferencie a avaliação de impacto ambiental e a avaliação ambiental estratégica.

REFERÊNCIAS

ABSY, M. L. (Coord.). *Avaliação de impacto ambiental*: agentes sociais, procedimentos e ferramentas. Brasília: Instituto Brasileiro do Meio Ambiente e dos Recursos Naturais Renováveis, 1995. Disponível em: <http://www.hidro.ufcg.edu.br/twiki/pub/Disciplinas/SistemasAmb/AIA.pdf>. Acesso em: 07 nov. 2012.

BASTOS, A. C. S.; ALMEIDA, J. R. Licenciamento ambiental brasileiro no contexto da avaliação de impactos ambientais. In: CUNHA, S. B.; GUERRA, A. J. T. *Avaliação e perícia ambiental.* 8. ed. Rio de Janeiro: Bertrand Brasil, 2007.

BRAGA, B. et al. *Introdução à engenharia ambiental.* 2. ed. São Paulo: Pearson Prentice Hall, 2005.

BRASIL. Conselho Nacional do Meio Ambiente. Resolução nº 1, de 23 de janeiro de 1986. *Diário Oficial da União,* 17 fev. 1986a. Seção 1, n. 31, p. 2.548.

BRASIL. Conselho Nacional do Meio Ambiente. Resolução nº 11, de 18 de março de 1986. *Diário Oficial da União*, 2 maio 1986b. Seção 1, p. 6346.

BRASIL. Conselho Nacional do Meio Ambiente. Resolução nº 6, de 16 de setembro de 1987. *Diário Oficial da União*, 22 out. 1987. Seção 1, p. 17500.

BRASIL. Conselho Nacional do Meio Ambiente. Resolução nº 9, de 6 de dezembro de 1990. *Diário Oficial da União*, 28 dez. 1990a. Seção 1, p. 25539.

BRASIL. Conselho Nacional do Meio Ambiente. Resolução nº 10, de 6 de dezembro de 1990. *Diário Oficial da União*, 28 dez. 1990b. Seção 1, p. 25540.

BRASIL. Conselho Nacional do Meio Ambiente. Resolução nº 237, de 19 de dezembro de 1997. *Diário Oficial da União*, 22 dez. 1997. Seção 1, n. 247, p. 30841.

BRASIL. Constituição da República Federativa do Brasil (1988). *Diário Oficial da União*, 5 out. 1988. Seção 1, n. 191-A, p. 1.

BRASIL. Decreto n° 99.274, de 6 de junho de 1990. *Diário Oficial da União*, 7 jun. 1990c. Seção 1, n. 109, p. 10887.

BRASIL. Lei nº 6.938, de 31 de agosto de 1981. *Diário Oficial da União*, 2 set. 1981. Seção 1, p. 16509.

CARSON, R. *Primavera silenciosa*. São Paulo: Melhoramentos, 1962.

KAPUSTA, S. C.; RAYA-RODRIGUES, M. T. M. *Análise de impacto ambiental*. Porto Alegre: Instituto Federal de Educação, Ciência e Tecnologia do Rio Grande do Sul, 2009. v. 1.

LIMA, A. L. *Impactos ambientais associados à usina hidrelétrica de Três Irmãos*: o fenômeno de ação e reação. 2003. 115 f. Dissertação (Mestrado Engenharia Civil) – Universidade Estadual de Campinas, Campinas, 2003.

OLIVEIRA, F. C.; MOURA, H. J. T. Uso das metodologias de avaliação de impacto ambiental em estudos realizados no Ceará. *PRETEXTO*, v. 10, n. 4, p. 79-98. 2009. Disponível em: <http://www.fumec.br/revistas/index.php/pretexto/article/view/498/493>. Acesso em: 21 mar. 2013.

ORGANISATION FOR ECONOMIC CO-OPERATION AND DEVELOPMENT. *Indicators for the integration of environmental concerns into transport policies*. Paris: OECD, 1999.

ROCHA, E. C.; CANTO, J. L.; PEREIRA, P. C. Avaliação de impactos ambientais nos países do Mercosul. *Ambienbiente & Sociedade*, v. 8, n. 2, p. 147-160, 2005. Disponível em: <http://www.scielo.br/pdf/asoc/v8n2/28609.pdf>. Acesso em: 05 mar. 2012.

SÁNCHEZ, L. E. *Avaliação de impacto ambiental*. São Paulo: Oficina de textos, 2008.

SANTOS, R. F. *Planejamento ambiental:* teoria e prática. São Paulo: Oficina de Textos, 2007.

TOMMASI, L. R. *Estudo de impacto ambiental*. São Paulo: CETESB; Terragraph Artes e Informática, 1994.

Marilia Assunta Sfredo
Mônica L. Fiorese

capítulo 9

Tecnologias para o desenvolvimento sustentável

O consumismo excessivo que sustenta o capitalismo, a poluição do planeta, a perda da biodiversidade, a fome, o uso indiscriminado dos recursos naturais não renováveis aliados ao crescimento da população preocupa grande parcela da sociedade. Também são temas recorrentes em discussões políticas, econômicas e sociais que procuram identificar estratégias que possam reduzir a degradação do planeta, mas que na prática nem sempre se concretizam. Diante disso, questiona-se o que efetivamente tem sido feito para reverter a atual situação de insustentabilidade energética, ambiental, social e econômica.

Neste capítulo, apresentamos diferentes conceitos relacionados ao desenvolvimento sustentável, considerando as ações e as novas tecnologias desenvolvidas e que englobam seus princípios, que devem ser conhecidos por profissionais que trabalham ou trabalharão na área ambiental.

OBJETIVOS

Após o estudo deste capítulo, você deverá ser capaz de:

» Definir o que é sustentabilidade e como ela pode ser medida.

» Identificar os principais requisitos para o desenvolvimento sustentável.

» Reconhecer as principais tecnologias sustentáveis desenvolvidas a partir de recursos renováveis.

» Classificar as aplicações para os bioprodutos originados a partir de tecnologias sustentáveis

Por que a palavra sustentabilidade entrou em nosso vocabulário?

» **ASSISTA AO FILME**
Para entender como tudo começou assista ao vídeo produzido pela Post Carbone Institute, disponível no ambiente virtual de aprendizagem: www.bookman.com.br/tekne

Apesar de termos a sensação de que sustentabilidade é a novidade do momento, ela não é uma palavra recente. Já há algum tempo, mais precisamente no início da década de 1970, citou-se o termo sustentável pela primeira vez, referindo-se à preocupação com a preservação do meio ambiente.

Contudo, o argumento de atender às necessidades das gerações atuais sem comprometer as gerações futuras foi oficializado somente em 1987, pela The Brundtland Comission, no chamado Relatório Brundtland, referindo-se ao desenvolvimento sustentável. No campo da economia, é imprescindível lembrar que a alta nos preços do petróleo, também na década de 1970, estimulou a preocupação relacionada à sustentabilidade, já que afetava diretamente o modelo capitalista de desenvolvimento.

» **DICA**
Para saber mais sobre esse assunto, leia o Capítulo 7, *Economia e meio ambiente* (FARIAS, 2013), do livro *Ambiente: conhecimentos e práticas*, organizado por Cibele Schwanke.

Outro importante fator foi a constatação do aumento da população mundial, o que causa maior demanda por recursos naturais para garantir a sobrevivência de todos. Essa constatação partiu da teoria de Malthus, publicada pela primeira vez em 1798, intitulada *Um ensaio sobre o princípio das populações*.

Assim os diferentes conceitos de sustentabilidade foram elaborados pensando no consumo excessivo dos recursos naturais, com a finalidade de gerar energia para os processos industriais.

Além disso, a poluição, as alterações climáticas, a emissão de gases tóxicos, as catástrofes naturais, a deterioração da camada de ozônio, o desmatamento, o empobrecimento de ecossistemas com a introdução de monoculturas, o uso intensivo de agrotóxicos, a caça predatória, a extinção de espécies, o despejo de efluentes industriais na natureza, a exaustão das fontes não renováveis de energia, o extermínio de povos indígenas, o uso de armas nucleares, a desnutrição e fome em todos os povos, a escassez de água potável, entre outros fenômenos, preocupam os cientistas e a sociedade como um todo há vários anos, fazendo da sustentabilidade um tema tão atual e necessário.

Mas afinal, o que é sustentabilidade?

São inúmeros os conceitos de diversos autores, que tentam defini-la de acordo com suas convicções, ideologias e interesses, considerando também o momento histórico em que vivem. Por isso, não existe um conceito único, que seja universal.

Para Sachs (1993), a sustentabilidade apresenta cinco diferentes dimensões: a **sustentabilidade social** (preconiza a redução das diferenças sociais); a **sustentabilidade econômica** (alocação e gestão mais eficientes dos recursos); a **sustentabilidade ecológica** (uso dos recursos inerentes aos mais variados ecossistemas com sua mínima deterioração); a **sustentabilidade espacial/geográfica** (busca uma relação mais equilibrada entre as cidades e o campo); e a **sustentabilidade cultural** (ecodesenvolvimento que respeite as particularidades de cada ecossistema, de cada cultura e de cada local).

Já para Gadotti (2008) a sustentabilidade pode ser desdobrada em dois eixos: o primeiro relativo à natureza e o segundo, à sociedade:

- **Sustentabilidade ecológica, ambiental e demográfica**: refere-se à base física do processo de desenvolvimento e à capacidade da natureza de suportar a ação humana, com vistas a sua reprodução e aos limites das taxas de crescimento populacional.
- **Sustentabilidade cultural, social e política**: refere-se à manutenção da diversidade e das identidades, diretamente relacionada com a qualidade de vida das pessoas, o processo de construção da cidadania e a participação das pessoas no processo de desenvolvimento.

» DEFINIÇÃO

O termo sustentável (do latim *sustentabile*) significa o que se pode sustentar, capaz de se manter mais ou menos constante ou estável, por longo período. Já o verbo sustentar (do latim *sustentare*) significa segurar por baixo, suportar; conservar, manter, fornecer ou garantir o necessário para a sobrevivência, impedir a ruína ou queda, amparar, proteger, favorecer, auxiliar (FERREIRA, 2009).

Agora é a sua vez!

A separação correta do lixo é um ponto alto da sustentabilidade. Observe por alguns dias as lixeiras de sua casa. Que tipo de lixo você mais produz? Você separa corretamente o lixo orgânico do lixo seco? Provavelmente você constatará que a maior parte de seu lixo são as embalagens de alimentos e de outros produtos industrializados. A maioria delas é feita de plásticos ou contém esse material em sua composição, que por sua vez é proveniente do petróleo, um recurso natural não renovável. Como podemos reduzir a quantidade de lixo que produzimos diariamente?

Segundo Nascimento (2012), o conceito de sustentabilidade tem duas origens. A primeira, ecológica, refere-se à capacidade de recuperação e reprodução dos ecossistemas (resiliência) face às agressões antrópicas (uso abusivo dos recursos naturais, desflorestamento, fogo) ou naturais (terremoto, *tsunami*, fogo, inundações). A segunda origem, na economia, como adjetivo do desenvolvimento, decorre da percepção crescente, ao longo do século XX, de que o padrão de produção e consumo no mundo não tem a possibilidade de continuar. Assim, a noção de sustentabilidade emerge da constatação de que os recursos naturais são finitos e que diminuem de forma gradativa e perigosa.

De uma forma geral, a sustentabilidade pode ser resumida em três palavras: respeito, responsabilidade e comprometimento com qualquer ser vivo ou matéria existente em nosso planeta ou universo. Ao respeitar diferenças surge a responsabilidade pelos nossos atos (poluir, destruir, desmatar, consumir demais) e o comprometimento com a continuidade da vida na Terra.

» PARA REFLETIR

Pense no seu consumo: quanto tempo duram os principais produtos não perecíveis que compramos (pen drive, iPod, iPhone, celulares, máquinas fotográficas, televisão, liquidificador, computador, móveis em geral, roupas, carro, bicicleta...)? Há algumas décadas alguns produtos poderiam nem existir, mas os que já estavam à venda tinham uma durabilidade muito maior, ou seja, era preciso comprar menos vezes aquele produto para tê-lo por um mesmo período. A geladeira de nossa avó demorou muito mais tempo para ser trocada por outra mais econômica e mais eficiente do que a da nossa mãe e do que a nossa própria geladeira. Será, principalmente, porque novos modelos são lançados todos os dias, aguçando nosso desejo de consumo?

WWW

» NO SITE

Para saber mais sobre sustentabilidade, acesse o ambiente virtual de aprendizagem e veja as ações realizadas pela coordenação de sustentabilidade da Rio+20.

Embora consumir faça parte das necessidades humanas, muitas vezes, o consumo e a riqueza estão relacionados, pois consumir pode significar *status*. Nesse contexto, há a necessidade urgente de estratégias para conservação do ambiente, visando um consumo sem destruição, implicando diretamente na mudança da cultura e dos hábitos das pessoas, como consumidores conscientes. Para nos caracterizarmos como consumidores-cidadãos é necessário sermos ativos, responsáveis e conscientes de que nossas opções influenciam a sociedade.

O preço do consumo excessivo é muito elevado para o planeta. A energia gasta e os materiais necessários para a produção dos bens de consumo provêm, em sua maioria, de recursos naturais não renováveis, principalmente do petróleo e das reservas de minerais como, por exemplo, o ferro (para a produção do aço); o aço inox (cujo processo de fabricação é altamente poluente e caro); o alumínio; o cobre; entre outros.

Além disso, a maioria dos processos produtivos causam impactos ambientais negativos, principalmente no que diz respeito à poluição, seja ela do solo, das águas, do ar ou sonora. Evitar esses impactos é possível, mas dificilmente de forma integral. Mesmo com a legislação ambiental vigente, sempre ocorrem casos de desastres ambientais provocados por indústrias ou outro tipo de empresa de manufatura, que pagam as multas, mas nem sempre corrigem seus processos.

Lamentavelmente, para alguns setores, preservar o meio ambiente representa somente um custo, sem retorno financeiro e, por isso, continuam negligenciando a questão ambiental, mesmo com toda tecnologia disponível. Esses são alguns desafios que precisamos vencer para promover a sustentabilidade do planeta e nos aproximarmos do desenvolvimento sustentável.

O que é desenvolvimento sustentável?

Para melhor entender e definir a expressão *desenvolvimento sustentável*, tão enraizada em nosso vocabulário, é importante diferenciar crescimento e desenvolvimento.

Segundo Cavalcanti (2012), o desenvolvimento indica mudança, evolução e progresso; o crescimento é entendido como aumento ou expansão, sendo medido quantitativamente. Já o desenvolvimento, medido qualitativamente, significa mais do que o simples crescimento da economia ou a acumulação de capital, pois, além de representar o incremento da capacidade produtiva, implica também a irradiação do progresso e dos benefícios dele para grande parte de nossa sociedade.

De uma forma geral, as definições para desenvolvimento sustentável permanecem semelhantes a da Comissão Mundial sobre Meio Ambiente e Desenvolvimento (Comissão Brundtland) que definiu, em 1987, o desenvolvimento sustentável como "o desenvolvimento que atenda as necessidades do presente sem comprometer a capacidade das gerações futuras satisfazerem suas próprias necessidades". Dessa forma, o desenvolvimento sustentável enfatiza a evolução da sociedade a partir do ponto de vista econômico responsável, de acordo com os processos naturais e ambientais.

Além compreender seu conceito, é importante conhecermos também a evolução histórica que deu origem ao desenvolvimento sustentável. O Quadro 9.1 apresenta uma lista dos principais eventos internacionais que aconteceram ao longo das últimas cinco décadas e que preconizaram a questão do desenvolvimento sustentável em seus temas.

Quadro 9.1 » Encontros e convenções mundiais com temas relacionados ao desenvolvimento sustentável e suas proposições

Ano	Evento	Local	Proposições
1969[1]	Clube de Roma	Roma/ Itália	Propôs o congelamento do crescimento da população e do capital industrial como alternativa à manutenção da vida no planeta.
1972[2]	Conferência das Nações Unidas sobre o Meio Ambiente	Estocolmo/ Suécia	Identificou problemas ambientais globais urgentes, destacando a questão populacional e o uso racional dos recursos naturais.
1974[2]	Conferência das Nações Unidas sobre Comércio – Desenvolvimento	Cocoyoc/ México	Propôs que os países industrializados diminuíssem seu consumo e sua participação na apropriação da natureza.
1987[2]	Comissão Mundial sobre o Meio Ambiente e Desenvolvimento	–	Propôs o Relatório Brundtland, conhecido como *Nosso futuro comum*. Trouxe o conceito de desenvolvimento sustentável para o discurso público. Inseriu questões éticas e enfatizou a responsabilidade da sociedade atual em relação às gerações futuras.
1991[2]	União Internacional para a Conservação da Natureza, World Wide Fund for Nature (WWF) e o Programa das Nações Unidas para o Meio Ambiente	–	Publicaram o documento *Cuidando do planeta Terra*, enfatizando que qualquer desenvolvimento e manutenção da vida no planeta só é possível se fundamentado nas pessoas e na conservação da natureza.
1992[2]	Conferência das Nações Unidas sobre o Meio Ambiente e o Desenvolvimento, conhecida como Rio-92 ou Cúpula da Terra	Rio de Janeiro/ Brasil	Gerou vários documentos, sendo o principal a Agenda 21, que trouxe avanços nas questões relacionadas aos processos democráticos de participação populacional. Contudo, não determinou compromissos éticos e políticos para que se cumprisse o tratado. Isso evidenciou o pouco comprometimento dos países desenvolvidos com as proposições da Rio-92.
1994[2]	Conferência sobre Desenvolvimento Sustentável dos Pequenos Estados Insulares em Desenvolvimento	Bridgetown/ Barbados	Adotou um programa de ação que estabelece políticas, ações e medidas em todos os níveis para promover o desenvolvimento sustentável para estes estados.

(continua)

Quadro 9.1 » Encontros e convenções mundiais com temas relacionados ao desenvolvimento sustentável e suas proposições (*Continuação*)

Ano	Evento	Local	Proposições
1995[3]	Cúpula Mundial para o Desenvolvimento Social	Copenhague/ Dinamarca	Reconheceu que a pessoa humana tem muitas dimensões e aspirações, e que as necessidades espirituais são tão fundamentais à natureza humana quanto o desejo de uma vida mais confortável. Além das noções de sustentabilidade, foi listada uma série de limites que dão forma ao crescimento e ao bem-estar material.
1996[2]	Conferência das Nações Unidas sobre os Assentamentos Humanos	Istambul/ Turquia	Tratou especificamente das necessidades de habitação das populações.
1996[4]	Cúpula Mundial da Alimentação	Roma/ Itália	Tratou apenas das necessidades nutricionais básicas dos povos.
1997[2]	Conferência das Nações Unidas sobre o Meio Ambiente e o Desenvolvimento, conhecida como Cúpula da Terra ou Rio+5	Kioto/ Japão	Avaliou a aplicação das propostas da Rio-92 e verificou que a implementação da Agenda 21 era bastante deficiente na maioria dos países.
1999[2]	Segunda Conferência da ONU sobre Assentamentos Humanos	Istambul/ Turquia	Tratou especificamente das necessidades de habitação das populações.
1999[2]	Sessão Especial da Assembleia Geral sobre Pequenos Estados Insulares em Desenvolvimento	Nova York/ Estados Unidos	Avaliou o estado do progresso e as iniciativas para a futura implementação do Programa de Ação para o Desenvolvimento Sustentável de Pequenos Estados Insulares em Desenvolvimento.
2000[2]	Cúpula do Milênio	Nova York/ Estados Unidos	Definiu os *Objetivos de desenvolvimento do milênio*, cujo sétimo objetivo procura garantir a sustentabilidade ambiental.
2002[2]	Cúpula Mundial sobre Desenvolvimento Sustentável (Rio+10)	Joanesburgo/ África do Sul	Definiu propostas concretas, com prazos e formas definidas, para que a maioria dos países se comprometesse em reduzir a perda da biodiversidade e a destruição da natureza.

(continua)

Quadro 9.1 » Encontros e convenções mundiais com temas relacionados ao desenvolvimento sustentável e suas proposições (*Continuação*)

Ano	Evento	Local	Proposições
2007[2]	Cúpula Mundial sobre Desenvolvimento Sustentável (Rio+15)	Rio de Janeiro/ Brasil	Rediscutiu as ações que foram concretizadas e as não concretizadas da Agenda 21, priorizando as discussões na redução de gases do efeito estufa e combate ao aquecimento global.
2012[2]	Cúpula Mundial sobre Desenvolvimento Sustentável ou Rio+20	Rio de Janeiro/ Brasil	Gerou o relatório *O futuro que nós queremos*, que enfatiza o compromisso político para o desenvolvimento sustentável; reconheceu a pobreza como o maior desafio para o bem-estar econômico, social e ambiental; enfatizou a importância da igualdade de gênero; identificou a necessidade de parcerias com a sociedade civil e de apoiar ações internacionais para o desenvolvimento sustentável; discutiu a criação de programas sobre consumo e produção sustentáveis; reconheceu a importância de considerar o Produto Interno Bruto (PIB) para medir o progresso e, por fim, enfatizou a importância da segurança alimentar e nutricional e do direito à alimentação para todos, utilizando agricultura e sistemas alimentares sustentáveis.

[1] Portal PUC-RIO Digital (2012);
[2] Onubr Nações Unidas no Brasil (2012);
[3] Alves (1997);
[4] Alencar (2001).

Mesmo havendo muitos eventos relacionados ao desenvolvimento sustentável nas últimas décadas, estes não provocaram grandes mudanças no planeta. Há muito planejamento, discussão e proposições, mas a efetividade das ações é questionável, pois, lamentavelmente, nem todas as nações conseguem cumprir todos os acordos firmados nesses encontros.

Além disso, percebemos que as discussões giram sempre sobre os mesmos temas, e que as dificuldades inerentes às decisões de deixar de produzir ou deixar de consumir em excesso em prol de uma consciência de conservação ambiental, passando a produzir e consumir de forma sustentável, assombram os países acostumados, por muito tempo, ao atendimento somente dos aspectos socioeconômicos em vez da proteção ambiental.

>> PARA REFLETIR

Observando novamente o Quadro 9.1, veremos que na década de 1980 houve apenas um evento importante, coincidindo com o período em que os preços do petróleo foram reduzidos. Será apenas mera coincidência?

Além do termo desenvolvimento sustentável, é importante conhecermos outros conceitos atrelados a ele e que, enquanto ações práticas, contribuem para que o desenvolvimento da humanidade seja realmente um pouco mais sustentável. Um exemplo é a **produção sustentável**, que significa a criação de bens de consumo por meio de processos e sistemas que não poluem, que conservam a energia e os recursos naturais de forma economicamente viável, segura e saudável para colaboradores, comunidade e consumidores. O termo abrange a prevenção da poluição, a tecnologia ambiental e a engenharia ambiental. Outro exemplo é o **consumo sustentável**, que busca encontrar soluções viáveis para os desequilíbrios sociais e ambientais por meio de comportamentos mais responsáveis. Em especial, o consumo sustentável está relacionado à produção e distribuição, ao uso e à venda dos produtos e à serviços, proporcionando os meios para repensar os ciclos de vida pessoais. O objetivo é assegurar que as necessidades básicas de toda a comunidade global sejam satisfeitas, que o consumo em excesso de materiais e energia seja reduzido e o dano ambiental seja evitado ou diminuído (GLAVIČ; LUKMAN, 2007).

Cavalcanti (2012) comparou o estilo de vida dos indígenas brasileiros com o dos consumidores norte-americanos, em 1995, a fim de obter uma escala para a sustentabilidade, onde a máxima sustentabilidade seria o estilo de vida frugal dos índios brasileiros e a sustentabilidade zero seria o esbanjamento do modelo dos Estados Unidos, das elites, dos super-ricos. Essa comparação surgiu como uma forma de ordenar sociedades quanto ao grau de sustentabilidade de cidades através da Pegada Ecológica. Saiba mais acessando o site www.wwf.org.br e confira a Pegada Ecológica de cidades como Campo Grande e São Paulo. Para Cavalcanti,

>> PARA REFLETIR

Atualmente, os regulamentos, as políticas, os subsídios e os incentivos, a infraestrutura legal, o mercado internacional e os protocolos de ajuda são fortemente ponderados na direção da economia castanha (*brown economy*), que depende excessivamente da energia dos combustíveis fósseis. Um exemplo são os subsídios no preço e na produção de combustíveis fósseis, que excederam coletivamente o valor de 650 bilhões de dólares no ano de 2008. Esse alto nível de subsídios pode afetar negativamente a transição para a utilização das energias renováveis (UNITED NATIONS ENVIRONMENT PROGRAMME, 2011). Reflita sobre quem mais ganha com essa política?

o desenvolvimento sustentável (responsável) é concebido como um processo socioeconômico em que:

- Uso de matéria e energia é reduzido.
- Impactos (lançamento de dejetos) ambientais são minimizados.
- Bem-estar ou a utilidade social são maximizados, sem ameaça de retrocessos.
- Atinge-se uma situação de eficiência máxima no uso dos recursos, de modo semelhante ao modelo de funcionamento da natureza.

» **DEFINIÇÃO**
Em publicação da United Nations Environment Programme (2011), ficou definido economia verde como aquela que resulta em melhoria do bem-estar humano e equidade social, ao mesmo tempo em que reduz significativamente os riscos ambientais e a escassez ecológica.

Segundo Vilani e Machado (2010), se interpretarmos o texto normativo constitucional, constataremos que o modelo para o desenvolvimento nacional brasileiro é aquele definido para o desenvolvimento sustentável, já que pela Constituição Federal (BRASIL, 1988) o desenvolvimento do Brasil está fundado sobre os seguintes pilares:

- Desenvolvimento nacional (artigo 3º, inciso II).
- Redução das desigualdades regionais e sociais (artigo 3º, inciso III).
- Ordem econômica com a finalidade de assegurar a todos existência digna em consonância com a preservação ambiental (artigo 170, *caput*, inciso VI).
- Meio ambiente ecologicamente equilibrado (artigo 225, *caput*).
- Responsabilidade intergeracional (artigo 255, *caput*).

A interpretação conceitual de cada pilar nos remete à ideia de que estes se confundem com as premissas encontradas em cada conceito de desenvolvimento sustentável, pois contemplam suas três dimensões: econômica, social e ambiental. Assim, só podemos desejar o que é o mais óbvio e sensato: que se cumpra a Constituição da República Federativa do Brasil, de 1988.

Outro conceito muito atual e, portanto, mais recente que o desenvolvimento sustentável, é o de **economia verde**. Em uma economia verde, o crescimento da renda e do emprego deve ser conduzido por investimentos públicos e privados que proporcionem a redução das emissões do carbono e da poluição, o aumento da eficiência no uso da energia e dos recursos naturais e evitem a perda da biodiversidade (UNITED NATIONS ENVIRONMENT PROGRAMME, 2011).

Para a Organização das Nações Unidas (ONU), a economia verde é um conceito-chave que incorpora a promessa de um novo paradigma de desenvolvimento, cuja aplicação tem o potencial para assegurar a preservação dos ecossistemas juntamente com a criação de novas vias de crescimento econômico, contribuindo para a redução da pobreza (DEPARTMENT OF ECONOMIC AND SOCIAL AFFAIRS, 2011). Essas definições são úteis e necessárias para nortear as ações, no sentido de diminuir os danos ao meio ambiente e promover a equidade social.

Contudo, podemos considerar que essas situações seriam algo idealizado, bastante difíceis de serem alcançadas em curto prazo e para a totalidade da população, em vista dos grandes estragos já causados pela exploração indiscriminada dos recursos naturais e do grande abismo social e econômico já estabelecido pelo modelo capitalista entre os diferentes povos e culturas do mundo.

» IMPORTANTE

De acordo com a Organização Mundial da Saúde (OMS), dois milhões de pessoas morrem anualmente vítimas da poluição do ar. Estima-se ainda que mais de dois milhões de toneladas de lixo são jogadas diariamente em rios e lagos do planeta, e que 12 mil km^3 de água estejam poluídos em todo o mundo. Se as taxas de poluição se mantiverem, o número pode chegar a 18 mil km^3 de águas poluídas em 2050 (TORRES, 2012).

» Como medir o nível de sustentabilidade?

Como é possível medir o nível de sustentabilidade considerando os fatores economia, ambiente e sociedade? Pelas considerações de Veiga (2010), é preciso utilizar necessariamente três indicadores para avaliar, mensurar e monitorar a sustentabilidade, pois é, estatisticamente, impensável fundir em um mesmo índice apenas duas de suas três dimensões (econômica, social e ambiental). Podemos expressar a resiliência dos ecossistemas por indicadores não monetários relativos às emissões de carbono, à biodiversidade e à segurança hídrica, por exemplo. Mas o grau de tal resiliência ecossistêmica não dirá muito sobre a sustentabilidade se não puder ser comparado a outros dois: o desempenho econômico (medido pela renda familiar disponível, por exemplo) e a qualidade de vida ou bem-estar (medida que incorpora as evidências científicas desse novo ramo que é a economia da felicidade).

Podemos considerar as afirmações de Veiga um desafio aos estudiosos de indicadores de sustentabilidade, diante da importância e complexidade de conceitos e parâmetros que envolvem o tema.

Contudo, o mundo necessita urgentemente de medidas mais precisas e abrangentes para a sustentabilidade dos processos produtivos industriais, do consumo de recursos naturais, da produção de energia, do gasto dessa energia no setor de serviços, nas atividades domésticas, urbanas, rurais, das escolas, dos hospitais, enfim, em todas as ações humanas. Mas, além de medir, é preciso também propor encaminhamentos que promovam efetivamente a sustentabilidade e que tornem mais sustentáveis aquelas atividades que ainda não o são.

Vários métodos têm sido utilizados com o objetivo de fornecer indicadores para a avaliação de sustentabilidade, como por exemplo: síntese energética, pegada ecológica, contabilidade de fluxo de material, análise de energia incorporada, análise de exergia e produto interno bruto (PIB) modificado. Na verdade, não existe um indicador único capaz de realizar essa tarefa, já que os índices e os sistemas de classificação são subjetivos, apesar da relativa objetividade dos métodos utilizados na avaliação da sustentabilidade. Podem-se utilizar diferentes métodos com diferentes indicadores para avaliar a sustentabilidade de uma maneira mais apropriada, em que cada metodologia é utilizada de acordo com suas regras específicas (PEREIRA; ORTEGA, 2012).

Tecnologias sustentáveis e suas aplicações

As tecnologias sustentáveis são descritas como

> [...] metodologias, técnicas, sistemas, equipamentos ou processos economicamente viáveis, passíveis de serem produzidos e aplicados de forma a minimizar os impactos negativos e a promover impactos positivos no meio ambiente, na qualidade de vida das pessoas e no desenvolvimento socioambientalmente sustentável. (FEDERAÇÃO DAS INDÚSTRIAS DO ESTADO DE SÃO PAULO, 2009).

Por isso, torna-se cada vez mais importante o desenvolvimento de tecnologias sustentáveis que possibilitem a produção de bens de consumo a partir de recursos renováveis como, por exemplo, a biomassa. Os crescentes problemas ambientais e a maior percepção deles pela sociedade têm suscitado uma série de inovações tecnológicas no Brasil, envolvendo tecnologias de produção mais sustentáveis.

Há uma expectativa muito grande em relação ao papel da tecnologia, principalmente das tecnologias "verdes" triplamente ganhadoras: ambientalmente amigáveis, socialmente adequadas e economicamente eficientes. Em relatório do Department of Economic and Social Affairs (DESA), ligado à ONU e cujo nome denota precisamente essa expectativa, são indicadas as políticas necessárias para estimular a mudança tecnológica, em especial para que os países emergentes possam saltar direto para as novas tecnologias triplamente ganhadoras (ROMEIRO, 2012).

Entre as várias tecnologias nos diferentes setores de suas aplicações, as que dizem respeito à utilização integral de resíduos gerados em processos industriais estão ganhando destaque, uma vez que evitam impactos causados ao meio ambiente ao se utilizar os resíduos e as emissões como insumos para outros produtos de elevada importância econômica e social. As aplicações da biotransformação de resíduos e subprodutos (sólidos e líquidos) trouxeram como consequências a melhoria do saneamento, o estabelecimento de indústrias secundárias e a melhoria de estrutura de preços (SANTOS et al., 2006).

É inegável que existe uma grande mobilização da comunidade científica, com apoio governamental e também incentivos de entidades privadas, para a pesquisa de novas tecnologias que não agridam o meio ambiente, seja no sentido de redução ou eliminação da poluição (do ar, da água, do solo), seja no aproveitamento dos resíduos que causam a poluição, ou até mesmo na produção de bens de consumo a partir de matérias-primas oriundas de vegetais, como, por exemplo, a biomassa.

As principais aplicações da tecnologia no sentido de contribuir para a sustentabilidade, descritas nesse capítulo são: a produção de proteína microbiana, a produção de plásticos biodegradáveis, a produção de energia a partir de fontes renováveis, a produção de biocombustíveis e a biodigestão anaeróbica. Essas aplicações são consideradas tecnologias sustentáveis que despontam como soluções para a preservação do meio ambiente.

Proteínas microbianas

As proteínas são componentes alimentares necessários para os mais diversos processos fisiológicos e bioquímicos dos organismos. Atuam como fonte de aminoácidos e de energia e são ingeridas com os alimentos. O elevado custo das fontes proteicas tradicionais – como carne, leite e ovos – tem incentivado o desenvolvimento de tecnologias alternativas para a produção de alimentos com alto valor proteico, de qualidade nutricional satisfatória e baixo custo (VENDRUSCOLO et al., 2007).

Essa tecnologia está diretamente relacionada à questão da segurança alimentar e nutricional e do direito à alimentação para todos, que foi um dos tópicos discutidos na Rio+20, realizada no mês de junho de 2012, e que consta no relatório *O futuro que nós queremos*, como um compromisso entre as nações.

WWW.

» NO SITE
Acesse o ambiente virtual de aprendizagem para obter maiores informações sobre a aplicação de proteína microbiana em substituição ao sódio em carnes. Verifique também os processos de produção a partir de resíduos da indústria de alimentos.

Em 1983, Litchfield definiu o termo *single cell protein* (SCP) como as células secas de microrganismos, cultivadas em grande escala e utilizadas como fonte de proteína na alimentação humana e na ração animal. O termo *single cell protein* (traduzido para o português: proteína unicelular ou proteína microbiana) foi instituído oficialmente em 1996 pelo Instituto de Tecnologia de Massachusetts para descrever a ideia de um microrganismo utilizado como alimento.

O uso de microrganismos como alimento ou como suplemento proteico desperta grande interesse, pois estes são capazes de crescer em diferentes tipos de subprodutos industriais, produzindo grandes quantidades de células, tornando-se um produto atrativo quanto à obtenção de fontes proteicas mais baratas, além de poder ser utilizado como ingrediente funcional, fornecendo aos alimentos características desejáveis, tais como sabor, formação de espuma, retenção de água e de gordura, textura, entre outras.

O valor nutricional e a utilidade da proteína microbiana estão baseados na sua composição, sendo que a Organização das Nações Unidas para Agricultura e Alimentação (FAO) indica aqueles considerados seguros e aceitos. O produto final, além de ser nutritivo, deve estar livre de qualquer substância tóxica.

A proteína microbiana extraída de leveduras íntegras gera o extrato de levedura que apresenta sabor equilibrado, do tipo caldo de carne, e pode ser uma alternativa de uso em substituição ao sódio, oferecendo maior benefício na busca de produtos com baixos teores de sódio.

É importante destacar que inúmeros substratos podem ser utilizados para o crescimento de microrganismos, fornecendo fontes de carbono e energia para a produção de proteína microbiana, sendo que as principais fontes de carbono já utilizadas para a produção de SCP são: soro de queijo, bagaço de maçã, de cana de açúcar, de mandioca, hidrolisado de sorgo, efluente de indústrias processadoras de abacaxi, tomate, soja, farelo de arroz, farelo de trigo, polpa de morango, beterraba, resíduo cítrico (proveniente do processamento de limão e laranja), resíduo da produção de *kimchi* (alimento a base de vegetais fermentados por bactérias lácteas, comum na Coreia), efluente da produção de glutamato, efluente de cervejaria, entre outros.

» IMPORTANTE

É importante destacar a existência de duas trajetórias de desenvolvimento que, em alguns casos, estão sobrepostas: a de plásticos biodegradáveis e a de plásticos produzidos com insumos renováveis. É importante fazer essa diferenciação porque nem todo plástico feito a partir de matéria-prima renovável é biodegradável, assim como nem todo plástico dito biodegradável vem de fonte renovável.

» Plásticos biodegradáveis

Segundo Pradella (2006), os plásticos biodegradáveis ou também chamados de biopolímeros são materiais poliméricos classificados estruturalmente como polissacarídeos, poliésteres ou poliamidas. A matéria-prima principal para sua manufatura é uma fonte de carbono renovável, geralmente um carboidrato derivado de plantios comerciais de larga escala como cana-de-açúcar, milho, batata, trigo, beterraba, óleo vegetal extraído de soja, girassol, palma ou outra planta oleaginosa ou resíduos industriais.

A produção de plásticos biodegradáveis a partir de matérias-primas provenientes de fontes renováveis e de baixo custo vem se destacando, uma vez que estudos realizados comprovam ser possível a substituição de plásticos petroquímicos por polímeros biodegradáveis, não só em embalagens descartáveis, mas também em bens cada vez mais duráveis, sendo uma realidade impulsionada pela preocupação com o meio ambiente e o uso excessivo de produtos fósseis.

A biodegradação é um processo realizado por bactérias, fungos ou enzimas, onde ocorre o desaparecimento completo de material, resultando em resíduos que não são nocivos ao corpo humano. Existe certo número de conceitos relacionados à biodegradação de polímeros que precisam ser distinguidos. Alguns polímeros naturais são intrinsecamente biodegradáveis e outros levam séculos para se biodegradar. Há ainda os polímeros sintéticos biodegradáveis, os polímeros que são formulados com catalisadores, aditivos ou cargas biodegradáveis e os polímeros bioabsorvíveis. Além disso, existem polímeros sintéticos que não sofrem biodegradação em uma escala de tempo mensurável. Portanto, nem todo biopolímero degrada facilmente (DE PAOLI, 2008).

» Energias renováveis

As energias renováveis são, na atualidade, um dos mais importantes assuntos para as discussões sobre o futuro da humanidade. Isso porque a própria energia elétrica é tão fundamental para a sociedade moderna que não se concebe mais nenhum trabalho ou lazer que não dependa dela. Indústrias, comércio, serviços, meios de comunicação, de transporte e até o acesso à água dependem de equipamentos movidos à energia elétrica.

As energias renováveis são fontes inesgotáveis de energia obtidas da natureza. São todas aquelas formas de energia cuja taxa de utilização é inferior à taxa de renovação. São provenientes de fontes de origem terrestre (energia geotérmica), solar (energia de radiação solar), hidráulica (energia represada de rios, mares), térmica (energia proveniente da queima, como carvão, bagaço, lenha), eólica (energia cinética do ventos) e oceânica (energia das marés). Também são consideradas fontes de energia renovável, as energias provenientes de resíduos agrícolas, urbanos e industriais, que quando transformados dão origem aos biocombustíveis provenientes de biomassa.

» **DICA**
Confira o trabalho completo de Pradella sobre as classes de biopolímeros e sua produção no Brasil e no mundo.

À medida que recursos como o petróleo forem se tornando menos disponíveis e mais caros, o homem terá de optar cada vez mais pelos recursos energéticos alternativos e renováveis, como a água, o vento, as ondas do mar, a energia solar, ou seja, recursos inesgotáveis.

Energia solar

Os raios solares emitem energia que pode ser convertida em eletricidade ou em calor passível de uso para aquecimento de água ou para geração de energia elétrica. As duas formas de geração de energia pelos raios solares são: energia térmica e fotovoltaica. Sua utilização substitui os geradores a diesel em equipamentos de monitoramento de pequenas plataformas de produção de petróleo por exemplo.

As vantagens no uso desse tipo de energia são o baixo custo de manutenção dos equipamentos e o baixíssimo impacto ao meio ambiente. Como desvantagens, podemos citar o alto custo para aquisição dos equipamentos e o fato de a geração de energia acontecer somente quando há luz solar.

www.

» **NO SITE**
Acesse o documento completo dos autores José Goldemberg e Oswaldo Lucon, *Energias Renováveis um futuro sustentável* (2006-2007), no ambiente virtual de aprendizagem.

Energia eólica

A energia dos ventos pode ser convertida em eletricidade por meio de turbinas eólicas ou aerogeradores. A utilização da força dos ventos para gerar eletricidade é uma das fontes de energia de maior crescimento no mundo: a taxa média é de 27% nos últimos cinco anos.

O baixíssimo impacto ambiental e a geração de poucos resíduos são consideradas como vantagens, pois esse tipo de energia causa um dos menores impactos ambientais, por não utilizar água nem produzir gases poluentes. Como desvantagens, temos a estrutura para geração de energia eólica, que deve ser instalada em locais amplos e com boa incidência de ventos.

Energia hidráulica

É a energia elétrica de mais baixo custo. Tem origem na água que gira as turbinas das usinas hidrelétricas, gerando energia. A energia da água dos rios, das marés e das ondas pode ser convertida em energia elétrica.

WWW

» **NO SITE**
No ambiente virtual de aprendizagem, você encontra informações sobre energias renováveis. Esse conteúdo ilustra a origem dessas energias e seus sistemas de conversão em energia elétrica. Acesse e entenda melhor como elas funcionam e como estão sendo aplicadas no Brasil e no mundo.

Por não poluir a água e ter baixíssima emissão de gases do efeito estufa, é considerada vantajosa. No entanto, a construção de uma usina hidrelétrica gera alto impacto ambiental, alagando regiões e fazendo com que haja deslocamento da população local, o que dificulta o seu uso (AGÊNCIA NACIONAL DE ENERGIA ELÉTRICA, 2008).

Energia geotérmica

É obtida usando o calor existente no interior da Terra. Como pontos positivos temos a pouca produção de resíduos, a ausência de ruídos externos, a baixa emissão de gases do efeito estufa e área utilizada que ocupa um pequeno espaço. O elevado custo dos equipamentos e a restrição de locais de instalação são os principais pontos negativos.

Biomassa

Do ponto de vista energético, é a matéria orgânica passível de ser utilizada para a geração de energia. Ela abrange tanto os biocombustíveis (como etanol e biodiesel) como a bioenergia. A energia química, produzida pelas plantas na forma de hidratos de carbono pela fotossíntese (processo que utiliza a radiação solar como fonte energética) é distribuída e armazenada nos corpos dos seres vivos graças à grande cadeia alimentar, onde a base primária são os vegetais. Plantas, animais e seus derivados são biomassa.

Sua utilização como combustível pode ser feita das suas formas primárias ou derivados: madeira bruta, resíduos florestais, excrementos animais e urbanos (biogás), carvão vegetal, álcool (etanol, bioetanol), óleos animal ou vegetal (biodiesel), gaseificação de madeira, etc.

Existem também outros tipos, como a energia do hidrogênio a partir da eletrólise da água.

WWW

» **NO SITE**
No ambiente virtual de aprendizagem você assiste a uma animação que demonstra como seria uma cidade sustentável e como as energias renováveis são aplicadas.

Biocombustíveis

Os biocombustíveis são tipos de combustíveis derivados de biomassa renovável que podem substituir, parcial ou totalmente, combustíveis derivados de petróleo e gás natural em motores à combustão ou em outro tipo de geração de energia. Os biocombustíveis apresentam muitas vantagens ambientais. Entre elas estão uma diminuição das emissões de gás carbônico (CO_2) e menor geração de partículas poluentes.

Os biocombustíveis mais estudados e caracterizados são:

- **Bioálcoois**, mais comumente etanol, e menos propanol e butanol, são produzidos pela ação de microrganismos e enzimas, pela fermentação de açúcares, amidos ou de celulose.

- **Biodiesel** é o mais comum dos biocombustíveis na Europa. É produzido a partir da transesterificação de óleos ou gorduras. As matérias-primas para biodiesel incluem gordura animal, óleos vegetais, soja, colza, *Jatropha*, *mahua*, mostarda, linho, girassol, óleo de palma, cânhamo, *pennycress campo*, *pinnata* e algas.

- **Bioéteres** (éter dimetílico) são compostos eficazes em termos de custos que agem como potenciadores octanos. Eles também melhoram o desempenho do motor, apesar de uma redução significativa dele e redução de emissões de gases tóxicos de escape. Reduz também a quantidade de ozônio no nível do solo, contribuindo para a qualidade do ar que respiramos.

- **Biogás** produzido pelo processo de digestão anaeróbia de material orgânico por anaeróbios. Pode ser produzido a partir de resíduos biodegradáveis, quer materiais ou pelo uso de culturas energéticas alimentadas em digestores anaeróbios para completar o rendimento do gás. Os sólidos derivados podem ser utilizados como biocombustível ou adubo. Esse item será melhor discutido em produtos formados durante a biodigestão, apresentado a seguir.

- **Bio-ETBE** (bioéter etil-terc-butílico) é produzido a partir do bioetanol, sendo a percentagem em volume de bio-ETBE considerada biocombustível igual a 47%. Na França, é utilizado como aditivo oxigenado nas formulações de gasolina sem chumbo.

- **Bio-MTBE** (bioéter metil-terc-butílico) é um combustível produzido com base no biometanol, sendo a percentagem em volume de bio-MTBE considerada biocombustível de 36%.

www.

» **NO SITE**
Acesse o ambiente virtual de aprendizagem para assistir a vídeos sobre biocombustíveis, bioenergia, sua fabricação e processo.

» Biodigestão anaeróbia

A geração de resíduos sólidos é um dos problemas mais graves da sociedade contemporânea, reforçado pelo crescimento gradativo e desordenado da população, pela aceleração do processo de ocupação do território urbano e pelo crescimento acentuado dos bens de consumo popularizados pelo aumento da produção industrial.

Uma solução adequada para o tratamento de resíduos é a implantação de um sistema de gerenciamento integrado que combine diferentes métodos de coleta, reciclagem e tratamento das diferentes frações existentes de maneira ecológica e socialmente estável.

O processo de digestão anaeróbia é apontado como alternativa viável. Pode ser utilizado como opção no tratamento de resíduos sólidos e líquidos e na redução ao mínimo do poder poluente e de riscos sanitários dos dejetos produzindo biogás e biofertilizantes.

O tratamento anaeróbio é um processo biológico que ocorre na ausência de oxigênio molecular, onde diferentes microrganismos realizam suas atividades metabólicas na conversão de material orgânico complexo (carboidratos, proteínas e lipídios) em metano, dióxido de carbono e amônia, alguns ácidos orgânicos de baixo peso molecular e traços de outros gases.

WWW

» **NO SITE**
Leia mais sobre compostagem no ambiente virtual de aprendizagem.

O tratamento da fração orgânica putrescível, quando realizado em biodigestores, não causa problemas de maus odores e utiliza espaços físicos relativamente pequenos. Os inóculos (microrganismos mistos) provenientes de fontes naturais já estudados e que vem sendo amplamente utilizados são lodos de esgoto sanitário e alguns materiais de origem animal, como esterco bovino, suíno e de frango, ricos em microrganismos anaeróbios capazes de acelerar o tempo de bioestabilização (BARROS et al., 2009; VILLELA JUNIOR et al., 2007).

A bioestabilização se caracteriza pela redução da temperatura da matéria orgânica que, após ter atingido temperaturas de até 65 °C, estabiliza-se em temperatura ambiente. Essa fase dura cerca de 45 dias em sistemas de compostagem acelerada (aqueles que utilizam biodigestores) e 60 dias nos sistemas de compostagem natural (realizada ao ar livre).

Segundo Braber (1995) e Speece (1996), o uso de processos anaeróbios no tratamento de resíduos possui algumas vantagens sobre os processos aeróbios. São elas:

- aumenta a vida útil dos aterros sanitários;
- ausência da fração orgânica que resulta em odores desagradáveis e gera lixiviados de alta carga nos aterros;
- minimiza a emissão de gases relacionados ao efeito estufa;
- possibilita a coleta do biogás gerado em aterros e o índice de recuperação é de 30 a 40%;
- necessita de poucos requisitos nutricionais para o processo fermentativo;
- possui baixo ou nenhum gasto de energia;
- possibilita a aplicação de elevadas cargas orgânicas;
- não exige uma grande área para sua implementação;
- não proporciona evaporação de compostos orgânicos voláteis antes da biodegradação, não aumentando a poluição atmosférica.

A principal vantagem da tecnologia da digestão anaeróbia é, sobretudo, constituir-se em um sistema produtor de energia que contribui para a diminuição dos gases que causam o efeito estufa.

A falta de divulgação do conhecimento faz com que a digestão anaeróbia dos resíduos ainda não seja apontada como uma tecnologia viável. A fração orgânica no Brasil, quando recebe tratamento, é feita pelo uso da técnica de compostagem.

Contudo, a aplicação do processo de digestão anaeróbia nas últimas décadas tem se intensificado por meio do tratamento de resíduos sólidos orgânicos de diversas origens, como urbana, rural ou industrial. Isto se deve ao fato de apresentar balanço energético mais favorável do que os processos aeróbios convencionais.

A produção de metano é apenas uma das vantagens da biodigestão anaeróbia, a sua finalidade maior reside no fato de tratar adequadamente o efluente, possibilitando a redução da alta carga de demanda bioquímica de oxigênio, a produção de biofertilizante, a pequena formação de lodo, os baixos custos operacionais e de investimento, e, por fim, a possibilidade de sistemas descentralizados de tratamento.

WWW.

» NO SITE
Conheça os principais procedimentos de biodigestão acessando o ambiente virtual de aprendizagem.

O equipamento utilizado para o processo de biodigestão anaeróbia, conhecido como biodigestor, constitui-se de uma câmara fechada na qual é colocado o material orgânico, em solução aquosa. Esse material sofre decomposição e gera um gás que se acumulará na parte superior da referida câmara (BENINCASA; ORTOLANI; LUCAS JUNIOR, 1991).

O uso de processos anaeróbios no tratamento de efluentes industriais e urbanos pode ser ampliado se o produto final obtido no tratamento contiver um valor agregado que, comercialmente, estimule ou, pelo menos, minimize o investimento. Produtos já caracterizados com esse fim são os ácidos graxos voláteis, biogás, biofertilizantes e bio-hidrogênio, abordados a seguir.

Ácidos graxos voláteis

Uma solução de valor agregado obtida no processo de biodigestão anaeróbia, especificamente na fase ácida (acidogênica), é o acúmulo dos ácidos graxos voláteis (AGVs), onde baixos valores de pH estão geralmente relacionados a altas concentrações de AGVs, ácidos estes passíveis de recuperação por processos de destilação. A principal utilização dos AGVs gerados durante a fase acidogênica são como reagentes laboratoriais de pureza conhecida, como ácido acético, butírico, propiônico, hexanoico, valérico, lático, entre outros. Eles também possuem importância como substrato intermediário na formação de novos produtos como a produção de biopolímeros (polihidroxialcanoatos).

Biogás

O gás metano produzido pelo processo de biodigestão de resíduos pode ser usado como combustível para o aquecimento de ambientes substituindo o gás natural e o óleo combustível, pode também ser queimado em geradores de energia e produzir eletricidade, sendo que o excedente pode ser vendido para companhias de eletricidade ou usado em lampiões e aquecimento de fogões, como combustível para motores de combustão interna, em geladeiras, em chocadeiras, em secadores de grãos ou secadores diversos.

WWW.

» NO SITE
Saiba mais sobre o biogás acessando o ambiente virtual de aprendizagem.

Além dos potenciais usos já citados, o processo de produção de biogás ainda gera um lodo residual estável que pode ser utilizado como um fertilizante no solo. O crescente interesse pelo estudo e uso da tecnologia sustentável de produção de biogás por biodigestão tem como principal benefício a conversão da maior parte da carga poluente do efluente em uma fonte de energia limpa e sustentável.

Biofertilizantes

Além da produção de biogás, os resíduos da biodigestão podem ser usados como biofertilizantes, em geral, por apresentarem alto teor de nitrogênio, fosfato, potássio e demais nutrientes em consequência da perda de carbono, diminuindo a relação carbono nitrogênio da matéria orgânica e melhorando as condições do material como fertilizante natural. Segundo Arruda et al. (2002), o fato de o material já se encontrar em grau avançado de decomposição aumenta a sua eficiência e a solubilização parcial de alguns nutrientes.

O biofertilizante pode ser usado como adubo orgânico para fortalecer o solo e para o desenvolvimento das plantas. Seu uso apresenta vantagens em relação ao uso de fertilizantes inorgânicos convencionais, pois não apresenta custo, não propaga mau cheiro, é rico em nitrogênio, fosfato e potássio, entre outros nutrientes, o que possibilita a recuperação de terras agrícolas empobrecidas em nutrientes pelo excesso ou pelo uso contínuo de fertilizantes inorgânicos, ou seja, produtos químicos.

Além disso, é eficiente no combate à erosão, uma vez que mantém o equilíbrio ecológico do solo e, por se tratar de uma matéria orgânica, apresenta capacidade de retenção de umidade pelo solo, permitindo que a planta se desenvolva durante o período de seca.

» **DICA**
No ambiente virtual de aprendizagem você encontra mais informações sobre fermentação anaeróbia.

Uma vantagem primordial da utilização de biofertilizantes em substituição à prática inadequada de dejetos de animais sem tratamento é que: a biomassa que fica dentro do biodigestor sem contato com o ar, proporciona a morte de todas as bactérias aeróbicas e germes existentes nas fezes e demais matérias orgânicas, ficando livre de parasitas da esquistossomose, vírus da poliomielite e bactérias como a do tifo e da malária.

Fermentação anaeróbia

A produção de hidrogênio por fermentação anaeróbia é um fenômeno que ocorre sob condições anóxicas, ou seja, sem oxigênio presente como aceptor de elétrons, permitindo a produção de hidrogênio por uma via relativamente simples, com um largo espectro de utilização dos substratos, incluindo substratos contidos em resíduos, como é o caso da glicose. Os principais resíduos utilizados nesse processo são resíduos agrícolas e efluentes industriais, tais como os provenientes da indústria da pasta de papel (KAPDAN; KARGI, 2006), o amido proveniente de cereais e tubérculos, os resíduos da indústria de alimentos, como as frutas e os tubérculos, mais especificamente, maçãs e batatas (GINKEL; SUNG; LAY, 2001).

PARA SABER MAIS

O livro *Tecnologias para o desenvolvimento sustentável* (2011) apresenta os oito trabalhos ganhadores do Prêmio MERCOSUL de Ciência e Tecnologia, sob o tema tecnologias para o desenvolvimento sustentável. Os trabalhos elaborados por estudantes de ensino médio, universitários e doutores da área demonstraram o potencial de contribuição para o desenvolvimento científico e tecnológico dos países do MERCOSUL e representam o que há de mais atual em tecnologias sustentáveis.

Já o livro *Meio ambiente e consumo sustentável: direitos e deveres do consumidor* (SARRETA, 2007) mostra criticamente a importância do consumo sustentável e aponta como o direito a relações de consumo pode contribuir para a criação de alternativas para a população em geral colaborar com a sustentabilidade do planeta.

JUNTANDO TUDO!

Se você fosse contratado para prestar serviços de avaliação da viabilidade ambiental, considerando os fatores econômicos e sociais dos diferentes tipos de energia, quais você recomendaria para:

a) Movimentar veículos automotores? Cuidado com o biodiesel: um bom exemplo de inviabilidade ambiental é o biodiesel fabricado a partir de óleo de palma na Indonésia e exportado para a Europa. Os países europeus importadores aumentam seus créditos de carbono, sem poluir seu terreno. Contudo, na Indonésia, a palma é plantada em áreas de mata, causando um grande desmatamento (que afeta muito a diminuição da biodiversidade) para sua extração e provocando grande emissão de carbono para a produção do biodiesel. Às vezes, algo que parece ecologicamente correto pode ser tão prejudicial quanto os processos convencionais, dependendo da forma como é obtido e utilizado.

b) Gerar energia elétrica? Cuidado com a energia nuclear (10 g de urânio radioativo geram a mesma energia que 1200 kg de carvão; isso é um dado importante, mas é preciso cautela): apesar de muitos cientistas defendê-la, o perigo não está na forma como são construídas as usinas, ou na forma como elas produzem a energia, mas sim nos acidentes que acontecem e provocam o vazamento de radiação, como, por exemplo, em Fukushima, no Japão, em março de 2011.

REFERÊNCIAS

AGÊNCIA NACIONAL DE ENERGIA ELÉTRICA. Energia hidráulica. In: AGÊNCIA NACIONAL DE ENERGIA ELÉTRICA. *Atlas de energia elétrica do Brasil*. 3. ed. Brasília: ANEEL, 2008. Disponível em: <http://www.aneel.gov.br/arquivos/PDF/atlas_par2_cap3.pdf>. Acesso em: 06 nov. 2012.

ALENCAR, A. G. Do conceito estratégico de segurança alimentar ao plano de ação da FAO para combater a fome. *Revista Brasileira de Política Internacional*, v. 44, n. 1, p. 137-144, 2001.

ALVES, J. A. L. A Cúpula mundial sobre o desenvolvimento social e os paradoxos de Copenhague. *Revista Brasileira de Política Internacional*, v. 40, n. 1, p. 142-166, 1997.

ARRUDA, M. H, et al. Dimensionamento de biodigestor para geração de energia alternativa. *Revista Científica Eletrônica de Agronomia*, v. 1, n. 2, 2002.

BARROS, R. M. et al. Estudo da produção de biogás da digestão anaeróbia de esterco bovino em um biodigestor. *Revista Brasileira de Energia*, v. 15, n. 2, p. 95-116, 2009.

BENINCASA, M.; ORTOLANI, A. F.; LUCAS JUNIOR, J. *Biodigestores convencionais*. Jaboticabal: FUNEP, 1991.

BRABER, K. Anaerobic digestion of municipal solid waste: a modern waste disposal option on the verge of breakthrough. *Biomass and Bioenergy*, v. 9, n. 1, p. 365-376, 1995.

BRASIL. Constituição da República Federativa do Brasil (1988). *Diário Oficial da União*, 5 out. 1988. Seção 1, n. 191-A, p. 1.

CAVALCANTI, C. Sustentabilidade: mantra ou escolha moral? Uma abordagem ecológico-econômica. *Estudos Avançados*, v. 26, n. 74, p. 35-50, 2012.

COMISSÃO MUNDIAL SOBRE MEIO AMBIENTE E DESENVOLVIMENTO. *Nosso futuro comum*. 2. ed. Rio de Janeiro: FGV, 1991. Relatório Brundtlan.

DE PAOLI, M. A. *Degradação e estabilização de polímeros*. [S.l.]: ChemKeys, 2008. Disponível em: <http://www.chemkeys.com/blog/wp-content/uploads/2008/09/polimeros.pdf>. Acesso em: 06 nov. 2012.

DEPARTMENT OF ECONOMIC AND SOCIAL AFFAIRS. *World economic and social survey 2011*: the great green technological transformation. New York: United Nations, 2011.

FARIAS, C. V. S. Economia e meio ambiente. In: SCHWANKE, C. (Org.). *Ambiente*: conhecimentos e práticas. Porto Alegre: Bookman, 2013. p. 93-115.

FEDERAÇÃO DAS INDÚSTRIAS DO ESTADO DE SÃO PAULO. *O estado de São Paulo que queremos*: desafios e oportunidades da Indústria em Meio Ambiente e Desenvolvimento. São Paulo: FIEESP/CIESP, 2009.

FERREIRA, A. B. H. *Novo dicionário Aurélio da língua portuguesa*. 4. ed. Curitiba: Positivo, 2009.

GADOTTI, M. *Educar para a sustentabilidade: uma contribuição à década da educação para o desenvolvimento sustentável*. São Paulo: Instituto Paulo Freire, 2008.

GINKEL, V; SUNG, S.; LAY, J. J. Biohydrogen production as a function of pH and substrate concentration. *Environmental Science Technology*, v. 35, n. 24, p. 4726-4730, 2001.

GLAVIČ, P.; LUKMAN, R. Review of sustainability terms and their definitions. *Journal of Cleaner Production*, v. 15, n. 18, p. 1875-1885, 2007.

GOLDEMBERG, J.; LUCON, O. Energias renováveis: um futuro sustentável. *Revista USP*, n. 72, p. 6-15, 2006-2007.

KAPDAN, I; KARGI, F. Bio-hydrogen production from waste materials. *Enzyme and Microbial Technology*, n. 38, p. 569-582, 2006.

LITCHFIELD, J. H. Single-cell proteins. *Science*, v. 219, p. 740-746, 1983.

NASCIMENTO, E. P. Trajetória da sustentabilidade: do ambiental ao social, do social ao econômico. *Estudos Avançados*, v. 26, n. 74, p. 51-64, 2012.

ONUBR NAÇÕES UNIDAS NO BRASIL. *Site*. 2012. Disponível em: <http://www.onu.org.br/>. Acesso em: 29 nov. 2012.

PEREIRA, L.; ORTEGA, E. A modified footprint method: the case study of Brazil. *Ecological Indicators*, v. 16, p. 113-127, 2012.

PORTAL PUC-RIO DIGITAL. *Site*. Rio de Janeiro: PUC-RIO, 2012. Disponível em: <http://puc-riodigital.com.puc-rio.br>. Acesso em: 29 nov. 2012.

PRADELLA, J. G. C. *Biopolímeros e intermediários químicos*. São Paulo: CGEE, 2006. Relatório técnico nº 84 396-205. Disponível em: <http://www.anbio.org.br/pdf/2/tr06_biopolimeros.pdf>. Acesso em: 08 nov. 2012.

RIO+20: O FUTURO QUE QUEREMOS. *O que é sustentabilidade*? [S.l.]: UNIC Rio, 2012. Disponível em: <http://www.ofuturoquenosqueremos.org.br/sustainability.php>. Acesso em: 04 dez. 2012.

ROMEIRO, A. R. Desenvolvimento sustentável: uma perspectiva econômico-ecológica. *Estudos Avançados*, v. 26, n. 74, p. 65-92, 2012.

SACHS, I. *Estratégias de transição para o século XXI*: desenvolvimento e meio ambiente. São Paulo: Studio Nobel; FUNDAP, 1993.

SANTOS, D. T. et al. Potencialidades e aplicações da fermentação semi-sólida em biotecnologia. *Janus*, v. 3, n. 4, 2006.

SARRETA, C. R. L. *Meio ambiente e consumo sustentável*: direitos e deveres do consumi dor. Passo Fundo: UPF, 2007.

SPEECE, R. E. *Anaerobic biotechnology for industrial wastewaters*. Nashville: Vanderbilt University, 1996.

TECNOLOGIAS para o desenvolvimento sustentável. Brasília: UNESCO, 2011. Edição 2011 do Prêmio MERCOSUL de Ciência e Tecnologia.

TORRES, F. A hora verde do planeta azul. *Inovação em pauta*, n. 13, p. 40-46, 2012.

UNITED NATIONS ENVIRONMENT PROGRAMME. *Towards a green economy*: pathways to sustainable development and poverty eradication (a synthesis for policy makers). Nairobi: UNEP, 2011. Disponível em: <www.unep.org/greeneconomy>. Acesso em: 25 fev. 2013.

VEIGA, J. E. Indicadores de sustentabilidade. *Estudos Avançados*, v. 24, n. 68, p. 39-52, 2010.

VENDRUSCOLO, F. et al. Produção de proteína unicelular a partir do bagaço de maçã utilizando fermentação em estado sólido. *Revista Brasileira de Tecnologia Agroindustrial*, v. 1, n. 1, p. 53-57, 2007.

VILANI, R. M.; MACHADO, C. J. S. A competência da união para a elaboração de plano nacional das atividades de exploração de petróleo e gás natural no Brasil. *Ambiente & Sociedade*, v. 13, n. 1, p. 187-206, 2010. Disponível em: <http://www.scielo.br/pdf/asoc/v13n1/v13n1a12.pdf>. Acesso em: 08 nov. 2012.

VILLELA JUNIOR, L. V. E. et al. Substrato e solução nutritiva, desenvolvidos a partir de efluente de biodigestor para cultivo do meloeiro. *Revista Brasileira de Engenharia Agrícola e Ambiental*, v. 11, n. 2, p. 152-158, 2007.

Magali da Silva Rodrigues
Elisabeth Ibi Frimm Krieger
Marise Keller Santos

capítulo 10

A eficiência dos processos de produção

Atualmente, existe uma ampla rede de instituições dos setores público e privado em busca de alternativas preventivas para a não geração de resíduos, emissões e efluentes pelos diversos setores produtivos.

A produção mais limpa surge nesse cenário como uma proposta metodológica que permite aos setores produtivos buscar soluções integradas que aumentem a eficiência de seus processos e previnam a poluição na fonte de geração. Ela propõe avaliações e estudos dos impactos ambientais do produto e processo do berço ao berço, considerando alternativas simples como a housekeeping, até a avaliação de ciclo de vida.

Este capítulo apresenta o conceito de Produção mais Limpa (PmaisL) e suas principais características.

OBJETIVOS

Após o estudo deste capítulo, você deverá ser capaz de:

- » Explicar como foi instituída a Avaliação de Impacto Ambiental (AIA).
- » Identificar as etapas do processo da AIA.
- » Destacar as características do Estudo de Impacto Ambiental e do Relatório de Impacto Ambiental.
- » Relacionar as atividades que precisam apresentar o EIA/RIMA para a solicitação do licenciamento.
- » Caracterizar os métodos utilizados para avaliar os impactos ambientais.
- » Utilizar indicadores para o diagnóstico e/ou monitoramento.

Os componentes que constituem o conceito da produção mais limpa integram as estratégias de administração industrial de países desenvolvidos há décadas. Essa expressão surgiu de campanhas ambientalistas da ONG Greenpeace, na década de 1980.

WWW

» **NO SITE**
Acesse os guias de PmaisL produzidos pelo Centro Nacional de Produção mais Limpa, SENAI (CNTL). Você encontrará os passos da implementação da PmaisL em processos produtivos e os exemplos da implementação em empresas. Disponível no ambiente virtual de aprendizagem: www.bookman.com.br/tekne.

A Organização das Nações Unidas para o Desenvolvimento (PNUD) criou os programas de Produção mais Limpa, que são a base do programa de prevenção das Nações Unidas para o Meio Ambiente (PNUMA), implementado pela Organização das Nações Unidas para o Desenvolvimento Industrial (ONUDI) em vários países em desenvolvimento desde 1995.

Os modelos empregados para controlar e tratar, conhecidos como *end of pipe*, já não eram suficientes, considerando seus altos custos e também por não atenderem às pressões cada vez maiores da sociedade contra os impactos ambientais.

Quando consolidada com uma mudança de atitude em uma empresa, vai além da implementação de um programa, a produção mais limpa representa um estágio de excelência para a empresa que deseja aumentar seu grau de responsabilidade social e ambiental, a partir da prática de quatro grandes princípios.

Esses princípios são: precaução (melhor estar seguro do que se arrepender depois); prevenção do resíduo na fonte (é mais barato prevenir do que curar); integração total da produção (visão holística) com base na avaliação do ciclo de vida e participação democrática, traduzida pelo direito de acesso público às informações sobre os riscos de produtos e processos para o homem e o ambiente.

WWW

» **NO SITE**
Você conhece a experiência da empresa 3M? Conheça as experiências implementadas por essa empresa, desde 1975, com o programa "Prevenção a Poluição se Paga" – 3P, nos Estados Unidos. Disponível no ambiente virtual de aprendizagem.

» Produção mais limpa

O conceito de PmaisL surgiu em meados dos anos de 1970 como resposta às exigências, cada vez mais restritivas e complexas, das legislações ambientais vigentes e pelos custos do tratamento e disposição dos resíduos, efluentes e emissões gerados pela indústria em países desenvolvidos. Os conceitos de prevenção da poluição e minimização de resíduos tornaram mais claros os benefícios econômicos e a efetividade das soluções ambientais decorrentes da aplicação desses conceitos para vencer os desafios de adequação do setor industrial na área ambiental.

De acordo com PNUMA/ONUDI (UNITED NATIONS ENVIRONMENT PROGRAMME, 2001), a PmaisL pode ser definida como uma estratégia ambiental preventiva aplicada de forma contínua e integrada ao processo, aos produtos e aos serviços para aumentar a ecoeficiência e reduzir riscos para os seres humanos e o meio ambiente.

A PmaisL atua na fonte da geração de resíduos de forma preventiva, buscando identificar alternativas para evitar ou minimizar sua geração durante as várias etapas de um processo produtivo. É considerada uma estratégia integrada de avaliação, pois considera todos os aspectos e impactos importantes de um processo produtivo. Os componentes que integram o conceito de PmaisL podem ser observados na Figura 10.1.

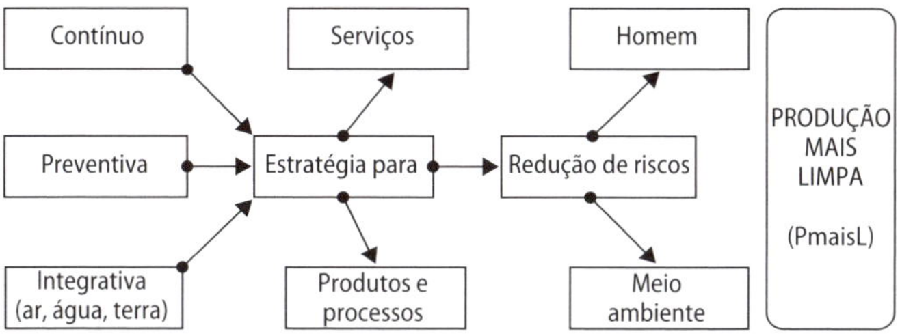

Figura 10.1 Elementos que constituem a PmaisL.
Fonte: United Nations Environment Programme, Unido (2004).

>> PARA SABER MAIS

A Produção mais Limpa foi desenvolvida pela Organização das Nações Unidas para o Desenvolvimento (PNUD) e é a base do programa de prevenção coordenado pelo Programa das Nações Unidas para o Meio Ambiente (PNUMA), implementado em vários países em desenvolvimento. Mais publicações sobre o tema você encontra no ambiente virtual de aprendizagem (conteúdo em inglês).

O conceito aplicado a processos objetiva a conservação de matérias-primas e energia, eliminando as matérias-primas tóxicas e buscando reduzir a toxicidade de todos os resíduos antes de estes serem gerados no processo produtivo.

Para produtos, o conceito enfoca o ciclo de vida de um produto e objetiva a redução do impacto ambiental, desde a extração de matérias-primas até sua disposição final, após o término das características que o definiam como um produto para o usuário. O conceito de PmaisL no setor de serviços introduz as preocupações ambientais no *design* e entrega de serviços.

>> PARA SABER MAIS

Aprofunde seus conhecimentos sobre produção mais limpa acessando a publicação *Aplicação de tecnologias limpas na indústria hoteleira para um turismo sustentável*, experiência da Fundação Ethos sobre PmaisL em hotéis, elaborada por Dias (2003). Disponível no ambiente virtual de aprendizagem.

» PARA SABER MAIS

O conceito adotado pela United Nations Environment Programme, Unido (2004) teve como base o programa denominado *Projeto Ecológico para Tecnologias Ambientais Integradas* (Eco Profit – Ecological Project for Integrated Environmental Technologies), desenvolvido e implementado pelo departamento de meio ambiente da cidade de Graz, na Áustria. Seu objetivo era integrar a melhoria do desempenho econômico do setor industrial, bem como da situação ambiental da região de Graz. Informações sobre esse programa podem ser encontradas no ambiente virtual de aprendizagem (conteúdo em inglês).

A PmaisL pode ser aplicada a qualquer processo industrial e de serviços, em todos os setores produtivos, primário, secundário e terciário. A implementação de PmaisL envolve desde mudanças operacionais simples de serem executadas na prática até mudanças mais profundas, chegando à implementação de tecnologias limpas. As principias diferenças entre PmaisL e o tratamento e a disposição final de resíduos, emissões e efluentes após a sua geração no final do processo também denominado *end of pipe*, são apresentadas no Quadro 10.1.

Quadro 10.1 » Relações comparativas entre fim de tubo e PmaisL

Tratamento de resíduos, efluentes e emissões e disposição final	Produção mais Limpa
REAGIR/CORRIGIR	ANTECIPAR/PREVINIR
A contaminação é controlada mediante sistemas de tratamentos instalados no final do processo (após a geração).	A contaminação é prevenida junto à fonte de geração e por meio de medidas integradas.
É aplicada quando os processos já se desenvolveram, os produtos já foram produzidos e os resíduos já foram gerados.	É uma componente do desenvolvimento dos processos e produtos, priorizando o aumento da produtividade e a rentabilidade.
Os sistemas de tratamento e controle necessitam investimentos que muitas vezes não trazem benefícios econômicos para uma empresa, mas sim custos.	Os resíduos podem ser transformados em produtos úteis e ser uma fonte potencial de recursos para a empresa, com a possibilidade de aumentar o lucro. Os investimentos podem ter retorno a curto e médio prazo.
A gestão ambiental nas empresas é realizada por profissionais da área ambiental.	A gestão ambiental na empresa é de responsabilidade de todos os colaboradores da empresa.

(continua)

Quadro 10.1 » Relações comparativas entre fim de tubo e PmaisL (*Continuação*)

Tratamento de resíduos, efluentes e emissões e disposição final	Produção mais Limpa
Os benefícios ambientais são possíveis por meio da implementação de técnicas e tecnologias complexas.	Os benefícios ambientais são resultado da implementação de oportunidades menos complexas até a implementação de tecnologias limpas.
As opções de fim de tubo devem possibilitar a adequação às exigências ambientais das autoridades locais.	As oportunidades de PmaisL implementadas estão dentro de um processo de melhoria contínua, permitindo ir além do atendimento de parâmetros previstos na legislação.
O fim de tubo não está relacionado com a melhoria da qualidade de produtos e processos, nem mesmo com a melhoria das condições de segurança e saúde ocupacional.	Reduzindo a contaminação ambiental no seu ponto de geração, a PmaisL tem a possibilidade de melhorar também as condições de segurança e saúde ocupacional, além de melhorar a qualidade dos produtos produzidos.

Fonte: Centro Nacional de Tecnologias Limpas SENAI-RS (2003a).

A PmaisL pode ser considerada um estágio intermediário entre a prevenção da poluição e o desenvolvimento sustentável. Além disso, a PmaisL pode ser considerada uma forma de ação mais efetiva, por incorporar ao seu conceito a conservação de materiais, energia e outros recursos naturais, valorizando o aspecto de valor-adicionado aos processos produtivos, e ganhando mais por produto produzido, em moeda e materiais.

É importante lembrar que a PmaisL objetiva estabelecer metas de redução de impactos ambientais ao longo do ciclo de vida do produto, pelo foco no *design* do produto ou em novas abordagens para atividades que gerem mais valor/ganho.

O conceito de PmaisL apresenta uma forma de visualizar a produção de produtos e serviços com o mínimo impacto ambiental, considerando a tecnologia empregada e os limites econômicos. O conceito está fundamentado em princípios que confirmam a possibilidade de um crescimento ecológico sustentável para os setores produtivos.

Dessa forma, a PmaisL não pode ser considerada somente uma estratégia ambiental, devido às considerações econômicas feitas na abordagem da não geração de resíduos. Cada oportunidade de otimizar o consumo de matérias-primas e energia, tendo como consequência a não geração ou minimização de resíduos, o aumento da produtividade e a possibilidade de benefícios econômicos para as empresas.

Assim, pode-se considerar que a PmaisL é uma estratégia ganha-ganha, protegendo o meio ambiente, o consumidor e o trabalhador, enquanto melhora a eficiência industrial e a competitividade. Essa estratégia considera os resíduos gerados em processos

> **» NO SITE**
> O significado de uma mudança de atitude é a possibilidade de uma empresa considerar as questões ambientais na gestão dos seus negócios e também procurar comprometer cada vez mais as partes interessadas no seu processo: fornecedores, empregados, distribuidores e seus clientes. No ambiente virtual de aprendizagem você encontrará os relatórios de sustentabilidade de várias empresas brasileiras que apresentam os resultados de suas ações ambientais, demonstrando uma atitude mais responsável em relação à minimização e ao controle de seus impactos ambientais.

a causa da ineficiência destes. Uma empresa que otimize seus processos e seus produtos automaticamente diminui os níveis de seu impacto ambiental.

A PmaisL envolve a mudança de atitude e aplicação de *knowhow*, melhorando o desempenho tecnológico. Na Figura 10.2 são apresentados, de forma resumida, os elementos essenciais da PmaisL.

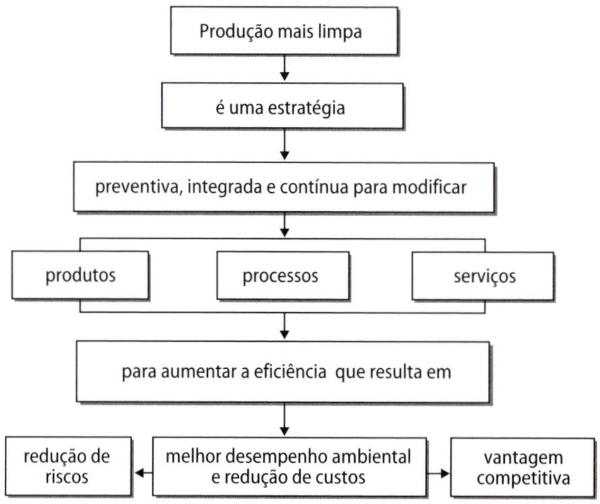

Figura 10.2
Principais elementos do conceito de Produção mais Limpa.
Fonte: United Nations Environment Programme, (2001).

O PNUMA, em 1998, lançou, na Coreia, a Declaração Internacional de Produção mais Limpa, instrumento que reúne um conjunto de princípios que, à medida que vão sendo implementados, aumenta a sensibilização e a compreensão, levando a um aumento da aplicação do conceito de PmaisL.

» PARA REFLETIR

A Declaração Internacional de Produção mais Limpa UNITED NATIONS ENVIRONMENT PROGRAMME, (2001) tem uma importância muito significativa para a adoção e a promoção do conceito de PmaisL junto a governos, empresas e organizações. Acesse o conteúdo na íntegra, disponível no ambiente virtual de aprendizagem, e reflita sobre qual o comprometimento dos governos, das empresas e das organizações que se propõem a assiná-la.

Produção mais limpa no Brasil

A PmaisL inicia no Brasil, em cooperação com a UNIDO e UNEP, em 1995, sendo que o Serviço Nacional de Aprendizagem Industrial (SENAI) – Departamento Regional do Rio Grande do Sul – foi escolhido pela UNIDO e UNEP para sediar um Centro Nacional de Tecnologias Limpas (CNTL), com o objetivo de executar um papel de disseminador das técnicas de Produção mais Limpa.

O CNTL capacitou vários profissionais como consultores em PmaisL, atuou em vários estados do Brasil e também em alguns países da América do Sul e da África.

No ano de 1998, a Companhia de Tecnologia de Saneamento Ambiental, de São Paulo (CETESB), promoveu a *Conferência das américas sobre produção limpa* onde a primeira recomendação foi considerar Produção mais Limpa e Prevenção da Poluição como elementos norteadores para a política e legislação ambiental em nível federal, estadual e municipal, bem como para o planejamento estratégico das empresas e organizações não governamentais.

A CETESB atua também como um agente disseminador do programa Pollution Prevention (P2) do Environmental Protection Agency (EPA), desenvolvendo vários projetos e produzindo diversas publicações técnicas sobre o tema. Atualmente, a CETESB utiliza a PmaisL como ferramenta para promover as ações de produção e consumo sustentáveis (PCS).

A partir de 1998, surge a Rede Brasileira de Produção mais Limpa, por meio de um projeto conjunto entre o CNTL-SENAI/RS, o Conselho Empresarial para o Desenvolvimento Sustentável (CEBDS), o Serviço Brasileiro de Apoio às Micro e Pequenas Empresas (SEBRAE) e outras instituições, com a implementação de vários Núcleos de Produção mais Limpa nos estados brasileiros, com o objetivo de promover a internalização de conceitos e práticas de PmaisL, a partir da realização de cursos de capacitação, consultorias às empresas, fóruns e seminários.

Atualmente, no Brasil, cada vez mais instituições, órgãos de governo, centros de pesquisa, universidades e bancos atuam desenvolvendo ou financiando ações de PmaisL de maneira independente, voltadas também para a definição de políticas e realização de pesquisas aplicadas ao tema.

Como exemplo, é possível citar as experiências implementadas nas Universidades de São Paulo, na Federação das Indústrias de Minas Gerais (FIEMG), na Rede de Produção mais Limpa da Bahia (TECLIN) e os projetos financiados pelo Banco do Nordeste e muitas outras experiências com resultados econômicos, sociais e ambientais positivos.

Em 2005, foi estabelecida e implementada a Rede de PmaisL para América Latina e Caribe (CPLatinNet) envolvendo 14 países e promovida pela UNIDO.

» DEFINIÇÃO

As ações de produção e consumo sustentáveis (PCS) são definidas como parte integrante da gestão ambiental, cuja aplicação poderá fazer as empresas reduzirem seu consumo de matérias-primas, água e energia, minimizando a geração de resíduos sólidos, efluentes líquidos e emissões atmosféricas aumentando sua produtividade e obtendo não apenas a adequação ambiental, mas também a redução de custos de produção, entre outros possíveis benefícios.

WWW

» NO SITE

A Rede Brasileira de Produção mais Limpa e a CETESB produziram várias publicações e base de dados sobre estudos de casos e sobre os principais impactos ambientais e medidas de PmaisL, respectivamente. Acesse essas informações no ambiente virtual de aprendizagem.

Agora é a sua vez!

Leia a publicação *Produção mais limpa no setor de confecções* (CENTRO NACIONAL DE TECNOLOGIAS LIMPAS SENAI-RS, 2007), material desenvolvido pelo SENAI e disponível no ambiente virtual de aprendizagem. Descreva três das principais-matérias primas empregadas no setor e três resíduos gerados no setor de confecções.

Em 2007, como resultado do projeto Competitividad y Medio Ambiente (CyMa), da Deutsche Gesellschaft für Internationale Zusammenarbeit (GIZ), é assinada a Política de Promoção e Cooperação em Produção e Consumo Sustentáveis no Mercosul, por meio do decreto Mercosul/CMC/DEC. nº 26/2007. Esse documento foi ratificado pelos países integrantes do Mercosul (UNITED NATIONS ENVIRONMENT PROGRAMME, 2001).

É possível perceber que os países do Mercosul denominados "Estados Partes" devem, a partir do seu comprometimento com a política de PmaisL, promover, de forma coordenada, iniciativas para a melhoria do desempenho ambiental e a eficiência nos processos produtivos, e cooperar na adoção de práticas de produção e consumo sustentáveis, buscando o aumento da competitividade e a redução dos riscos para a saúde humana e o meio ambiente.

Essa política é muito importante para os estados-membros do Mercosul, pois está orientada de forma a promover e cooperar em práticas de produção e consumo sustentáveis nos setores produtivos – particularmente nas micro, pequenas e médias empresas (MIP e MEs) –, e nos âmbitos governamentais, trabalhistas e da sociedade civil do Mercosul.

Agora é a sua vez!

Até o momento, você já recebeu muitas informações sobre quem está realizando atividades na área da PmaisL. Consulte o estudo de caso, disponível no ambiente virtual de aprendizagem, realizado na Bahia, sobre a aplicação da PmaisL no setor de hotelaria e turismo. Após a leitura, identifique e descreva o conceito de um hóspede verde.

Processos produtivos

A PmaisL é aplicada a processos produtivos do setor industrial e de serviços. Para que seja possível compreender a metodologia de PmaisL, serão apresentadas as principais características de um processo produtivo. Um processo é caracterizado pela transformação de insumos (matérias-primas, água, energia, etc.) em produtos, subproduto, resíduos, efluentes e emissões.

Um processo também pode ser definido como um percurso realizado por um material desde que entra na empresa até a sua saída com um grau determinado de transformação. Todo processo é constituído por um conjunto de operações. Uma operação pode ser definida como o trabalho desenvolvido sobre o material por homens ou máquinas em um determinado tempo.

A quantidade de perdas em termos de energia, água, resíduos, emissões e efluentes em um processo de produção pode significar perdas econômicas importantes, considerando que estes provêm dos insumos adquiridos e que deveriam ser transformados em produtos.

Deve-se também observar o cumprimento da legislação ambiental vigente e se o processo é submetido a um tratamento ou uma disposição, o que geralmente aumenta os custos de uma empresa. Um modelo de processo é representado na Figura 10.3.

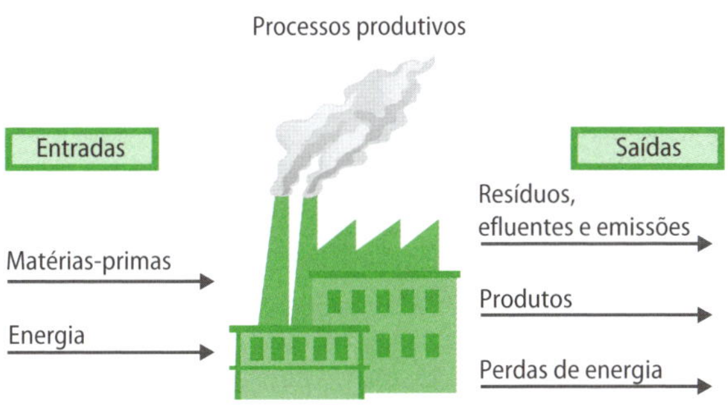

Figura 10.3 Entradas e saídas de um processo produtivo.
Fonte: Santos (2005).

Considerando as empresas de prestação de serviços, o material fundamental é a informação. A informação flui dentro da empresa circulando entre as áreas e as pessoas, sendo utilizada para a tomada de decisões ou para a execução de ações, que denominamos operações, traçando um paralelo simples com a empresa industrial. Portanto, sejam empresas do setor industrial ou de prestação de serviços, um processo é constituído de diferentes operações.

Para prevenir ou reduzir a geração de resíduos, emissões e efluentes, a metodologia PmaisL propõe avaliar cada operação no contexto global de um processo,

www.

» NO SITE
Acesse o ambiente virtual de aprendizagem e conheça a Rede Latino-americana de PmaisL, implementada com a participação de vários centros de PmaisL da América Latina e Caribe.

www.

» NO SITE
Acesse o ambiente virtual de aprendizagem e leia na íntegra o Decreto Mercosul/CMC/DEC. nº 26/2007.

com o objetivo de identificar entradas e saídas, problemas operacionais inerentes e possíveis oportunidades de melhoria.

Essa análise identifica os dados quantitativos e qualitativos dos fluxos de materiais e energia das operações. Essas informações depois de avaliadas permitem identificar as oportunidades de PmaisL, e também priorizá-las para a fase de implementação, diferenciando as oportunidades de implementação imediata e oportunidades que necessitam estudos técnicos, bem como informações mais detalhadas para sua implementação.

WWW

» NO SITE
Mais informações sobre as melhores tecnologias disponíveis (Best Available Techniques) para processos produtivos você encontra no ambiente virtual de aprendizagem.

Para que o processo seja eficiente, é necessário o processamento de matérias-primas, energia e água, por máquinas, equipamentos e mão de obra. As matérias-primas devem ter a qualidade especificada, as máquinas e os equipamentos devem trabalhar no seu melhor desempenho e a mão de obra ser qualificada.

As entradas se transformam em saídas, como é possível ver na Figura 10.3. As saídas são caracterizadas por produtos e resíduos, emissões, efluentes e perdas de energia. Esses "não produtos" se constituem pelos componentes de entrada, as matérias-primas e insumos, a água, energia, além de terem sido também produzidos com os mesmos equipamentos, mão de obra e informação usadas para a fabricação dos produtos.

A análise do fluxo de materiais é um método sistemático que permite quantificar, mediante cálculos e medições, as relações de intercâmbio de substâncias e materiais entre as diferentes operações em um processo produtivo.

WWW

» NO SITE
Conheça as principais características de processos produtivos por meio dos guias de produção mais limpa disponíveis no ambiente virtual de aprendizagem.

A análise de uma operação em um processo deve utilizar ferramentas como os balanços de massa e energia. Essas ferramentas utilizam dados que são gerados depois de etapas de observação, medição, registro e análise de amostras de insumos.

Um processo consome, além de matérias-primas, água e outros insumos, como energia, e esta deve ser avaliada. A análise de fluxo de energia é uma metodologia para examinar, especificar e interpretar a transformação da energia em um processo dentro dos limites de um sistema e de um determinado período de tempo. É uma aproximação para quantificar o intercâmbio de energia entre as operações de um processo.

A PmaisL tem o objetivo de avaliar a eficiência de um processo, empregando métodos como:

- Balanços de massa e energia.
- Avaliação de consumo do processo e da produção.
- Correlações entre o consumo de insumos e o processo de produção.
- Análises de cinética química, de entalpia e de entropia de reações.
- Análises cinéticas, de concentração e de outras propriedades de fluidos e de processos mecânicos.

Metodologia de implementação da PmaisL em um processo produtivo

A implementação da metodologia de PmaisL e suas principais atividades, visualizada na Figura 10.4, pressupõe inovação em um processo produtivo que possibilite um incremento competitivo e de responsabilidade socioambiental, considerando que sua implementação efetiva ocorre com a participação ativa de todos os colaboradores de uma empresa.

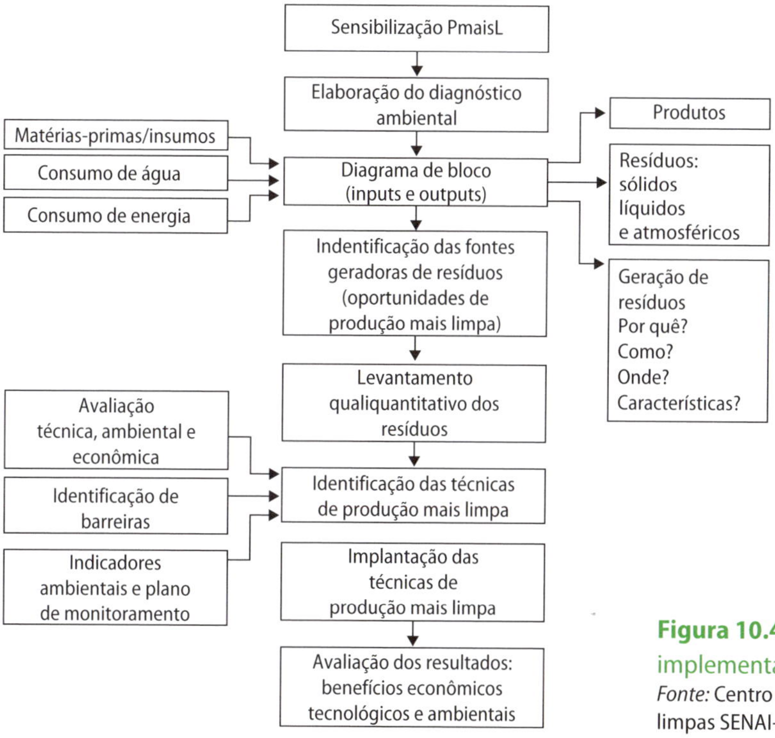

Figura 10.4 Atividades para a implementação da PmaisL.
Fonte: Centro nacional de tecnologias limpas SENAI-RS (2003a).

A Figura 10.5 apresenta os três níveis de atuação empregados para a identificação de opções de não geração ou minimização de resíduos na Etapa 2 (Quadro 10.2). Esses níveis, priorizando, quando possível, a busca de opções no nível 1, redução na fonte, possuem uma das principais características da implementação da metodologia de PmaisL. Na Etapa 3, após a identificação das causas de geração de resíduos, busca-se, sempre que possível, identificar opções para minimizar ou não gerar esses resíduos.

As opções devem ser consideradas e identificadas sempre a partir do nível 1, caso não existam, parte-se para a identificação de opções no nível 2, identificando opções que permitam a reciclagem interna no próprio processo. Por último, sendo impossível a reciclagem interna, identifica-se a existência da possibilidade de reciclagem externa desses resíduos.

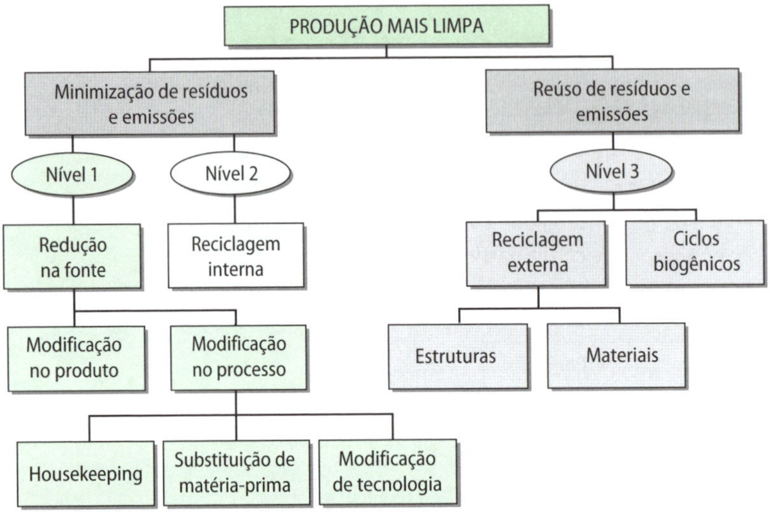

Figura 10.5 Níveis para a identificação de opções de não geração e minimização de resíduos, efluentes e emissões na implementação da metodologia de PmaisL.
Fonte: Centro nacional de tecnologias limpas SENAI-RS (2003b).

Quadro 10.2 » Cinco grandes etapas para a implementação da metodologia PmaisL

Etapa 1: Planejamento e organização	Essa etapa tem o objetivo de obter o comprometimento da alta gerência e a definição dos profissionais da empresa que serão envolvidos na implementação da PmaisL.
Etapa 2: Pré-avaliação e diagnóstico	Etapa que define os limites ou focos de aplicação do projeto de PmaisL, por meio de uma avaliação preliminar na planta da potencialidade de oportunidades de PmaisL. Nessa etapa são estimados os custos de geração dos resíduos e identificadas algumas oportunidades de fácil implementação, denominadas opções óbvias.
Etapa 3: Avaliação	Caracteriza-se pela avaliação em detalhe do foco definido na Etapa 1, cujo objetivo é identificar um conjunto de oportunidades de PmaisL. Essa avaliação identifica, nas etapas do processo, as entradas e saídas em seus aspectos qualitativos e quantitativos no fluxo de materiais, gerando os respectivos indicadores. Também são analisadas e identificadas as causas da geração de resíduos, emissões e efluentes.
Etapa 4: Estudo de viabilidade técnica, econômica e ambiental	Tem como objetivo identificar as opções de PmaisL mais adequadas, considerando os aspectos econômicos, técnicos e ambientais.
Etapa 5: Implementação e planejamento	As opções de PmaisL mais adequadas à empresa são implementadas e monitoradas. Os resultados obtidos são reavaliados, caracterizando a melhoria contínua da PmaisL. É elaborado um planejamento para a implementação das demais oportunidades, sendo também avaliada a possibilidade de extensão da implementação do programa para toda a empresa.

Oportunidades de PmaisL

As cinco categorias para classificar as oportunidades de prevenção, apresentadas na Figura 10.6, podem ser associadas aos níveis de atuação empregados para a identificação de oportunidades de PmaisL.

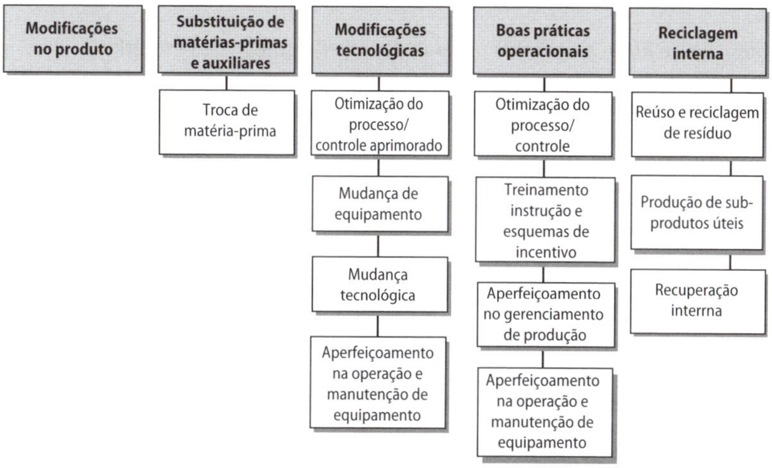

Figura 10.6 Conjuntos de práticas de prevenção para produção mais limpa em empresas.
Fonte: van Berkel (2000b).

A primeira categoria, identificada como **modificações no produto**, exemplificada como modificações na forma e no material de composição do produto, bem como modificações na embalagem de produtos, além dos aspectos do ciclo de vida do produto. As modificações propostas para um produto devem estar baseadas em análises do mercado e geralmente necessitam de um longo prazo para sua implementação.

Como exemplos de produtos modificados temos:

- couro curtido a tanino;
- tintas a base de água;
- móveis de madeira de reflorestamento;
- lâmpadas de led (diodo emissor de luz);
- projetos arquitetônicos com melhor aproveitamento da luz e ventilação natural.

A segunda categoria abrange a **substituição de matérias-primas e auxiliares** em um processo produtivo, caracterizando-se pelo emprego de matérias-primas e auxiliares que possibilitem a não geração ou uma menor contaminação ambiental na forma de resíduos e/ou o emprego de auxiliares que possuam um ciclo de vida maior como, por exemplo, lubrificantes ou solventes.

Como exemplos de substituição de matérias-primas e auxiliares temos:

- utilização de solvente a base de água em vez de solventes organoclorados;
- compra de matérias-primas com maior teor de pureza;
- utilização de materiais recicláveis como matérias-primas na elaboração de um produto;
- utilização de fibras e corantes naturais para a elaboração de vestuário.

As **modificações tecnológicas**, na terceira categoria, referem-se às oportunidades de automação e às otimizações no processo, às modificações no *design* de equipamentos e às substituições de processos.

Como exemplos de mudanças tecnológicas temos;

- recuperação de calor em fluxos contracorrente em processos;
- cogeração com aproveitamento de subprodutos;
- substituição de processos termoquímicos por mecânicos.

A quarta categoria abrange as oportunidades de prevenção identificadas como arrumação da casa, **boas práticas** ou ***good housekeeping***, e se refere às mudanças nos procedimentos operacionais e gerenciais que possibilitem a eliminação ou minimização de resíduos.

Como exemplos de boas práticas operacionais podemos citar:

- reutilizar a água de lavagem em processos de fluxos em contracorrente;
- apagar a luz ao sair de uma sala;
- evitar os vazamentos de água em conexões e tubulações;
- elimição dos vazamentos em tubulações de ar comprimido.

A quinta e última categoria, **reciclagem interna** no próprio processo produtivo, refere-se ao reaproveitamento de resíduos sólidos, líquidos e gasosos no próprio processo produtivo no qual foram gerados. No reúso, consideramos o aproveitamento de resíduos, efluente ou emissão diretamente em outro processo na empresa, sem alterar suas características. Em relação à reciclagem, as características são alteradas para atender aos requisitos de outro processo.

É importante salientar que as medidas de reúso, reciclagem interna e externa, devem ser consideradas somente depois de esgotadas as medidas de redução na fonte de geração dos resíduos emissões e efluentes no processo.

Como exemplos de reciclagem interna, citamos:

- reutilização de retalhos de chapas metálicas para a elaboração de peças menores;

- recuperação de águas de último enxágue como águas de pré-lavagem na indústria de tratamento de superfície;

- recuperação de banhos químicos (cromo em processos de curtimento) para reutilização no mesmo processo.

Abordagens da PmaisL

Adotando uma visão mais abrangente, é possível realizar uma divisão conceitual da PmaisL em sete diferentes abordagens, cada uma consistindo de conjuntos de práticas de prevenção que se sobrepõem parcialmente.

- Abordagem de serviços: essa abordagem questiona a eficiência de materiais e energia de serviços oferecidos a clientes e tem como meta a inclusão de considerações ambientais na compra de artigos, equipamentos e bens de consumo.

- Abordagem da cadeia: questiona todos os estágios da cadeia produtiva a fim de identificar pontos para introdução de melhorias ambientais na troca de materiais entre os produtores integrantes da cadeia em diferentes estágios.

- Abordagem do produto: questiona o *design* do produto e seu emprego, tem como objetivo identificar pontos que possam minimizar o impacto ambiental durante sua vida útil.

- Abordagem das matérias-primas: questiona a seleção das matérias-primas e materiais auxiliares empregados na elaboração do produto até o fim de sua vida útil, com o objetivo de minimizar o impacto ambiental.

- Abordagem tecnológica: questiona a escolha e a operação de tecnologias empregadas na fabricação, distribuição e entrega de produtos e serviços. Tem como objetivo minimizar os impactos ambientais causados pelos processos produtivos.

- Abordagem operacional: questiona o planejamento, o gerenciamento e a operação dos processos de produção. O objetivo dessa avaliação é evitar e/ou minimizar a geração de resíduos em processos produtivos.

- Abordagem de recuperação: questiona as perdas de matérias-primas e energia em processos. O objetivo é avaliar os fluxos de matérias-primas ou identificar pontos para a recuperação de energia ou outros insumos importantes empregados no processo produtivo. Essa avaliação considera sempre o ponto de origem da geração ou a perda da energia para estabelecer as fronteiras físicas.

» Benefícios da PmaisL

Os benefícios da PmaisL permitem que os setores produtivos possam alcançar seu principal objetivo, o ganho econômico por meio da produção de bens e serviços, na mesma proporção que minimizam seus impactos ambientais.

O primeiro benefício da aplicação da PmaisL em processos produtivos é a **redução de custos globais**. Conceitualmente, os objetivos da PmaisL são os empregos eficientes de matérias-primas, energia e água. Como consequência, existe uma possibilidade de redução de custos. Os custos ambientais não se referem somente aos custos dos investimentos e operacionais de tratamento e disposição final de resíduos.

Esses custos devem considerar, além dos custos tradicionais mencionados, os custos ambientais dentro do processo produtivo, incluindo os componentes dos custos de matérias-primas, mão de obra e energia incorporados no resíduo gerado. Os custos totais das atividades primárias são diminuídos, devido à redução de custos de entradas de matérias-primas e energia e também pela redução do custo de disposição e tratamento ambiental de resíduos.

Evitando-se ou minimizando-se a quantidade de resíduos gerados em um processo, são obtidos benefícios econômicos, pois é eliminado o custo de tratamento e de disposição desses resíduos e também o custo relacionado à matéria-prima e aos serviços que foram necessários para gerar esses resíduos. Alguns programas de PmaisL são desenvolvidos para a recuperação de subprodutos que apresentam valor. Esses subprodutos podem ser reutilizados ou vendidos, aumentando os benefícios econômicos obtidos com a PmaisL.

O segundo benefício trata da **melhoria do desempenho ambiental**. A implementação de PmaisL garante a melhoria do desempenho ambiental, componente essencial do desenvolvimento sustentável. Melhorar o desempenho ambiental de uma forma única, por meio de uma oportunidade de não geração de um resíduo, caracteriza-se como uma ação mais efetiva de contribuição para a minimização de impactos ambientais.

O terceiro benefício é o **aumento das vantagens competitivas**. A PmaisL permite a identificação e a possibilidade de empregar novas tecnologias ou melhorar a eficiência das atuais tecnologias empregadas em uma atividade produtiva. O aumento de clientes com maior consciência ambiental favorece competitivamente empresas que sejam reconhecidas por boas práticas e produtos ambientalmente adequados.

O quarto benefício é o **aumento do desempenho da produtividade, produtos e processos**. A eficiência e a produtividade de uma atividade são melhoradas de diversas formas com a implementação da PmaisL em seus processos. Entre elas, podem ser citadas: aumento do percentual de acerto nas atividades de planejamento e orçamento; uso mais eficiente de recursos humanos e físicos; melhoria das condições de trabalho e redução de riscos legais.

O quinto benefício é uma **melhor imagem perante a mídia e o público**. A ação proativa da PmaisL demonstra uma responsabilidade ambiental e proporciona um crédito positivo para as empresas na manutenção de sua imagem pública, junto a ONGs, mídia e grupos sociais afetados pelas questões ambientais.

O sexto benefício trata da **melhoria da qualidade no local de trabalho**. A PmaisL melhora os aspectos de saúde ocupacional e de segurança do trabalho.

Por fim, a **melhoria do comprometimento com a legislação ambiental vigente**. Os padrões ambientais para disposição de resíduos estão cada vez mais restritivos. A adequação ambiental dos setores produtivos a essas exigências requer, na maioria dos casos, investimentos consideráveis em tecnologias de controle. A PmaisL facilita e reduz os investimentos necessários a essa adequação ambiental, possibilitando o conhecimento necessário a uma atividade produtiva e relacionando a amplitude e intensidade de seu impacto ambiental às componentes econômicas da geração desses resíduos, além da componente econômica de adequação às exigências legais ambientais correspondentes.

PmaisL *versus* outras estratégias de gerenciamento ambiental

É possível afirmar que a aplicação da PmaisL pode ser estudada de acordo com seus níveis de aplicação. No nível de escala macro, a PmaisL é aplicada a processos industriais; na escala meso, em plantas industriais; e na escala micro, aos processos de síntese.

Essa classificação em níveis permite visualizar a aplicação da PmaisL considerando uma atuação em projetos existentes ou para desenvolvimento de novos projetos em sistemas de produção industrial, plantas e/ou operações unitárias e produtos e/ou materiais, conforme apresentados no Quadro 10.3.

PARA SABER MAIS

Conheça mais sobre os diversos conceitos apresentados no Quadro 10.3 e suas relações com o conceito de PmaisL, com a leitura do livro *Prevenção da poluição*, de Kiperstok et al. (2002).

Quadro 10.3 » Visão geral dos conceitos de Produção mais Limpa e exemplos de ferramentas

Abordagem	Ferramenta analítica e de diagnóstico	Conceitos de melhoria e inovação	Áreas de aplicação
Escala Macro: Ecologia Industrial			
Diagnóstico de fluxos de materiais e energia por meio ou como parte do parque industrial.	Análise de fluxo de materiais. Contabilidade ambiental.	Sistema de inovações guiado, por exemplo: • *The Natural Step;* • Fator X.	Simbiose industrial. Desenvolvimento de tecnologia sustentável.
Escala Meso: Ecoeficiência			
Diagnóstico do uso eficiente de materiais e energia em produtos, serviços e processos.	Abordagem de ciclo de vida. Abordagem de produção mais limpa.	Produtos e processos ecoeficientes baseados em: • Princípios de *design* de ciclo de vida; • Ecocompass.	*Design* e operação de equipamentos. *Design* e seleção de processo.
Escala Micro: Química Verde (*Green Chemistry*)			
Diagnóstico do uso eficiente de materiais e energia de sínteses alternativas e rotas de processos.	Economia atômica.	Sínteses alternativas mais verdes e rotas de processos orientados pelos princípios da química verde.	Desenvolvimento de sínteses químicas alternativas.

Fonte: Alles et al. (1997), *apud* Van Berkel (2000a).

» Avaliação do desempenho da PmaisL

A última etapa da implementação da metodologia de PmaisL, conforme UNEP/UNIDO (2004), é caracterizada pela implementação e continuidade das oportunidades de PmaisL identificadas como viáveis técnica, econômica e ambientalmente pelo monitoramento e avaliação dos resultados obtidos. A consolidação dessa etapa pode ser obtida observando-se a execução de algumas atividades a serem implementadas, com as seguintes características:

• Plano de continuidade de PmaisL: priorização para a implementação das oportunidades de PmaisL, definição de responsabilidades, estabelecimento de um cronograma de implementação e plano de monitoramento para cada oportunidade.

• Implementação das oportunidades de PmaisL: planejamento da implementação da oportunidade, detalhando custos, equipamentos, *start up* e necessidade de supervisão.

• Monitoramento do progresso do programa de PmaisL: determinação de indicadores simples e fáceis para monitorar, que possam demonstrar o desempenho do programa de PmaisL.

• Melhoria contínua da metodologia de PmaisL implementada: leva à consolidação do conceito de PmaisL nas diversas atividades e setores de uma empresa.

A incorporação do conceito de PmaisL na estratégia gerencial de uma empresa permite fixar objetivos e metas integradas na implementação de seus sistemas de gestão. Possibilita também o estabelecimento de uma estratégia para a integração desses sistemas de gestão e a sua avaliação. A melhoria contínua pode ser medida de forma eficiente pela geração de evidências de resultados integrados e mensuráveis.

O CNTL implementou recentemente o sistema de avaliação de desempenho ambiental com base nos conceitos de PmaisL (SAPmaisL). A metodologia padrão de avaliação do desempenho ambiental foi desenvolvida com base nos conceitos de PmaisL.

Foram definidos na norma elaborada (NEETZOW; OLIVEIRA; SOUZA, 2009):

• os critérios de seleção das organizações participantes do projeto piloto;

• os requisitos do SAPmaisL que foram verificados pelos especialistas;

• as etapas para certificação de conformidade do SAPmaisL;

• as metas;

• as condições para realização da pré-avaliação;

• a emissão do Certificado de Adesão ao SAPmaisL;

• os critérios utilizados para atingir as metas e evidências para comprovação de atendimento;

• os critérios de avaliação;

• como a empresa seria recomendada;

• como seria a validação da recomendação;

• o período de validade do certificado;

• como seriam os ciclos de avaliação.

» JUNTANDO TUDO

Agora que você já conhece o conceito de PmaisL, a metodologia, suas vantagens econômicas, ambientais e de saúde ocupacional para uma empresa, vamos realizar uma atividade para consolidar seus conhecimentos.

Identifique o setor produtivo de abate de bovinos e suínos, no site da CETESB (link disponível no ambiente virtual de aprendizagem). Localize as respostas no guia de PmaisL setorial para as seguintes perguntas:

1) Quais são as entradas e saídas de cada etapa do processo produtivo de abate de bovinos?

2) O que são processos utilitários em uma empresa de abate de bovinos?

3) Quais são os cinco principais usos da água no processo de abate?

4) Qual é o vinculo de um produto químico utilizado em empresas no abate de animais e qual o seu impacto ambiental?

5) Qual é a principal estratégia para que a implementação de PmaisL seja efetiva nos abatedouros?

6) Cite uma estratégia para diminuir a geração de efluentes e sua carga poluidora.

7) Cite três medidas para racionalizar o uso de energia em abatedouros.

REFERÊNCIAS

CENTRO NACIONAL DE TECNOLOGIAS LIMPAS SENAI-RS. *Cinco fases da implantação de técnicas de produção mais limpa*. Porto Alegre: UNIDO; UNEP; SENAI, 2003b. (Série Manuais de PmaisL).

CENTRO NACIONAL DE TECNOLOGIAS LIMPAS SENAI-RS. *Produção mais limpa no setor de confecções*. Porto Alegre: SENAI-RS, 2007. Disponível em: <http://wwwapp.sistemafiergs.org.br/portal/page/portal/sfiergs_senai_uos/senairs_uo697/proximos_cursos/Produ%E7%E3o%20mais%20Limpa%20em%20Confec%E7%F5es.pdf>. Acesso em: 26 nov. 2012.

CENTRO NACIONAL DE TECNOLOGIAS LIMPAS SENAI-RS. *Questões ambientais e produção mais limpa*. Porto Alegre: CNTL SENAI-RS, 2003a. (Série Manuais de Produção mais limpa). Disponível em: <http://www.agracadaquimica.com.br/quimica/arealegal/outros/262.pdf>. Acesso em: 09 nov. 2012.

DIAS, M. M. *Aplicação de tecnologias limpas na indústria hoteleira para um turismo sustentável.* [S.l.]: Ethos, 2003. Disponível em: <http://www.uniethos.org.br/_Uniethos/Documents/Aplica%C3%A7%C3%A3o%20de%20Tecnologias%20Limpas%20na%20Ind%C3%BAstria%20Hoteleira.pdf>. Acesso em: 22 nov. 2012.

KIPERSTOK, A. et al. *Prevenção da poluição*. Brasília: SENAI, 2002.

NEETZOW, R. F. W.; OLIVEIRA, J. M.; SOUZA, A. V. Sistema de avaliação em produção Mais limpa (SAPmaisL): promovendo a melhoria contínua. In: INTERNATIONAL WORKSHOP ADVANCES IN CLEANER PRODUCTION, 2., 2009, São Paulo. *Conference Proceedings*... São Paulo: UNIP, 2009. Disponível em: <http://www.advancesincleanerproduction.net/second/files/livro%20de%20resumos%20-%202nd.pdf>. Acesso em: 22 nov. 2012.

SANTOS, M. K. Beneficios ambientales derivados de clean production. *Memória de Trabajos de difusión científica y técnica*, n. 4, 2005.

UNITED NATIONS ENVIRONMENT PROGRAMME. Division of Technology, Industry and Economics. *Training package for cleaner production financing*: CP1: cleaner production concepts and practice. Paris: UNEP, 2001.

UNITED NATIONS ENVIRONMENT PROGRAMME; UNIDO. *Guidance manual on how to establish and operate cleaner production centres*. [S.l.]: SCP Publications, 2004. Disponível em: <http://www.unep.fr/shared/publications/pdf/WEBx0072xPA-CPcentre.pdf>. Acesso em: 10 nov. 2012.

VAN BERKEL, R. *Cleaner production for process industries*: overview of the cleaner production concept and relation with other environmental management strategies. Perth: Curtin University of Technology; CHEMECA, 2000a.

VAN BERKEL, R. Cleaner production perspective for the next decade (II). In: CONFERENCE BACKGROUND-PAPER AT UNEP INTERNATIONAL HIGH-LEVEL SEMINAR ON CLEANER PRODUCTION, 6. 2000, Montreal. *Anais*... Montreal: [s.n.], 2000b.

Magali da Silva Rodrigues
Elisabeth Ibi Frimm Krieger
Marise Keller Santos

capítulo 11

Gerenciamento de resíduos

O crescimento populacional, aliado ao grande desenvolvimento industrial ocorrido nas últimas décadas, é responsável pelo aumento da geração de resíduos sólidos e representa um grande problema à saúde e ao meio ambiente.

Depois de terem sido tratadas com descaso por muito tempo, as questões relativas aos resíduos sólidos começam a ser alvo de ações políticas e técnicas que estão sendo colocadas em prática. Porém, as soluções não dependem apenas de decisões governamentais ou de atitudes de empresas. Cada cidadão deve contribuir para minimizar a geração de resíduos em sua residência, bem como segregar os resíduos gerados a fim de facilitar e otimizar sua reciclagem.

Este capítulo apresenta a conceituação de resíduo, origens e formas de classificação, as principais formas de gestão e gerenciamento de resíduos sólidos, as técnicas de tratamento e a disposição final em função dessa classificação e a legislação pertinente.

OBJETIVOS

Após o estudo deste capítulo, você deverá ser capaz de:

» Comparar os tipos de resíduos e sua classificação de acordo com a NBR 10004:2004.

» Descrever como está a situação dos resíduos sólidos no Brasil.

» Identificar como funciona a gestão integrada e o gerenciamento e manejo de resíduos.

» Conhecer as técnicas de tratamento e disposição final de resíduos.

» Definir a política nacional dos resíduos sólidos.

Classificação dos resíduos

Um resíduo disposto inadequadamente, sem qualquer tratamento, pode causar impacto ambiental no solo, nas águas superficiais e subterrâneas, contaminar o ar e afetar a comunidade do entorno. As águas superficiais podem ser contaminadas diretamente pelos resíduos, conforme a proximidade do local de disposição ou pela percolação no solo e pela lixiviação, contaminando a água subterrânea. A qualidade do ar pode ser comprometida pela disposição de resíduos geradores de gases e odores e pela queima.

A Norma ABNT NBR 10004 define os resíduos sólidos como resíduos nos estados sólido e semissólido, resultantes de atividades de origem industrial, doméstica, hospitalar, comercial, agrícola, de serviços e de varrição. Estão incluídos nessa definição os lodos provenientes dos sistemas de tratamento de água que são aqueles gerados em equipamentos e instalações de controle de poluição, bem como determinados líquidos, cujas particularidades tornem inviável o seu lançamento na rede pública de esgotos, ou corpos de água ou que exijam para isso soluções técnica e economicamente inviáveis ante a melhor tecnologia disponível.

Existem vários tipos de **classificação dos resíduos sólidos**, porém, as mais comuns são quanto à natureza ou à origem e quanto aos riscos potenciais de contaminação do meio ambiente (Quadro 11.1).

Quadro 11.1 » Classificação dos resíduos sólidos quanto à natureza ou origem

Resíduos industriais	Gerados em indústrias, sendo da empresa geradora a responsabilidade por seu manejo e por sua destinação. No caso de destinação a um aterro, a responsabilidade passa a ser compartilhada com a empresa que gerencia o local.
Resíduos urbanos	Compreendem os resíduos domiciliares, comerciais (produzidos em escritórios, lojas, hotéis, supermercados e restaurantes) e de serviços oriundos da limpeza pública urbana (resíduos de varrição de vias públicas, das podas e da limpeza de galerias, terrenos, córregos, praias e feiras). A coleta e a disposição final desses resíduos são de responsabilidade das prefeituras municipais. No caso de estabelecimentos comerciais que geram quantidades acima de 50kg/dia, a responsabilidade passa a ser do estabelecimento gerador.

(continua)

Quadro 11.1 » Classificação dos resíduos sólidos quanto à natureza ou origem (*Continuação*)

Entulhos	Consistem basicamente de resíduos da construção civil, como, por exemplo, demolições, restos de obras, solos de escavações e materiais afins, sendo as prefeituras corresponsáveis por pequenas quantidades, de acordo com legislação municipal específica.
Resíduos de serviços de saúde	Produzidos em hospitais, clínicas médicas e veterinárias, laboratórios de análises clínicas, farmácias, centros de saúde, consultórios odontológicos, entre outros. Esses resíduos podem ser comuns (restos de alimentos, papéis, invólucros) ou sépticos (restos de material cirúrgico e de tratamento médico), sendo o gerador o responsável pelo seu gerenciamento.
Resíduos de portos, aeroportos, terminais rodoviários e ferroviários	Constituem resíduos sépticos que podem conter organismos patogênicos, tais como materiais de higiene e de asseio pessoal, além de restos de comida. Possuem capacidade de veicular doenças de outras cidades, estados e países, cabendo ao gerador a responsabilidade pelo seu gerenciamento.
Resíduos agrícolas	Correspondem aos resíduos das atividades da agricultura e da pecuária, tais como embalagens de adubos, de defensivos agrícolas e de ração, restos de colheita e esterco animal. O responsável pelo gerenciamento é o gerador; a empresa que faz o tratamento ou disposição é corresponsável.
Resíduos radiativos	Provenientes dos combustíveis nucleares e de alguns equipamentos que usam elementos radiativos, sendo de responsabilidade da Comissão Nacional de Energia Nuclear (CNEM).

Quanto à natureza ou origem, os resíduos são classificados como industriais, urbanos, agrícolas, de serviços de saúde, de portos, aeroportos, terminais rodoviários e ferroviários, radiativos e entulho, conforme detalhado a seguir, contemplando a responsabilização pela destinação adequada.

A Norma ABNT NBR 10004 classifica os resíduos sólidos quanto aos seus riscos potenciais ao meio ambiente e à saúde pública para que possam ser gerenciados adequadamente. A classificação de resíduos sólidos envolve a identificação do processo ou da atividade que lhes deu origem, seus constituintes e suas características e a comparação de tais constituintes com as listagens de resíduos e substâncias cujo impacto à saúde e ao meio ambiente é conhecido.

A Figura 11.1 ilustra a classificação dos resíduos sólidos amostrados (ABNT NBR 10007 – Amostragem de resíduos) de acordo com a Norma ABNT NBR 10004, cujos anexos A e B listam, respectivamente, os resíduos perigosos de fontes não específicas e os resíduos perigosos de fontes específicas.

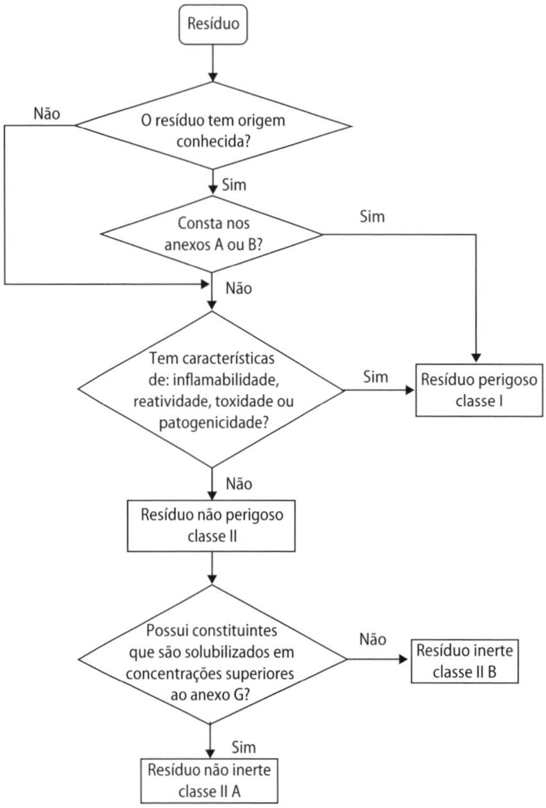

Figura 11.1 Caracterização e classificação de resíduos.
Fonte: ABNT NBR 10004.

Para os efeitos da Norma ABNT NBR 10004, os resíduos são classificados em:

Resíduos classe I – perigosos

Resíduos classe II – não perigosos

- resíduos classe II A – não inertes
- resíduos classe II B – inertes

Resíduos classe I – perigosos

A periculosidade é uma característica apresentada por um resíduo que, em função de suas propriedades físicas, químicas ou infecto-contagiosas, pode apresentar:

- Risco à saúde pública, provocando mortalidade, incidência de doenças ou acentuando seus índices.
- Riscos ao meio ambiente, quando o resíduo for gerenciado de forma inadequada.

Também são considerados perigosos aqueles resíduos que apresentam inflamabilidade, corrosividade, reatividade, toxicidade (ABNT NBR 10005 – Lixiviação de resíduos), patogenicidade ou constem dos anexos A e B da Norma ABNT NBR 10004. Como exemplo, temos: óleos, resíduos patogênicos, resíduos de pesticidas e lodos contendo metais pesados.

Resíduos classe II – não perigosos

Os resíduos não perigosos se subdividem em inertes e não inertes.

Resíduos classe II A – não inertes

São aqueles que não se enquadram nas classificações de resíduos classe I – perigosos, ou de resíduos classe II B – inertes, nos termos da Norma ABNT NBR 10004. Os resíduos classe II A, não inertes, podem ter propriedades como: biodegradabilidade, combustibilidade ou solubilidade em água.

Por exemplo, restos de alimentos, papel, papelão, madeira, tecidos.

Resíduos classe II B – inertes

São resíduos que, quando submetidos a um contato dinâmico e estático com água destilada ou deionizada, à temperatura ambiente, conforme teste-padrão de solubilização (ABNT NBR 10006 – solubilização de resíduos), não têm nenhum de seus constituintes solubilizados a concentrações superiores aos padrões de potabilidade de água, excetuando-se aspecto, cor, turbidez, dureza e sabor.

Por exemplo: bloco de concreto, vidro, porcelana e determinados plásticos.

O resíduo é um subproduto e, dependendo do processo produtivo, ele pode ser, no ambiente interno, reciclado, tratado e reutilizado. No ambiente externo ao processo, o resíduo pode ter uma reciclagem externa ou uma disposição final adequada.

As decisões técnicas e econômicas tomadas em todas as fases do resíduo, desde geração, manuseio, acondicionamento, armazenamento, coleta, transporte, tratamento e disposição final, devem basear-se na classificação do resíduo em função dos riscos que este pode apresentar ao homem e ao meio.

>> PARA REFLETIR

Você acha que as empresas são responsáveis pelo tratamento e pela destinação adequada de todos os seus resíduos gerados ou apenas pelos resíduos perigosos?

Identifique um processo produtivo e classifique os resíduos gerados de acordo com a Norma ABNT NBR 10004.

>> CURIOSIDADE

O resíduo de um processo produtivo pode ser matéria-prima de outro processo produtivo!

>> Situação dos resíduos sólidos urbanos (RSU) no Brasil

www.

>> **NO SITE**

Conheça as metas estabelecidas no Plano Nacional de Resíduos Sólidos (BRASIL, 2011) lendo o documento disponível no ambiente virtual de aprendizagem: www.bookman.com.br/tekne.

A responsabilidade pela proteção ao meio ambiente, pelo combate à poluição e pela oferta de saneamento básico a todos os cidadãos brasileiros está prevista na Constituição Federal, que deixa a cargo dos municípios a responsabilidade pela gestão da limpeza urbana e dos resíduos sólidos gerados em seu território.

De acordo com a Pesquisa Nacional de Saneamento Básico (INSTITUTO BRASILEIRO DE GEOGRAFIA E ESTATÍSTICA, 2010), o manejo dos resíduos sólidos, que inclui coleta e destinação final do lixo e da limpeza pública, existe em todos os municípios do Brasil. Os **vazadouros a céu aberto** (lixões) constituem o destino final dos resíduos sólidos em 50,8% dos municípios brasileiros, 22,5% dos municípios destinam seus resíduos para aterros controlados e 27,7% para aterros sanitários.

Embora esse quadro venha se alterando nos últimos 20 anos, sobretudo, nas regiões sudeste e sul do país, tal situação apresenta um cenário de destinação inadequado. Programas de **coleta seletiva** encontram-se implementados em 994 municípios, concentrando-se, sobretudo, nas regiões sul e sudeste, onde, respectivamente, 46 e 32,4% dos municípios informaram ter coleta seletiva em todos os distritos. Os municípios com serviço de coleta seletiva separam, prioritariamente, papel e/ou papelão, plástico, vidro e metal (materiais ferrosos e não ferrosos).

De acordo com o Panorama de Resíduos Sólidos no Brasil, datado de 2010 (ASSOCIAÇÃO BRASILEIRA DE EMPRESAS DE LIMPEZA URBANA, 2010), nas capitais e cidades com mais de 500 mil habitantes, foram coletadas 70,8 mil toneladas de resíduos sólidos urbanos (RSU) por dia, o equivalente a 1,2 kg por habitante, número superior à média nacional *per capita*, que atingiu 1,08 kg/habitante/dia. A geração *per capita* nas regiões sudeste e sul foi, respectivamente, de 1,288 e 0,879 kg/habitante/dia.

O Inventário Estadual de Resíduos Sólidos Domiciliares (COMPANHIA AMBIENTAL DO ESTADO DE SÃO PAULO, 2010) apresenta a produção *per capita* de resíduos sólidos domiciliares em função da população urbana, conforme pode ser observado na Tabela 11.1. Cabe salientar que foram considerados apenas os resíduos de origem domiciliar, ou seja, aqueles gerados nas residências e no pequeno comércio, não contabilizando os resíduos gerados em indústrias, na limpeza de vias públicas, em podas, na limpeza de córregos e outros que, frequentemente, são enviados para os aterros sob uma classificação única de resíduos sólidos urbanos.

Tabela 11.1 » Valores de coeficientes *per capita* de produção de resíduos sólidos domiciliares em função da população urbana

População (milhares de habitantes)	Produção de lixo (kg/habitante/dia)
Até 100	0,4
100 a 200	0,5
200 a 500	0,6
Maior que 500	0,7

Fonte: Companhia Ambiental do Estado de São Paulo (2010).

A composição aproximada do lixo domiciliar brasileiro consta na Figura 11.2.

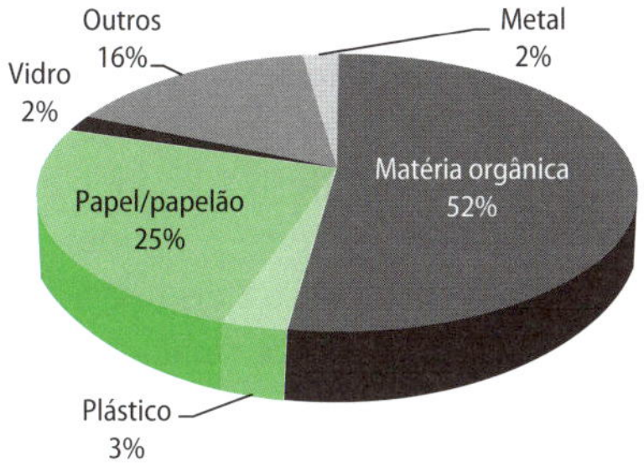

Figura 11.2 Composição aproximada do lixo domiciliar brasileiro.
Fonte: Companhia de Tecnologia e Saneamento Ambiental (2010).

WWW.

» NO SITE

Leia o Decreto nº 5.940/2006, disponível no ambiente virtual de aprendizagem, que institui a separação dos resíduos recicláveis pelos órgãos e pelas entidades de administração pública federal direta e indireta na fonte geradora e a sua destinação às associações e cooperativas dos catadores de materiais recicláveis.

» Gestão integrada de resíduos sólidos urbanos

A gestão integrada de resíduos sólidos pressupõe ações que considerem desde o momento da geração dos resíduos, contemplando a maximização de seu reaproveitamento, até o processo de tratamento e destinação final. O processo compreende as ações relativas à **tomada de decisões políticas e estratégicas** quanto aos aspectos institucionais, administrativos, operacionais, financeiros, sociais e ambientais relacionados aos resíduos sólidos.

O artigo 30, da Constituição Federal de 1988, estabelece que cabe ao poder público local (município) a competência pelos serviços de limpeza pública, incluindo-se a coleta e a destinação dos resíduos sólidos urbanos.

São elementos fundamentais a serem considerados no desenvolvimento da gestão integrada de resíduos sólidos:

- A integração de todos os atores relacionados aos resíduos sólidos.
- A integração de todos os elementos da cadeia no fluxo dos resíduos sólidos.
- A integração dos aspectos técnicos, ambientais, sociais, institucionais e políticos para assegurar a sustentabilidade.
- A relação da problemática dos resíduos sólidos com outros componentes urbanos, tais como drenagem de águas pluviais, esgotamento sanitário, recursos hídricos, abastecimento de água, saúde pública, etc.

Na **gestão integrada**, o âmbito dos RSU é ampliado na limpeza urbana convencional e na disposição final para ações integradas que incluam, dentre outras coisas, a não geração, a redução da geração e a recuperação de resíduos. O termo gestão está vinculado ao gestor superior (prefeito) ou se refere ainda a um determinado período (legislatura), predominando a **conotação política**.

O **gerenciamento integrado** de RSU é, em síntese, o envolvimento de diferentes órgãos da administração pública e da sociedade civil com o propósito de realizar a limpeza urbana, a coleta, o tratamento e a disposição final do lixo, levando em consideração as características das fontes de produção, o volume e os tipos de resíduos, para que seja possibilitado o tratamento diferenciado e a disposição final técnica e ambientalmente correta. Também são consideradas as características sociais, culturais e econômicas dos cidadãos e as peculiaridades demográficas, climáticas e urbanísticas locais. O gerenciamento tem **conotação técnica**.

O **manejo de resíduos sólidos** é o conjunto de práticas e procedimentos para operacionalizar as etapas de segregação, coleta, manipulação, acondicionamento, transporte, armazenamento, transbordo, triagem e tratamento, comercialização e disposição final adequada.

Um dos princípios específicos estabelecido na gestão integrada de resíduos sólidos é o desenvolvimento de um "planejamento" que garanta a viabilidade técnica, financeira, institucional e ambiental dos programas, dos projetos e das ações pretendidas, sem os quais não será possível garantir a sustentabilidade ao longo do tempo.

O **plano de gestão de resíduos sólidos** é o instrumento que define a política do setor em um determinado contexto (estadual, regional, municipal). O **plano de gerenciamento** é o instrumento que define como será implementada a política do setor e deve incluir um plano operacional, detalhando as atividades a serem executadas, isto é, o **plano de manejo**.

Assim, a opção por formas de gerenciamento integrado de resíduos sólidos é uma ação política, e não simplesmente técnica. A opção pela disposição de resíduos em aterros sanitários não é uma forma adequada de gerir o problema, pois não é considerado o volume de matérias-primas e de energia desperdiçadas. Acrescenta-se, ainda, a escassez de locais para implantação de aterros sanitários.

É importante que sejam criadas novas tecnologias de fabricação, novas formas de educação ambiental e novas tecnologias de tratamento visando a minimização, redução, reutilização e valorização dos resíduos gerados na busca do desenvolvimento sustentável.

>> Técnicas de tratamento de resíduos

A seguir, abordamos técnicas para o tratamento de resíduos sólidos do tipo: domiciliar, da construção civil, industrial e de serviços de saúde. É necessário ressaltar que cada classe de resíduo tem riscos intrínsecos ao meio ambiente, o que requer diferentes cuidados. A competência do tratamento dos resíduos também é diferenciada de acordo com sua origem.

>> **DEFINIÇÃO**
Tratamento de resíduos é um processo que altera características, composição ou propriedades dos resíduos, de maneira a tornar mais aceitável sua disposição final ou simplesmente sua destruição.

Tratamento de resíduos sólidos domiciliares

Trata-se da redução da quantidade de resíduos gerada pela população, evitando o desperdício, reaproveitando os materiais, separando os recicláveis em casa ou na própria fonte e desfazendo-se dos resíduos de maneira correta. Além desses procedimentos, citam-se as técnicas de reciclagem, compostagem e a incineração descritas a seguir.

Reciclagem: é a separação de materiais do resíduo domiciliar, tais como papéis, plásticos, vidros e metais, com a finalidade de trazê-los de volta à indústria para serem beneficiados e transformados em produtos comercializáveis. A reciclagem propicia a preservação de recursos naturais, economia de energia, economia de transporte (pela redução de material que demanda o aterro), geração de emprego e renda e a conscientização da população para as questões ambientais.

WWW

» **NO SITE**
Acesse o ambiente virtual de aprendizagem, assista aos vídeos sobre reciclagem e pense como cada um de nós pode contribuir para a otimização da reciclagem.

Uma usina de reciclagem apresenta três fases de operação, quais sejam:

- Recepção dos resíduos.
- Alimentação das esteiras.
- Triagem, em que os catadores devem ser posicionados ao longo da esteira de catação, ao lado de dutos ou contêineres, separando no início da esteira os materiais mais volumosos, como papel, papelão e plástico filme, para que os materiais de menor dimensão (latas de alumínio, vidro, etc.) possam ser visualizados e separados pelos catadores no final da linha, conforme pode ser observado na Figura 11.3.

Figura 11.3 Esteira de triagem de resíduos sólidos.

WWW

» **NO SITE**
Acesse o ambiente virtual de aprendizagem para ler o Decreto nº 7.405/2010, que institui o Programa Pró-catador.

Compostagem: é o processo natural de decomposição biológica de materiais orgânicos (aqueles que possuem carbono em sua estrutura), de origem animal e vegetal, pela ação de microrganismos. A compostagem pode ser aeróbia ou anaeróbia, em função da presença ou não de oxigênio no processo. A compostagem aeróbia é mais adequada para o tratamento do lixo domiciliar, tendo como produto final o composto orgânico, um material rico em húmus e nutrientes minerais que pode ser utilizado na agricultura como recondicionador de solos, com algum potencial fertilizante.

Incineração: é o processo no qual ocorre a decomposição térmica sob alta temperatura da parcela orgânica dos resíduos, transformando-os em uma fase gasosa e outra sólida, reduzindo o volume, o peso e as características de periculosidade dos resíduos.

Tratamento de resíduos da construção civil

A forma de tratamento dos resíduos da construção civil mais difundida é a segregação, seguida de trituração e reutilização na própria indústria. O entulho reciclado pode ser usado como base e sub-base de rodovias, agregado graúdo na execução de estruturas de edifícios, em obras de arte de concreto armado e em peças pré-moldadas.

A reciclagem dos resíduos da construção civil apresenta as seguintes vantagens:

• Redução de volume de extração de matérias-primas.

• Conservação de matérias-primas não renováveis.

• Correção dos problemas ambientais urbanos gerados pela deposição indiscriminada de resíduos de construção na malha urbana.

• Colocação no mercado de materiais de construção de custo mais baixo.

• Criação de novos postos de trabalho para mão de obra com baixa qualificação.

Tratamento de resíduos sólidos industriais

O tratamento de resíduos sólidos industriais deve ser precedido por programas para **evitar, minimizar e reutilizar** os resíduos gerados. Um plano de gerenciamento de resíduos deve ser fundamentado na **teoria dos 3Rs**, que classifica as formas de gestão de resíduos, priorizando a redução da geração na fonte, seguida da reutilização e da reciclagem, conforme descrito no Quadro 11.2.

Quadro 11.2 » Gestão de resíduos conforme a teoria dos 3Rs

Redução da geração na fonte	É a implantação de procedimentos que priorizam a não geração dos resíduos, podendo compreender desde o emprego de novas rotinas operacionais até alterações tecnológicas no processo produtivo.
Reutilização	É o reaproveitamento dos resíduos sem que haja modificações na sua estrutura.
Reciclagem	É o beneficiamento do resíduo para que ele seja utilizado em outro ou até no mesmo processo. Um exemplo é a reciclagem de latas de alumínio que passam por um processo de beneficiamento para que o alumínio seja reaproveitado no processo.

Os processos de tratamento mais comuns de resíduos sólidos industriais são:

• Neutralização, para resíduos com características ácidas ou alcalinas.

• Secagem e desidratação de lodos, com a utilização de centrífugas, filtros-prensa e vácuo e leitos de secagem.

• Mescla, que é a mistura de resíduos com alto teor de umidade com outros resíduos secos ou com materiais inertes, como serragem.

• Encapsulamento, que consiste em revestir os resíduos com uma camada de resina sintética impermeável e de baixíssimo índice de lixiviação.

- Incorporação, em que os resíduos são agregados à massa de concreto ou de cerâmica em uma quantidade tal que não prejudique o meio ambiente ou que possa ser acrescentada a materiais combustíveis sem gerar gases prejudiciais ao meio ambiente após a queima.

- Processos de destruição térmica, como incineração e pirólise.

Tratamento de resíduos de serviços de saúde

Os processos mais empregados são incineração, fornos rotativos, pirólise, autoclavagem, micro-ondas, radiação ionizante, desativação eletrotérmica e tratamento químico.

» Agora é a sua vez!

Procure informações sobre como é realizado o tratamento e a disposição final dos resíduos gerados nos hospitais de sua cidade.

» Técnicas de disposição final de resíduos sólidos

Disposição dos resíduos domiciliares

O aterro sanitário é uma técnica de disposição de resíduos sólidos urbanos no solo que não causa danos à saúde pública e à sua segurança e minimiza os impactos ambientais. Esse método utiliza princípios de engenharia para confinar os resíduos à menor área possível e reduzi-los ao menor volume permissível, cobrindo-os com uma camada de terra na conclusão da cada jornada de trabalho ou a intervalos menores, se for necessário (ASSOCIAÇÃO BRASILEIRA DE NORMAS TÉCNICAS, 1984).

Um aterro sanitário conta necessariamente com as seguintes unidades operacionais:

- células de disposição de resíduos;

- impermeabilização de fundo (obrigatória) e superior (opcional);

- sistema de coleta e tratamento dos líquidos percolados (chorume);

- sistema de coleta e queima (ou beneficiamento) do biogás.
- sistema de drenagem e afastamento das águas pluviais;
- sistemas de monitoramento ambiental, topográfico e geotécnico;
- pátio de estocagem de materiais.

A operação de um aterro deve ser precedida de uma adequada seleção de áreas devidamente licenciadas pelo órgão ambiental e de um projeto elaborado de acordo com as Normas da ABNT, observando a legislação ambiental.

>> PARA REFLETIR

Você sabe o que diferencia um aterro sanitário de um lixão? Pense sobre essas diferenças.

Disposição de resíduos sólidos industriais

Os métodos de destinação mais empregados são *Landfarming,* aterros industriais de resíduos classe I, classe II-A ou classe II-B e coprocessamento.

Landfarming

É um tratamento biológico no qual a parte orgânica do resíduo é decomposta pelos microrganismos presentes na camada superficial do próprio solo. É um tratamento muito utilizado na disposição final de derivados de petróleo e compostos orgânicos.

Aterros industriais

Podem ser classificados em aterros classes I, II-A ou II-B, conforme a periculosidade dos resíduos a serem dispostos.

Os aterros classe I se destinam ao recebimento de resíduos industriais perigosos; os aterros classe II-A, ao recebimento de resíduos não inertes e os classe II-B, ao recebimento de resíduos inertes.

Para a execução de um aterro de resíduos perigosos (classe I), os elementos de proteção ambiental a serem necessariamente considerados são: sistemas de drenagem de águas pluviais, sistema de impermeabilização superior e inferior, sistemas de detecção de vazamentos, sistemas de drenagem e tratamento de líquidos percolados, sistemas de drenagem de gases, sistemas de cobertura final impermeabilizada e poços de monitoramento aquífero.

Os aterros classe II-A destinam-se à disposição de resíduos industriais não perigosos e não inertes e também para a disposição de resíduos domiciliares. O que os diferencia dos aterros sanitários é que, normalmente, não têm sistema de drenagem de gases.

Coprocessamento

Consiste na técnica de destruição térmica dos resíduos a altas temperaturas em fornos de fabricação de clínquer (matéria-prima principal do cimento). É uma solução pró-sustentabilidade, pois envolve o aproveitamento energético do resíduo ou seu uso como matéria-prima na indústria cimenteira.

» Política nacional de resíduos sólidos

A Lei nº 12.305, de 2 de agosto de 2010 (BRASIL, 2010b), instituiu a Política Nacional de Resíduos Sólidos (PNRS), estabelecendo o marco regulatório para a área de resíduos sólidos e tendo sido regulamentada pelo Decreto nº 7.405, de 23 de dezembro de 2010 (BRASIL, 2010a).

A PNRS impõe responsabilidades às pessoas físicas ou jurídicas, de direito público ou privado, responsáveis, direta ou indiretamente, pela geração de resíduos sólidos, assim como àquelas que desenvolvem ações relacionadas à gestão integrada ou ao gerenciamento de resíduos sólidos. Em gestão e gerenciamento de resíduos sólidos, deve ser observada a seguinte ordem de prioridade:

Não geração ⇒ redução ⇒ reutilização ⇒ reciclagem ⇒ tratamento ⇒ disposição final adequada dos **rejeitos**.

» DEFINIÇÃO
Rejeito é qualquer material considerado inútil depois de esgotadas as possibilidades de tratamento e recuperação por processos tecnológicos disponíveis e economicamente viáveis. Os aterros sanitários podem receber apenas rejeitos. Resíduo é aquilo que tem valor econômico e que pode ser reciclado ou reaproveitado.

Os principais objetivos da PNRS são:

- Estímulo à adoção de padrões sustentáveis de produção e consumo de bens e serviços.
- Adoção, desenvolvimento e aprimoramento de tecnologias limpas como forma de minimizar impactos ambientais.
- Incentivo à indústria da reciclagem, tendo em vista fomentar o uso de matérias-primas e insumos derivados de materiais recicláveis e reciclados.
- Integração dos catadores de materiais reutilizáveis e recicláveis nas ações que envolvam a responsabilidade compartilhada pelo ciclo de vida dos produtos.
- Intensificação das ações de educação ambiental.

A PNRS institui a responsabilidade compartilhada pelo ciclo de vida dos produtos, abrangendo fabricantes, importadores, distribuidores e comerciantes, consumidores e titulares dos serviços públicos de limpeza urbana e de manejo de resíduos sólidos. O ciclo de vida de um produto corresponde ao processo desde o planejamento até seu desenvolvimento, incluindo a obtenção de matéria-prima até o seu descarte final.

A PNRS estabelece a obrigatoriedade da logística reversa, que é um conjunto de ações, procedimentos e meios destinados a viabilizar a coleta e a restituição dos resíduos sólidos ao setor empresarial, para reaproveitamento, em seu ciclo ou em outros ciclos produtivos, ou outra destinação final ambientalmente adequada.

São obrigados a estruturar e empregar sistemas de logística reversa, fabricantes, importadores, distribuidores e comerciantes de: agrotóxicos, suas embalagens e demais produtos; pilhas e baterias; pneus; óleos lubrificantes, seus resíduos e suas embalagens; lâmpadas fluorescentes, de vapor de sódio e mercúrio e de luz mista; produtos eletroeletrônicos e seus componentes.

A PNRS trouxe também regulação e definições importantes quanto à coleta seletiva a ser iniciada imediatamente pelos municípios, com a participação dos catadores de materiais recicláveis, associada a programas de educação ambiental visando a correta separação dos resíduos.

Os lixões existentes deverão ser eliminados até agosto de 2014, devendo ser implantados aterros sanitários, de preferência com compartilhamento intermunicipal. Os municípios e estados elaboraram, respectivamente, seus planos de gestão integrada de resíduos sólidos e planos estaduais de resíduos sólidos até agosto de 2012, o que garantiu o acesso aos recursos da União. A formação de consórcios públicos municipais pode proporcionar, entre outros aspectos, ganhos de escala na gestão de resíduos e o rateio das despesas.

» ATENÇÃO
A PNRS diferencia resíduo e rejeito.

WWW.

» NO SITE
Conheça as metas estabelecidas na PNRS lendo o documento disponível ambiente virtual de aprendizagem.

» PARA SABER MAIS

Leia o Decreto nº 5.940/2006, que institui a separação dos resíduos recicláveis pelos órgãos e pelas entidades de administração pública federal direta e indireta na fonte geradora e a sua destinação às associações e cooperativas dos catadores de materiais recicláveis, e o Decreto nº 7.405/2010, que institui o Programa Pró-Catador. Disponíveis no ambiente virtual de aprendizagem.

JUNTANDO TUDO!

Acesse o ambiente virtual de aprendizagem e descubra como está a situação de disposição dos RSU no seu estado.

REFERÊNCIAS

ASSOCIAÇÃO BRASILEIRA DE EMPRESAS DE LIMPEZA URBANA. *Panorama de resíduos sólidos no Brasil.* São Paulo: ABRELPE, 2010.

ASSOCIAÇÃO BRASILEIRA DE NORMAS TÉCNICAS. *NBR 8419*: apresentação de projetos de aterros sanitários de resíduos sólidos urbanos. Rio de Janeiro, 1984.

ASSOCIAÇÃO BRASILEIRA DE NORMAS TÉCNICAS. *NBR 10004*: resíduos sólidos: classificação. Rio de Janeiro, 2004a.

ASSOCIAÇÃO BRASILEIRA DE NORMAS TÉCNICAS. *NBR 10005:* lixiviação de resíduos. Rio de Janeiro, 2004b.

ASSOCIAÇÃO BRASILEIRA DE NORMAS TÉCNICAS. *NBR 10007*: amostragem de resíduos. Rio de Janeiro, 2004c.

BRASIL. Constituição da República Federativa do Brasil (1988). *Diário Oficial da União*, 5 out. 1988. Seção 1, n. 191-A, p. 1.

BRASIL. Decreto nº 5.940, de 25 de outubro de 2006. *Diário Oficial da União*, 26 out. 2006. Seção 1, n. 206, p. 4.

BRASIL. Decreto nº 7.405, de 23 de dezembro de 2010. *Diário Oficial da União*, 23 dez. 2010a. Seção 1, n. 245-A--Edição Extra, p. 7.

BRASIL. Lei nº 12.305, de 2 de agosto de 2010. *Diário Oficial da União*, 3 ago. 2010b. Seção 1, n. 147, p. 3.

BRASIL. Ministério do Meio Ambiente. *Plano nacional de resíduos sólidos*. Brasília: MMA, 2011. Versão preliminar para consulta pública. Disponível em: <http://www.mma.gov.br/estruturas/253/_publicacao/253_publicacao02022012041757.pdf>. Acesso em: 22 nov. 2012.

COMPANHIA AMBIENTAL DO ESTADO DE SÃO PAULO. *Inventário estadual de resíduos sólidos domiciliares.* São Paulo: CETESB, 2010. Disponível em: <http://www.cetesb.sp.gov.br/solo/publicacoes-e-relatorios/1-publicacoes-/-relatorios>. Acesso em: 01 set. 2011.

INSTITUTO BRASILEIRO DE GEOGRAFIA E ESTATÍSITCA. *Pesquisa nacional de saneamento básico 2008*. Rio de Janeiro: IBGE, 2010. Disponível em: <http://www.ibge.gov.br/home/estatistica/populacao/condicaodevida/pnsb2008/PNSB_2008.pdf>. Acesso em: 01 set. 2011.

ROCCA, A.C.C. et al. *Resíduos sólidos industriais*. 2. ed. São Paulo: CETESB, 1993.

Magali da Silva Rodrigues
Elisabeth Ibi Frimm Krieger
Marise Keller Santos

capítulo 12

Gestão ambiental

A preocupação com as questões ambientais é relativamente recente. O acelerado crescimento populacional ocorrido a partir da Revolução Industrial trouxe como consequência a demanda cada vez maior de consumo de recursos naturais, renováveis ou não.

O uso desses recursos, aliado à necessidade crescente de bens e alimentos, teve como consequência um aumento do potencial impacto ambiental, ou seja, da poluição, pois os materiais excedentes eram simplesmente descartados e o ambiente se encarregava de absorvê-los. Esse modelo de desenvolvimento foi utilizado desde o início da história da humanidade e durante muito tempo se mostrou razoável, pois não havia a percepção da poluição.

Com o passar dos anos e o crescimento populacional, esse modelo tornou-se incompatível com um ambiente finito no qual os recursos naturais e a capacidade de absorção e reciclagem dos resíduos gerados são limitados e é importante que você se aproprie dos conceitos a ela relacionados. Neste capítulo, a gestão ambiental é foco de análise e é através de uma viagem no tempo que mostra a evolução da gestão ambiental até os dias atuais, seguida pela classificação da gestão ambiental e de Norma ISO 14000 que regulamenta o processo.

OBJETIVOS:

Após o estudo deste capítulo, você deverá ser capaz de:

» Reconhecer o significado de gestão ambiental.

» Descrever o surgimento da gestão ambiental.

» Distinguir os instrumentos de gestão ambiental existentes no Brasil.

» Identificar o que significa gestão ambiental nas cidades.

» Reconhecer o impacto da gestão ambiental no planejamento estratégico das organizações.

Mas, afinal, como se deu a evolução da gestão ambiental nos sistemas produtivos industriais? O que vem a ser gestão ambiental e quais os instrumentos existentes no Brasil? Como se dá a gestão ambiental nas cidades? Como a gestão ambiental foi incorporada ao planejamento estratégico empresarial? O que é certificação ambiental, segundo as normas da série ISO 14000?

Salienta-se que a gestão ambiental é ampla e inclui a gestão ambiental industrial, a gestão ambiental urbana, a gestão ambiental municipal e a sua interação com a gestão regional.

E o que precisamos para a regência dessa gestão? Seguramente, necessitamos de profissionais capacitados que enfrentarão um dos maiores desafios do século que se inicia: a busca da administração que contemple viabilidade econômica, inclusão com justiça social e equilíbrio ambiental, ou seja, o desenvolvimento com sustentabilidade. Você já imaginou de que maneira a sua formação profissional pode contribuir para a gestão ambiental, ou seja, a conquista de um nível ideal de qualidade de vida para a sociedade e todos os seus membros?

Histórico do processo de gestão ambiental

www.

» NO SITE
Assista ao vídeo *A Evolução da tecnologia*, disponível no ambiente virtual de aprendizagem: www.bookman.com.br/tekne.

A Revolução Industrial baseou-se no uso intensivo de grandes reservas de recursos naturais, particularmente de combustíveis fósseis, abrindo caminho para uma expansão inédita da escala das atividades humanas, que pressionou fortemente a base de recursos naturais do planeta. Ou seja, mesmo que todas as atividades humanas respeitassem princípios ecológicos básicos, sua expansão não poderia ultrapassar a "capacidade de carga" do planeta.

O nível de degradação ambiental a partir dessa época assumiu proporções sem precedentes, o que gerou um estado de alerta para que fossem criados mecanismos que mediassem os conflitos existentes e reduzissem a degradação ambiental. Surgiu, assim, a primeira geração de instrumentos de gestão ambiental. Eles são baseados nos princípios que regem o direito ambiental, a saber: princípio do direito humano; do desenvolvimento sustentável; democrático; da prevenção; do equilíbrio e do poluidor pagador.

O processo de controle ambiental em organizações passou por uma evolução histórica bastante característica e foi reflexo do decréscimo progressivo da qualidade ambiental, chamando a atenção de vários atores interessados na melhoria do desempenho ambiental das organizações. Desde o início da história da humanidade, no âmbito dos resíduos, os materiais excedentes eram simplesmente descartados e o ambiente se encarregava de absorvê-los. Durante muito tempo esse modelo se mostrou razoável, pois não havia a percepção da poluição.

No entanto, esse modelo, chamado **sistema aberto**, depende de um suprimento contínuo e inesgotável de matéria e energia que, depois de utilizada, é devolvida ao meio ambiente. Para que tal modelo possa ter sucesso, as seguintes premissas teriam de ser verdadeiras: suprimento inesgotável de energia, suprimento inesgotável de matéria e capacidade infinita do meio de reciclar matéria e absorver energia.

Dessa forma, a percepção de impacto ambiental tornou-se uma realidade para os diversos setores da sociedade que tomaram consciência de que o acúmulo de resíduos pode trazer consequências para a saúde e para a qualidade ambiental. No setor produtivo, esses valores foram gradativamente incorporados com ações no sentido da utilização racional dos recursos naturais e do controle dos impactos negativos ao meio ambiente, originando uma nova percepção ambiental.

Eis que surge o **modelo de desenvolvimento sustentável**, conceito proposto em 1987, pela Comissão Mundial de Desenvolvimento e Meio Ambiente, formada pela ONU em 1984. Essa comissão estudou, durante esses três anos, os conflitos entre o meio ambiente e as necessidades de desenvolvimento: concluiu-se que é tecnicamente viável prover as necessidades mínimas da população mundial de forma sustentável e sem degradação do ecossistema.

Desenvolvimento sustentável é um conceito subjetivo. Os parâmetros de desenvolvimento sustentável de um país como o Japão certamente são diferentes dos de um país da África. O ideal é aquele que responde às necessidades do presente sem comprometer as condições de as futuras gerações satisfazerem suas próprias necessidades.

No setor produtivo, a prática do desenvolvimento sustentável ocasionou a mudança de processo e passou-se a operar como um sistema fechado em relação à geração de resíduos industriais com a incorporação do reúso e da reciclagem.

» ASSISTA AO FILME

Assista ao vídeo *As fases da Revolução Industrial*, disponível no ambiente virtual de aprendizagem. Sabe-se que essa revolução tornou os métodos de produção mais eficientes; no entanto, a poluição ambiental aumentou significativamente. Qual deverá ser a nova postura dos sistemas produtivos atuais?

» PARA REFLETIR

Assita ao vídeo *O que é sustentabilidade ambiental*, disponível no ambiente virtual de aprendizagem. Reflita sobre o conceito de sustentabilidade ambiental e os pilares que a sustentam, como o econômico e o social.

Ao longo das últimas décadas, essa intensificação vem levando as organizações a um amadurecimento de sua postura, conforme apresentado no Quadro 12.1.

Quadro 12.1 Evolução das questões ambientais e a gestão empresarial

Década	Postura empresarial
Até a década de 1970	O paradigma imperante era dispersar os poluentes produzidos – em virtude do menor avanço tecnológico, do menor contingente populacional e de um padrão de consumo menos sofisticado – e isso residia simplesmente em lançar os poluentes o mais longe possível da fonte geradora, evitando, assim, problemas às partes interessadas.
Décadas de 1970 e 1980	Utilização de sistemas de tratamento e controle ambiental de fim de tubo. O maior avanço tecnológico acarretou um padrão de consumo mais exigente e perdulário, aliado à elevação do contingente populacional do planeta. Na década de 1980, no cenário mundial, ocorreram grandes acidentes ambientais, bem como a criação dos Partidos Verdes.
Década de 1990	Postura proativa. O processo de prevenção da poluição ganhou maior ênfase, levando ao investimento em produção mais limpa e buscando minimizar o uso de matérias-primas nos processos. A poluição passa a ser sinônimo de um desperdício que a organização não pode se dar ao luxo de manter.
A partir dos anos 2000	O conceito ambiental se integrou fortemente com as questões de saúde e segurança, estabelecendo os princípios da responsabilidade social, ou seja, empresas decidem, em uma base voluntária, contribuir para uma sociedade mais justa e para um ambiente mais limpo. Com base nesse pressuposto, a gestão das empresas passa a ser norteada, também, pelos outros detentores de interesses, como, por exemplo, os trabalhadores, as comunidades locais, os clientes, os fornecedores, as autoridades públicas, os concorrentes e a sociedade em geral. A partir do gerenciamento integrado (saúde, segurança e meio ambiente), as empresas buscam a certificação ambiental por meio da implementação dos sistemas de gestão ambiental, de auditorias ambientais e de avaliações do ciclo de vida do produto (preocupação desde a concepção até o final da sua vida útil), com vistas a atingir o crescimento sustentável.

Fonte: Seiffert (2010).

>> PARA REFLETIR

Você é capaz de perceber a evolução da gestão ambiental nos moldes como conhecemos hoje?

Basicamente, a **gestão ambiental** nos moldes atuais teve seu **início na década de 1970**. Percebe-se que houve uma evolução nas estratégias das empresas em direção à incorporação de parâmetros ambientais em suas decisões e ações. Cabe ressaltar que a legislação ambiental apresenta-se cada vez mais restritiva e isso torna evidente uma intensificação da pressão sobre as organizações que não podem mais relegar investimentos ambientais para segundo plano, sob pena de perder espaço em um mercado competitivo e cada vez mais exigente.

» Conceito de gestão ambiental

O processo de gestão ambiental surgiu como uma alternativa para buscar a sustentabilidade dos ecossistemas antrópicos, harmonizando suas interações com os ecossistemas naturais. Para se obter essa harmonização, por meio da gestão ambiental, é necessário lidar com situações extremamente complexas. Isso envolve, na maioria das vezes, lidar com interventores ou agentes que apresentam interesses conflitantes em relação à forma de utilização de um determinado bem ambiental. Em virtude disso, foi necessária a criação, ao longo dos anos, de instrumentos de gestão ambiental de várias naturezas como uma forma de medir essa complexidade.

Gestão ambiental é o conjunto de atividades da função gerencial que determina a política ambiental, os objetivos e as responsabilidades e os colocam em prática por intermédio do sistema ambiental, do planejamento ambiental, do controle ambiental e da melhoria do gerenciamento ambiental. Dessa forma, a gestão ambiental é o gerenciamento eficaz do relacionamento entre as organizações e o meio ambiente (SHIGUNOV NETO; CAMPOS; SHIGUNOV, 2009).

Gerenciamento ambiental é um conjunto de rotinas e procedimentos que permite a uma organização administrar adequadamente as relações entre suas atividades e o meio ambiente que as abriga, atentando para as expectativas das partes interessadas (REIS, 1996).

» Surgimento da gestão ambiental no Brasil

Entre o final dos anos de 1950 e o início dos anos de 1960, a crescente sensibilidade de estudiosos, acadêmicos e gestores públicos apontava para a necessidade da criação de novos instrumentos capazes de complementar e ampliar a eficiência daqueles tradicionalmente utilizados no licenciamento ambiental das atividades e dos empreendimentos.

Em 1981, decorridas quase duas décadas de uma crescente preocupação com o meio ambiente, e uma década desde a Primeira Conferência Mundial sobre o Meio Ambiente, realizada pela ONU em 1972, em Estocolmo, o Brasil definiu a Política Nacional do Meio Ambiente (PNMA), pela Lei Federal n° 6.938/1981, de 31 de agosto de 1981.

WWW

» **NO SITE**

Acesse o ambiente virtual de aprendizagem para ler esta lei na íntegra e analisar os instrumentos da Política Nacional do Meio Ambiente.

De acordo com o artigo 2º, da Lei Federal nº 6.938/1981 (BRASIL, 1981), a PNMA "tem por objetivo a preservação, a melhoria e a recuperação da qualidade ambiental propícia à vida, visando assegurar, no País, condições de desenvolvimento socioeconômico, aos interesses da segurança nacional e à proteção da dignidade da vida humana". Antes do estabelecimento da Lei nº 6.938/1981, a abordagem da política ambiental subordinava a questão da proteção ambiental ao desenvolvimento econômico. Por meio desse instrumento legislativo, essa política evoluiu para uma nova abordagem em que se busca maior equilíbrio entre o ambiente e o desenvolvimento, fortalecendo a aplicação de medidas de controle e mitigação de seus efeitos. Trata-se de um novo enfoque em que a qualidade ambiental passa a ser reconhecida como um fator importante para a qualidade de vida do homem. A partir daí, os órgãos ambientais de governo passaram a receber a atribuição de regular os efeitos nocivos do desenvolvimento econômico.

A PNMA criou o Conselho Nacional do Meio Ambiente (CONAMA), artigo 6º e artigo 8º, cuja finalidade é assessorar, estudar e propor ao Conselho diretrizes e políticas governamentais para o meio ambiente e os recursos naturais, e deliberar, no âmbito de sua competência, sobre as normas e os padrões compatíveis com o meio ambiente ecologicamente equilibrado, essencial à sadia qualidade de vida. Compete ainda ao CONAMA estabelecer normas e padrões gerais que poderão ser suplementados pelos Estados (Constituição Federal, artigo 24).

Nessa lei, foram criados instrumentos para que fossem atingidos os objetivos dessa política. Os instrumentos da Política Nacional do Meio Ambiente (Lei Federal n° 6.938), citados no artigo 9°, são os que seguem:

I – o estabelecimento de padrões de qualidade ambiental;

II – o zoneamento ambiental;

III – a avaliação de impactos ambientais;

IV – o licenciamento e a revisão de atividades efetiva ou potencialmente poluidoras;

V – os incentivos à produção e instalação de equipamento e a criação ou absorção de tecnologia, voltados para a melhoria da qualidade ambiental;

VI – a criação de reservas e estações ecológicas, áreas de proteção ambiental e as de relevante interesse ecológico, pelo Poder Público Federal, Estadual e Municipal;

VII – o sistema nacional de informações sobre o meio ambiente;

VIII – o cadastro técnico federal de atividades e instrumentos de defesa ambiental;

IX – as penalidades disciplinares ou compensatórias ao não cumprimento das medidas necessárias à preservação ou correção de degradação ambiental.

Nesse contexto, destaca-se o objetivo maior da gestão ambiental, que deverá ser a busca permanente da melhoria contínua da qualidade ambiental dos serviços, dos produtos e do ambiente de trabalho de qualquer organização pública ou privada, independente do porte. A gestão ambiental poderá ter dois focos principais: gestão ambiental pública e gestão ambiental em organizações.

Gestão ambiental pública

Entre os instrumentos definidos pela PNMA e aplicados à gestão ambiental pública destaca-se o **zoneamento ambiental**, tanto em virtude de sua abrangência quanto por ser a base para a implantação de outros instrumentos de gestão ambiental, como o licenciamento ambiental, a análise ambiental, a gestão de recursos hídricos, etc.

O zoneamento ambiental também servirá de base para a elaboração do plano ambiental dos municípios. O zoneamento é um instrumento pontual e regional, cuja finalidade é, justamente, dividir a porção territorial em zonas conforme os padrões característicos do ambiente e sua aptidão de uso, devendo levar em conta os fatores ambientais existentes. Constitui um instrumento indispensável para se conciliarem os imperativos do desenvolvimento econômico com a necessidade de proteger e melhorar as condições locais.

O processo de zoneamento, como instrumento de gestão ambiental, é fundamental, pois visa o planejamento para a utilização do espaço físico e dos recursos naturais nele existentes, segundo critérios ecológicos e econômicos, a fim de assegurar sua utilização da forma menos impactante possível, e mais economicamente viável. Nesse contexto, o zoneamento ambiental possibilita:

- Impedir a ocupação anárquica dos espaços territoriais, fazendo estes se enquadrarem em determinado padrão de racionalidade (socioeconômico-ambiental).

- Delimitar geograficamente áreas territoriais definindo diretrizes para uso da propriedade e dos recursos naturais nela existentes.

- Contribuir para a realização da função social da propriedade por meio do zoneamento agroecológico.

- Proporcionar planejamento e gestão de áreas protegidas (preservação/conservação).

- Proporcionar melhor gestão dos recursos ambientais.

A fim de evitar conflitos entre a comunidade e a atividade industrial, a Lei nº 6.803, de 2 de julho de 1980 (BRASIL, 1980), definiu o **zoneamento industrial** como zonas

> que se destinam, preferencialmente, à localização de estabelecimentos industriais cujos resíduos sólidos, líquidos e gasosos, ruídos, vibrações, emanações e radiações possam causar perigo à saúde, ao bem-estar e à segurança das populações, mesmo depois da aplicação de métodos adequados de controle e tratamento de efluentes, nos termos da legislação vigente.

O **zoneamento urbano** certamente é o mais difundido instrumento. Na definição de áreas destinadas à expansão urbana, é muito importante determinar o **plano diretor** que cada município irá adotar, de modo a articular os interesses de todos os agentes envolvidos no processo. Como instrumento de gestão territorial urbana, o plano diretor também é um instrumento de gestão ambiental urbana, talvez o principal deles, sobretudo, pelo fato de não haver uma tradição de política ambiental em nível municipal no Brasil.

O documento do Ministério do Meio Ambiente para formulação e implementação de políticas públicas compatíveis com os princípios do desenvolvimento sustentável definidos na Agenda 21 (CONFERÊNCIA DAS NAÇÕES UNIDAS PARA O MEIO AMBIENTE E O DESENVOLVIMENTO, 1992), intitulado *Cidades sustentáveis*, estabelece quatro estratégias de **sustentabilidade urbana** identificadas como prioritárias para o desenvolvimento sustentável das cidades brasileiras, duas das quais remetem diretamente ao plano diretor:

1. Aperfeiçoar a regulação de uso e ocupação do solo urbano e promover o ordenamento do território, contribuindo para a melhoria das condições de vida da população, considerando a promoção da equidade, da eficiência e da qualidade ambiental.

2. Promover o desenvolvimento institucional e o fortalecimento da capacidade de planejamento e gestão democrática da cidade, incorporando no processo a dimensão ambiental urbana e assegurando a efetiva participação da sociedade.

Contudo, existe uma diferença muito grande entre os ideais existentes para a implantação de um plano diretor e o que é observado na prática. Na maioria dos casos, esses desvios são induzidos pelo processo de especulação imobiliária e pelas mudanças de governo, o que induz a uma série de problemas ambientais de difícil resolução, sem o uso de alternativas mais drásticas de intervenção.

Gestão ambiental organizacional

O panorama atual de mercados em unificação e a globalização da competição, facilitada pela queda de barreiras alfandegárias, forçam as empresas a adotar uma nova visão quanto à amplitude de competidores em seu mercado. A atuação das empresas pode ser restrita, mas a competição é globalizada, porque, potencialmente, qualquer competidor é capaz de atender ao mercado em que uma ou outra empresa atua. Juntamente com esse panorama, a preocupação com os aspectos ambientais da produção, por parte dos governos e pela sociedade civil organizada, gerou uma nova demanda às empresas.

Nesse contexto, o objetivo para a emissão de uma **norma internacional** para o gerenciamento ambiental visa a possibilitar que ela possa ser utilizada como ponto de referência, por meio do qual as empresas possam ser comparadas. Essas normas possuem também o potencial de estender e difundir as boas práticas ambientais ao longo das fronteiras.

A série de normas **ISO 14000** vem ao encontro das necessidades das empresas de adotarem práticas gerenciais adequadas às exigências de mercado, universalizando os princípios e os procedimentos que permitirão uma expressão consistente de qualidade ambiental. Essa série de normas possui duas abordagens de avaliação: avaliação da organização e avaliação do produto, conforme apresentado na Figura 12.1.

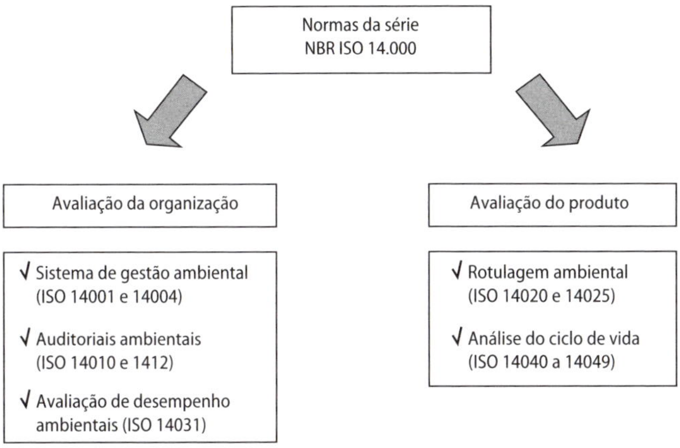

Figura 12.1 Normas ISO 14000.

A série de normas ISO 14000 é uma contribuição da International Organization for Standardization (ISO) ao campo do gerenciamento ambiental. Uma organização poderá decidir sobre a adoção dos requisitos ISO 14001 para sua gestão interna, bem como para a certificação ambiental, obtida a partir de auditorias de organismos de certificação, externos à empresa.

Entre as vantagens de utilização de um sistema de gestão ambiental (SGA) normalizado e adotado internacionalmente, podemos destacar:

- Diferencial competitivo: melhora da imagem, aumento de produtividade e conquista de novos mercados.
- Melhoria organizacional: gestão ambiental sistematizada, integração da qualidade ambiental à gestão dos negócios da empresa, conscientização ambiental dos funcionários e relacionamento de parceria com a comunidade.
- Minimização de custos: eliminação de desperdícios, conquista da conformidade ao menor custo e racionalização dos recursos humanos, físicos e financeiros.
- Minimização dos riscos: segurança legal, segurança das informações, minimização dos acidentes e passivos ambientais, minimização dos riscos dos produtos e identificação de vulnerabilidade.

Entre os principais objetivos de um SGA, podemos citar:

- Fornecer ferramentas necessárias para alcançar metas ambientais e melhoria contínua do desempenho de uma empresa.

• Buscar a qualidade ambiental.

• Avaliar a estratégia da empresa (fator de diferenciação no mercado).

• Adotar medidas de prevenção da poluição.

O sistema de gestão ambiental está fundamentado na adoção de medidas preventivas à ocorrência de impactos adversos ao meio ambiente e se baseia em cinco princípios:

• Conhecer o que deve ser feito. Assegure o comprometimento da empresa e defina sua política de meio ambiente.

• Elaborar o plano de ação para atender aos requisitos de sua política ambiental.

• Assegurar condições para o cumprimento dos objetivos e das metas ambientais e implementar as ferramentas de sustentação necessárias.

• Realizar avaliações qualitativas e quantitativas do desempenho ambiental da empresa.

• Revisar e aperfeiçoar a política, os objetivos e as metas ambientais e as ações implementadas para assegurar a melhoria contínua do desempenho ambiental da empresa.

>> Norma internacional ISO 14001

>> **ASSISTA AO FILME**
Assista ao vídeo *Vida Reciclada ISO 14001*, disponível no ambiente de aprendizagem

A **ISO 14001** no Brasil é editada pela Associação Brasileira de Normas Técnicas (ABNT), tendo sua última versão sido publicada em 31/12/2004 (2ª edição), com validade a partir de 31/01/2005. Essa norma especifica os requisitos relativos a um SGA, permitindo a uma organização formular política e objetivos que levem em conta os requisitos legais e as informações referentes aos impactos ambientais significativos.

A finalidade da ISO 14001 é equilibrar a proteção ambiental e a prevenção de poluição com as necessidades socioeconômicas. Sua adoção não garante, por si só, resultados ambientais ótimos. Ela não aborda e não inclui requisitos relativos a aspectos de gestão de saúde ocupacional e de segurança do trabalho.

A norma contém requisitos de sistema de gestão baseados no processo dinâmico e cíclico de planejar, executar, verificar e agir, o chamado PDCA: *plan* (planejar), *do* (executar), *check* (verificar), *action* (agir). O PDCA pode ser resumido conforme sugere a Figura 12.2:

Figura 12.2 Subsistemas da norma NBR ISO 14001.
Fonte: NBR ISO 14004 (2004b).

A **etapa de planejamento** inclui identificação e classificação dos aspectos ambientais, levantamento dos requisitos legais aplicáveis e definição de objetivos e metas ambientais. Os empresários precisam fazer as perguntas fundamentais relativas aos seus negócios: "Onde estamos e para onde queremos ir?". Responder a essas perguntas envolve três passos.

- Fazer avaliação ambiental inicial: compreender a posição ambiental atual da empresa, as exigências legais impostas, os aspectos ambientais relevantes, suas práticas e posturas; identificar os pontos fortes e fracos.

- Obter uma visão clara do futuro próximo: compreender os prováveis aspectos e impactos ambientais futuros e suas implicações no futuro da empresa, a fim de identificar os riscos e as oportunidades ambientais.

- Estabelecer uma política ambiental: definir como a empresa irá reagir às questões ambientais atuais e futuras, antecipando-se a elas.

A **etapa de implantação e operação** implica definição de estruturas e responsabilidades, treinamentos, comunicação, elaboração da documentação do sistema (incluindo a criação de procedimentos de controle operacional e atendimento das situações de emergência). Os colaboradores encarregados da implementação das ações devem definir responsabilidades e procedimentos, que devem ser aprovados pela alta direção. Nessa etapa, o levantamento das atividades, sua descrição, incluindo sua interação com o meio ambiente, é a parte principal. A partir daí é que as outras atividades dessa etapa se desenvolvem.

Na **etapa de verificação** são executadas ações de monitoramento e medição, conforme padrões ou requisitos legais, sendo levantadas as não conformidades e gerados seus registros. Nessa etapa, geralmente faz-se uma auditoria do sistema para avaliação da eficácia da sua implantação. Esses resultados são analisados junto à direção da empresa, que promove uma análise crítica e determina mudanças de rumo quando necessário.

A empresa deve possuir instrumentos para responder à pergunta "Como estamos indo?". Esses instrumentos de controle e monitoramento geralmente incluem relatórios sobre desempenho ambiental e geração de resíduos (sólidos, líquidos e gasosos). Eles também incluem ações corretivas e preventivas. O objetivo dessa etapa é avaliar a real condição ambiental da empresa em relação às suas políticas definidas, bem como aos objetivos e às metas presentes no plano de ação.

As **etapas de análise pela administração e melhoria contínua** se caracterizam por etapas de aperfeiçoamento do SGA. Deficiências ou imprevistos são identificados e corrigidos. O plano de ação deve ser revisado e adaptado, e os procedimentos são melhorados ou reorientados, conforme a necessidade e a orientação da empresa. O emprego desse método propicia que a direção da organização identifique as mudanças que podem ou devem ser feitas no SGA e se devem retornar à fase de planejamento para introduzir tais alterações na política ambiental e no plano de ação.

O sucesso do sistema depende do comprometimento de todos os níveis e funções, especialmente da alta administração. São elementos básicos do sistema de gestão ambiental (SGA):

- política ambiental;
- programa de gestão ambiental, considerando a avaliação ambiental inicial;
- estrutura organizacional;
- integração da gestão ambiental nas várias atividades de negócios da organização;
- monitoramento, medição e registros;
- ações corretivas e preventivas.
- auditorias;
- análises críticas;
- treinamento;
- comunicação interna/externa.

Basicamente, uma **política ambiental** é a expressão do compromisso da direção da empresa de introduzir a gestão ambiental em suas rotinas. A política ambiental é uma declaração pública das intenções e dos princípios de ação da empresa. É justamente essa política que deve orientar a definição dos objetivos gerais que a organização quer alcançar em termos de relação com o meio ambiente.

Um **programa de gestão ambiental** (ou plano de ação) pode se caracterizar como um conjunto de medidas que a empresa tomará na vigência do SGA. O programa ambiental traduz a política ambiental da organização em objetivos e metas e identifica as ações para atingi-los. Nesse sentido, define as responsabilidades dos colaboradores internos e aloca os recursos humanos e financeiros necessários para a sua implementação. Além disso, o programa deve levar em consideração os aspectos ambientais da organização, uma visão geral das exigências legais e outros requisitos aplicáveis.

Um **sistema de gestão ambiental** deve determinar a estrutura organizacional, estabelecendo tarefas, delegando autoridades e definindo responsabilidades para implementar as ações.

A integração do sistema de gestão ambiental com as operações comerciais inclui procedimentos para incorporar as medidas ambientais em outros aspectos das operações da empresa, tais como saúde e segurança operacional, compras, desenvolvimento de produtos, associações e aquisições, marketing, finanças, entre outras. Inclui também o desenvolvimento de procedimentos ambientais especiais, geralmente especificados em manuais e outras instruções de trabalho, descrevendo medidas e atitudes a serem tomadas na implementação do programa ambiental.

Nesse sentido, devemos entender por procedimentos para monitoramento, medição e manutenção de registros a atitude de documentar e monitorar os resultados de ações e programas específicos, assim como os efeitos globais das melhorias ambientais. Já as ações corretivas e preventivas têm por objetivo principal a eliminação das causas reais ou potenciais de não cumprimento de objetivos, metas, critérios e especificações integrantes do programa ambiental.

As auditorias para verificar a adequação, a eficiência e a implementação do sistema de gestão ambiental têm suas metodologias amplamente explicitadas na série de normas ISO 14000. A organização deve assegurar que as auditorias internas do sistema de gestão ambiental sejam conduzidas em intervalos planejados.

Os objetivos da auditoria interna são:

- Determinar se o sistema de gestão ambiental está em conformidade com os arranjos planejados para a gestão, incluindo-se os requisitos da norma.
- Avaliar se o sistema de gestão ambiental foi adequadamente implementado e se é mantido.
- Fornecer informações à administração sobre os resultados das auditorias.

Os procedimentos de auditoria devem ser estabelecidos, implementados e mantidos a fim de tratar das responsabilidades e dos requisitos para planejar e conduzir as auditorias, relatar os resultados, manter registros associados, bem como para determinar os critérios de auditoria, escopo, frequência e métodos.

A seleção de auditores e a condução das auditorias devem assegurar a objetividade e a imparcialidade do processo. O auditor interno deve ser independente da área auditada. Também deve ser definida a periodicidade dos processos. Os

» DEFINIÇÃO
Auditoria interna é uma atividade geralmente desempenhada pelo departamento de uma entidade, incumbido pela direção de efetuar verificações e de avaliar os sistemas e os procedimentos da entidade, com vistas a minimizar as probabilidades de fraudes, erros ou práticas ineficazes. A auditoria interna deve ser independente no seio da organização e se reportar diretamente à direção.

» DICA
Leia o Capítulo 4 do livro *Fundamentos da gestão ambiental*, de Shigunov Neto, Campos e Shigunov (2009), e verifique como ocorre a integração dos sistemas de gestão.

auditores devem possuir qualificação, normalmente estabelecida pela própria organização. Ao término da auditoria deve ser elaborado um relatório. Análises críticas são realizadas periodicamente pela alta direção da organização, visando à adequação do sistema de gestão ambiental à luz das mudanças e circunstâncias, sejam elas organizacionais ou ambientais. Um importante elemento do sistema de gestão ambiental é o estabelecimento de rotinas de comunicação – entendido como o estabelecimento de um fluxo comunicacional das partes interessadas, internas e externas à organização. No nível externo, relações com a comunidade para comunicar a política e as metas ambientais da organização; no nível interno, todos os níveis hierárquicos devem ter acesso às informações de gerenciamento ambiental que lhes interessem.

>> PARA SABER MAIS

Consulte o site do INMETRO e verifique o histórico de certificações concedidas pelos Estados e as organizações credenciadas pelo INMETRO para certificação da norma NBR ISO 14001.

O estabelecimento de treinamentos é altamente necessário para assegurar que todos os colaboradores entendam onde estão inseridos no contexto do SGA e em relação a suas atividades de trabalho, além da conscientização a respeito das questões ambientais relevantes, da política ambiental, dos objetivos, das metas e do papel de cada colaborador no sistema de gestão ambiental da empresa.

>> JUNTANDO TUDO!

Realize uma busca na internet sobre a Conferência de Estocolmo em 1972. Essa pesquisa auxiliará você a entender o cenário mundial na década de 70 em relação ao controle da poluição industrial a partir dos sistemas de tratamento de poluentes, conhecido como *end of pipe* (fim de tubo).

Além disso, ela poderá auxiliá-lo a compreender o processo de licenciamento ambiental, essencial para autorização dos projetos, construções/ampliações ou operação de processos produtivos industriais. Após pesquisar, pense sobre como é possível relacionar este processo com a gestão ambiental adotada pelas empresas atualmente?

REFERÊNCIAS

ASSOCIAÇÃO BRASILEIRA DE NORMAS TÉCNICAS. *ISO 14000*: sistemas de gestão ambiental: diretrizes gerais, princípios sistemas e técnicas. 2. ed. Rio de Janeiro: ANBT, 2004a.

ASSOCIAÇÃO BRASILEIRA DE NORMAS TÉCNICAS. *ISO 14004*: sistemas de gestão ambiental: diretrizes gerais, princípios sistemas e técnicas de apoio. Rio de Janeiro: ANBT, 2004b.

BRASIL. Constituição da República Federativa do Brasil (1988). *Diário Oficial da União*, 5 out. 1988. Seção 1, n. 191-A, p. 1.

BRASIL. Lei nº 6.803, de 2 de julho de 1980. *Diário Oficial da União*, 3 jul. 1980. Seção 1, n. 123, p. 585.

BRASIL. Lei nº 6.938, de 31 de agosto de 1981. *Diário Oficial da União*, 2 set. 1981. Seção 1, n. 167, p. 16509.

CONFERÊNCIA DAS NAÇÕES UNIDAS PARA O MEIO AMBIENTE E O DESENVOLVIMENTO, 2., 1992, Rio de Janeiro. *Agenda 21*. Rio de Janeiro: [s.n.], 1992.

CONFERÊNCIA DAS NAÇÕES UNIDAS SOBRE O MEIO AMBIENTE, 1., 1972, Estocolmo. *Anais...* Estocolmo: [s.n.], 1972.

INSTITUTO NACIONAL DE METROLOGIA, QUALIDADE E TECNOLOGIA. *Empresas certificadas ISO 14001*. Rio de Janeiro: INMETRO, 2012. Disponível em: <http://www.inmetro.gov.br/gestao14001>. Acesso em: 22 nov. 2012.

REIS, M. J. L. *ISO 14000 gerenciamento ambiental*: um novo desafio para a sua competitividade. São Paulo: Qualitymark, 1996.

SEIFFERT, M. E. B. *Gestão ambiental*: instrumentos, esferas de ação e educação ambiental. São Paulo: Atlas, 2010.

SHIGUNOV NETO, A.; CAMPOS, L. M. S.; SHIGUNOV, T. *Fundamentos da gestão ambiental*. Rio de Janeiro: Ciência Moderna, 2009.

Cláudio V. S. Farias

capítulo 13

Gestão de organizações e sustentabilidade

Falar sobre gestão de organizações é uma tarefa bastante complexa, pois as organizações, por definição, possuem um comportamento complexo. Este capítulo lança alguns elementos iniciais necessários para a compreensão dos princípios básicos sobre como gerenciar organizações, sejam elas públicas, privadas, lucrativas, sem fins lucrativos, religiosas, etc. Como ponto de partida, abordaremos o papel dos indivíduos em uma sociedade que é cada vez mais regida pelas organizações. Em geral, as organizações servem para melhorar a vida dos seres humanos, mas isso é efetivamente constatado em todas as organizações da sociedade. As organizações possuem características, gerais e particulares, e em cada uma delas existem funções (gerais e específicas) atribuídas aos seus gestores. Desde sempre, mas de forma mais acentuada nesse momento, as organizações são governadas por princípios de racionalidade. Vamos aqui discutir até que ponto tais princípios são verdadeiros, apresentando quais as funções básicas da gestão e como se expressam nos diversos tipos de organização, introduzindo uma discussão-recente acerca da sustentabilidade como fator-chave nas organizações.

OBJETIVOS

Após o estudo deste capítulo, você deverá ser capaz de:

» Reconhecer a estrutura das relações organizacionais na sociedade.

» Explicar a importância da administração na gestão de organizações.

» Identificar as diferentes etapas envolvidas nos processos gerenciais (ou administrativos).

» Reconhecer as competências profissionais necessárias para funções de liderança nas organizações.

» Caracterizar as ferramentas necessárias para planejar as atividades em organizações, destacando a importância do planejamento estratégico.

» Explicar as influências atuais da questão socioambiental nos processos de gestão das organizações, em especial das empresas.

Até que ponto estamos cercados por organizações

» **DEFINIÇÃO**

As organizações são entendidas como uma combinação de esforços individuais que têm por finalidade realizar objetivos coletivos. Além de seus integrantes (as pessoas), as organizações empregam diversos outros recursos, tais como máquinas e equipamentos, dinheiro, tempo, espaço e conhecimentos.

Joana acorda pela manhã e, após realizar sua higiene matinal, toma café com sua **família**. Em seguida, vai à **escola**, ação que realiza todos os dias pela manhã. Nas terças e quintas à tarde, realiza trabalhos voluntários em uma **organização não governamental** (ONG) na área de educação ambiental. Nos sábados integra o **grupo de escoteiros** e, aos domingos, vai com sua avó ao culto de sua **igreja**, próxima à sua casa.

Talvez a semana de Joana seja muito semelhante a sua, não no que se refere às atividades em si, mas na presença marcante de organizações. Família, escola e igreja são exemplos de como as organizações estão presentes em nosso cotidiano. Mas afinal, o que vem a ser uma **organização**?

Assim, uma organização é um conjunto de pessoas e recursos, que tem por finalidade atingir um objetivo comum, inatingível pelo esforço de uma única pessoa.

» PARA REFLETIR

As organizações fazem parte de seu cotidiano?

Organizações e sociedade

Uma frase dita pelo filósofo francês Jean Jacques Rousseau (1712-1778) serve para compreendermos a relação do homem com as organizações: "o homem nasce livre, mas está sempre acorrentado." Essa frase aparece em seu livro *O contrato social*, publicado em 1762, e se referia às amarras institucionais (em especial aquelas baseadas nas imposições religiosas e sociais) que oprimiam a maioria dos europeus no período que antecedeu a Revolução Francesa.

» PENSAMENTO CRÍTICO

Você acredita, assim como Rousseau, que estamos "amarrados" às organizações? Pense sobre a atualidade da frase.

Na atualidade, nossas vinculações com as organizações modelam nossas vidas: nascemos em uma organização (hospital) e, quando morremos, somos enterrados ou cremados em outra organização (cemitério).

E não nos deparamos com as organizações apenas no início e no fim de nossas vidas: passamos por escolas, universidades; trabalhamos em empresas; nos filiamos a partidos políticos; nos associamos a clubes de lazer; temos nossos times de futebol de preferência; frequentamos festas, cinemas, restaurantes; frequentamos organizações que tratam de nossa espiritualidade (igrejas, sinagogas, mesquitas, entre outras).

Todas essas organizações possuem pontos em comum: influenciam e são influenciadas pelas pessoas, além de possuirem rotinas e regras que orientam seus trabalhos e objetivos. Ao longo da história do homem, as organizações foram evoluindo, em forma e complexidade. Um tipo específico de organização são as empresas.

Uma empresa é uma organização, privada ou pública, que tem por objetivo suprir as pessoas com bens ou serviços necessários ou desejados. Essas empresas surgiram, nos moldes como conhecemos hoje, a partir da Revolução Industrial, em meados do século XVIII. O crescimento das empresas impôs o surgimento de técnicas e formas específicas de controlar a obtenção dos seus objetivos.

Nascia, assim, oficialmente a gestão ou a administração, entendida como um processo de comunicação, coordenação e execução de ações visando à obtenção de objetivos comuns à empresa. A gestão, por sua vez, envolve atividades de articulação entre as ações internas de uma empresa, bem como sua relação externa. O gestor, para além de um profissional técnico, é também um especialista em articular relações sociais, tanto entre si e com os outros como entre pessoas e processos organizacionais aos quais estão sujeitos.

>> CURIOSIDADE

A palavra "administrador" aparece pela primeira vez na obra de Shakespeare *Sonho de uma noite de verão*, escrita em meados de 1590. O autor aponta para um personagem como o "administrador do riso". No entanto, para administrar o riso é necessário compreender as piadas, as quais são histórias bem humoradas, em geral muito contextualizadas. Essa ideia de contextualização é bastante atual e importante para compreender o papel desempenhado pelos gestores nos dias atuais.

Assim, administrar (ou gerenciar) é estar à frente de algo, sendo responsável pelo fluxo de processos, adotando uma sistemática racional. Mas, afinal, o que isso significa? Significa que, ao adotar uma gestão racional, o administrador se ocupa de aplicar sistematicamente várias técnicas para alcançar uma determinada meta ou um objetivo.

Portanto, os administradores sempre atuam como indivíduos que interpretam (ou seja, compreendem) clientes, fornecedores, funcionários, governo, etc. Além disso, os administradores devem fazer interpretações em ambientes com rápidas mudanças, tais como os desejos dos consumidores, a tecnologia, o comportamento dos concorrentes, etc.

É importante destacar que o trabalho do gestor requer compreensão, interpretação, comunicação, persuasão, liderança, negociação, motivação, entre outras. Com isso, não se está dizendo que os administradores são os únicos que pensam nas empresas. O que se está dizendo é que as exigências sobre um administrador recaem sobre habilidades cada vez mais compreensivas e analíticas, e menos manuais. Essas características ficarão mais claras ao longo da leitura deste capítulo.

>> A administração pode ser considerada um processo?

>> **ASSISTA AO FILME**
Assista ao vídeo *Organização do trabalho*, produzido pela equipe técnica do SENAI de São Paulo e veja a importância da divisão do trabalho nas organizações. Disponível no ambiente virtual de aprendizagem: www.bookman.com.br/tekne.

As pessoas acessam produtos e serviços porque existem organizações que se ocupam em fornecê-los, tais como serviços de saúde, de água e energia, alimentação, diversão, educação, entre outros. Também, é por meio das organizações que as pessoas obtêm seus meios de subsistência, tais como salários, abonos, lucros e outras formas de remuneração que lhes possibilitam adquirir bens e serviços de que necessitam ou desejam.

Assim, ao vender produtos e pagar salários, por exemplo, as empresas movem as economias locais, regionais e nacionais. Para ter um bom desempenho de acordo com todas essas expectativas, as organizações precisam ser bem administradas.

Essa visão de que as atividades de gestão assumem um formato "circular" diz respeito ao entendimento que se tem da administração como um processo complexo com início, meio e fim. Além de uma atividade de *feedback* constante e múltiplas variáveis, por exemplo, tecnologia, meio ambiente, relações sociais, etc.

A partir desse entendimento, vários pesquisadores de organizações, entre eles administradores, economistas, sociólogos, introduziram o conceito de "organizações complexas" para descrever o comportamento destas, bem como de seus membros, inseridos em um mundo cada vez mais diverso e multifacetado.

O que caracteriza uma **organização complexa**? Diversos estudos vêm sendo desenvolvidos, em especial a partir da década de 1960, tentando explicar e caracterizar tais organizações. Sabe-se que pelo menos três elementos são comumente empregados para identificá-las: a diferenciação horizontal, a diferenciação vertical (ou hierárquica) e a dispersão geográfica.

Diferenciação horizontal

Refere-se ao modo como as tarefas desempenhadas pelas organizações são subdivididas. Ou seja, essa diferenciação está relacionada à **divisão do trabalho**. Quanto maior a divisão do trabalho, mais elevada será a complexidade dessa organização.

Em geral, esse nível de diferenciação se relaciona ao número de diferentes cargos que as pessoas ocupam, vinculados às suas profissões, às suas práticas especializadas ou ainda às tarefas rotineiras por elas executadas. Alguns autores associam a diferenciação horizontal ao número de divisões, departamentos ou unidades em uma organização.

Diferenciação vertical

Também conhecida como diferenciação hierárquica, pode ser avaliada pela distância entre o cargo mais alto de uma organização e aquele mais na base. Quanto maior essa distância, maior a exigência por coordenação; logo, maior a complexidade dessa organização.

Dispersão geográfica

Esse elemento da complexidade está relacionado à separação dos centros de poder das demais unidades da organização. Um bom exemplo é a organização bancária – tem-se, geralmente, um escritório central (ou agência central), onde as decisões são tomadas, e as agências filiais, em que o trabalho é executado. Essa separação geográfica faz a diferença na gestão da organização. Na atualidade, em dias de globalização, esse elemento torna-se cada vez mais presente, ampliando de forma significativa a complexidade organizacional.

O que os diversos estudos apontam? Apontam para o fato de que a complexidade tem se tornado uma característica estrutural nas organizações. Ou seja, graus específicos de complexidade (vertical, horizontal e espacial) estão relacionados à sobrevivência e à manutenção da continuidade das organizações em situações específicas.

>> PARA REFLETIR

Pense sobre quais das organizações aparentam maior complexidade: uma maternidade, uma universidade ou uma loja de departamentos. Compartilhe e justifique sua escolha.

Níveis e estruturas hierárquicas de uma organização

Ao procurar entender as estruturas hierárquicas em uma organização, pode-se estabelecer uma analogia com a construção civil. Um prédio, em geral, é edificado com vigas, pavimentos, paredes, telhados, etc. A estrutura interna e externa de um prédio determina a movimentação e até mesmo o comportamento das pessoas.

Por conta disso, estruturas diferentes e específicas se fazem necessárias, conforme a utilidade final do prédio – um prédio de escritórios é diferente de uma fábrica de sapatos; uma montadora de veículos é diferente de um banco. Assim, arquitetos e engenheiros projetam suas edificações para atenderem às necessidades das atividades a serem desempenhadas no interior de tais prédios. Além de estarem relacionados à funcionalidade (atendimento de finalidades), os prédios também refletem valores e ideologias das pessoas que os projetam e daqueles que os controlam.

PARA REFLETIR

Pense no prédio da prefeitura de sua cidade ou ainda da sede do poder judiciário local. Você compreende por que eles possuem "projetos grandiosos"? Você consegue perceber que a arquitetura diz muito sobre os valores e as ideologias ali presentes?

É certo que essa analogia entre as estruturas organizacionais e uma edificação não é a mais precisa, até porque, como já vimos, as organizações são complexas e carregam em suas estruturas graus maiores ou menores dessa complexidade. Porém, com essa analogia podemos construir uma série de conceitos importantes para a compreensão do trabalho nas organizações.

Dessa forma, assim como podemos ter dois prédios semelhantes, podemos ter organizações que se estruturam de forma similar (nunca igual, mas similar). Ou ainda como as edificações podem seguir as tendências e modas da época de sua construção, as organizações (e suas finalidades, valores e estruturas) também podem seguir padrões e costumes temporais, podendo, como ocorre nas construções, passar por "reformas e melhorias" ao longo do tempo.

Cabe aqui uma breve discussão sobre os fatores que afetam a estrutura de uma organização. Em geral, a literatura organizacional divide tais fatores em duas explicações possíveis: contexto e projeto. Por **contexto** entende-se a situação em que uma organização vem operando, na atualidade. As explicações contextuais dizem respeito ao tamanho da organização, à tecnologia utilizada, à cultura interna, ao ambiente e aos fatores culturais nacionais.

Projeto se refere às escolhas feitas por uma organização, acerca de como deve ser estruturada. Aprofundaremos um pouco mais o entendimento do papel de tais fatores sobre as estruturas organizacionais.

Em relação às explicações contextuais para certa estrutura, pode-se começar pelo fator tamanho. Este, que pode ser confundido com um fator simples (o número de pessoas à disposição de uma organização), na verdade se apresenta como um tema relativamente complexo. Diversos autores demonstram que o tamanho de uma organização pode ser analisado sob o prisma de quatro componentes:

- Capacidade física de uma organização (um hospital possui um limite de leitos; uma escola tem um número limitado de matrículas, etc.).

- Número de pessoas à disposição da organização (número de funcionários em uma empresa; o número de sacerdotes em uma organização religiosa, etc.).

- Insumos (que podem ser o número de pacientes em um hospital ou ainda o número de detentos em um presídio) ou resultados organizacionais (número de alunos formados em uma escola ou o volume de vendas em uma loja).

- Recursos para investimento disponíveis em uma organização (em uma faculdade privada, a quantidade de fundos doados é uma variável importante).

Depreende-se daí, que a questão do tamanho, que além de importante, guarda significativa carga de complexidade. Pois se, por um lado, é importante ser "grande", por outro, isso pode não ser desejável em outras circunstâncias.

>> PENSAMENTO CRÍTICO

Se o tamanho é um elemento positivo para a avaliação de uma organização (ou seja, quanto maior ela for, melhor), por que os jornais e revistas nacionais criticam severamente o "tamanho do Estado brasileiro"?

O segundo elemento contextual importante para compreender como se estruturam as organizações é a **tecnologia**. A tecnologia é mais um elemento que amplia o grau de complexidade de uma organização. Em geral, a tecnologia envolve o agir sobre e/ou modificar um objeto de um estado a outro.

Esse objeto pode ser um ser vivo, um símbolo ou um objeto inanimado. Diferentes estudos organizacionais demonstram que a natureza da tecnologia afeta a estrutura. Ou seja, o número de níveis hierárquicos, a amplitude de controle dos supervisores e o índice de coordenadores em relação às demais pessoas empregadas nas organizações são diretamente afetados pelo emprego de determinadas tecnologias.

Outro elemento importante para compreender a estrutura é a **cultura interna** de uma organização. Sem dúvida, esse é um dos termos da moda em administração desde os anos de 1980. Inúmeros livros da área de administração tratam do tema ou possuem capítulos inteiros sobre ele. Para Clegg, Kornberger e Pitsis (2011, p. 237), cultura organizacional são "[...] as crenças e os valores, as suposições, percepções, as normas, os artefatos e os padrões de comportamento compartilhados."

>> CURIOSIDADE

Muito se fala sobre os impactos das novas tecnologias em determinadas indústrias, como é o caso do setor calçadista, de vestuário e bancário. O emprego de novas tecnologias de produção e de comunicação tem reduzido drasticamente o número de profissionais empregados nas empresas desses setores.

Esses elementos culturais que exercem pressão sobre a estrutura de uma organização vão desde as piadas contadas na hora do cafezinho, até as preferências de investimentos por parte dos empresários e as opções de escolha em um processo de seleção de pessoal. Tais elementos são relativamente estáveis, ou seja, as pessoas passam e os elementos culturais da organização tendem a se perpetuar.

Dada a sua complexidade e difícil mutabilidade, a cultura geralmente não é vista como uma ferramenta de gestão. A cultura afeta a estrutura, uma vez que privilegia a centralização ou descentralização das decisões e ações das organizações.

O **ambiente social** é de grande interesse das organizações, assim como o ambiente natural (ecossistema) e o geográfico (territórios, climas, etc.). O ambiente passa a ser entendido como o elemento externo à organização. Pode expressar-se sob a forma de grupos de interesses, partidos políticos, concorrentes, etc. Percebe-se que, quanto mais hostil e competitivo for o ambiente, mais rígida, centralizada e padronizada será a organização.

As **culturas nacionais** afetam de diversas formas o modo como as organizações são estruturadas. Durante a década de 1980 e parte da década 1990, a maioria dos livros de administração que avaliavam o sucesso das empresas japonesas atribuía tal desempenho à "cultura oriental" presente nos processos gerenciais.

Tal aspecto teria "infectado" positivamente as relações de trabalho e as relações com o mercado, a ponto de conduzirem as empresas nipônicas. Muitos autores dizem que a cultura nacional é o "programa mental ou o *software*" da organização, presente em diversas decisões relacionadas ao gênero, às relações com o poder, etc.

Por fim, as estruturas se relacionam com o **projeto da organização**. A ideia de projeto está vinculada ao propósito da organização em cumprir suas metas de maneira eficaz. Ou seja, a ideia de projeto está vinculada à possibilidade da organização realizar suas escolhas estratégicas, ou ainda, fazer suas opções por caminhos que conduzam a um futuro desejado.

Assim, dada as pressões sofridas pelo ambiente, e em conformidade com a sua cultura interna e nacional, uma organização escolherá por uma estrutura que lhe dê suporte nas tomadas de decisões que, em seu conjunto, formarão a trajetória da organização.

A importância do planejamento

Para que a organização "visualize" seus objetivos ao longo do tempo e para que estabeleça a melhor maneira de alcançá-los é necessário que existam planos. Ou seja, a partir dos planos é possível que:

• A organização aloque melhor os recursos suficientes para o alcance de seus objetivos.

• As pessoas envolvidas internamente na organização realizem suas atividades de forma compatível com os objetivos e os métodos planejados.

• Sejam acompanhados os progressos feitos no sentido de concretizar os objetivos estipulados, bem como tomar as medidas corretivas.

A primeira etapa do planejamento consiste na escolha adequada dos objetivos para a organização. Determinados os objetivos, é o momento de elaborar os programas (que garantam o cumprimento desses objetivos) de forma sistemática. Tanto na seleção dos objetivos quanto nos estabelecimentos dos programas, o gestor deve considerar a sua viabilidade e como estes serão aceitos pelos empregados da organização.

Em geral, os planos elaborados pelas organizações têm prazos que podem ir de cinco a dez anos. Em uma grande organização, como uma empresa multinacional ou ainda em órgãos governamentais, tais planos podem envolver orçamentos de bilhões de dólares. O planejamento em níveis mais baixos, próximos dos níveis operacionais da organização, abarca prazos mais curtos (em geral, entre um e dois anos, mas podem ser também para as atividades do dia seguinte).

Ao falarmos sobre temas organizacionais, muito se fala sobre **estratégia**. Mas, afinal, o que esse termo significa? Para Stoner (1985), um dos mais conceituados autores sobre gestão empresarial, "estratégia" é o programa geral para a consecução dos objetivos de uma organização e, portanto, para o desempenho de sua missão. Assim, ela estabelece uma direção para a organização e seus diversos objetivos, orientando os recursos empregados (financeiros, tempo, trabalho, etc.) pela organização para seguir em direção a esses objetivos. As organizações possuem estratégias, que nem sempre são necessariamente boas ou deliberadas, ou seja, nem sempre foram formuladas explicitamente. Isso significa que toda organização tem uma relação com seu ambiente – interno e externo –, que pode ser estudada e descrita.

» Planejamento estratégico

O planejamento estratégico consiste no processo de seleção dos objetivos de uma organização para um determinado período de tempo. Em outras palavras, é a determinação das políticas e dos programas estratégicos focados na obtenção de objetivos específicos, pelo estabelecimento de métodos próprios. Segundo Stoner (1985), "Planejamento estratégico é o processo de planejamento formalizado e de longo alcance empregado para se definir e atingir os objetivos organizacionais."

Para Pagnoncelli e Vasconcellos Filho (1992), o planejamento estratégico é o **processo** por meio do qual a organização se **mobiliza** para conseguir o sucesso e **construir o seu futuro**, com um comportamento **proativo**, levando em consideração o seu **ambiente** atual e futuro. Nesse conceito é importante destacar os seguintes termos:

1. Processo: caracteriza o planejamento como uma tarefa permanente, viva, dinâmica, suficiente para incorporar as transformações do ambiente;

2. Mobiliza: mostra a necessidade de aglutinar forças e mobilizar a organização como um todo, rumo ao sucesso;

3. Construir o futuro: isso não significa que pelo planejamento se busca prever ou adivinhar o futuro, mas sim construí-lo. A organização deve olhar para o futuro e vislumbrar "onde" ela quer estar, em um determinado prazo e, a partir daí, deve mobilizar suas forças para alcançar o objetivo;

4. Proativo: denota antecipação, agir antes, antecipar situações futuras eminentes;

5. Ambiente: "O ambiente de uma organização é composto por forças e instituições externas a ela que podem afetar o seu desempenho" (ROBBINS, 2001, p. 89). Essas forças e instituições exercem uma pressão variável sobre as organizações, afetando seu desempenho e, até mesmo, sua existência, em alguns casos.

Principais características do planejamento estratégico

Apesar de o planejamento estratégico ser uma ferramenta gerencial amplamente conhecida, não podemos dizer que seu conceito seja universalmente compreendido, até porque existem variações entre os diversos autores da administração. No entanto, podemos elencar ao menos cinco características importantes do processo de planejamento estratégico:

1. Inicia dando resposta a alguns questionamentos básicos da organização, tais como: "Qual o principal negócio de nossa organização?"; "Quem atendemos e o quê desejam de nós?".

2. O planejamento, enquanto ferramenta gerencial, apresenta um quadro detalhado de referências para as decisões administrativas cotidianas.

3. No planejamento estratégico, a organização se compromete com a execução de atividades e a busca de objetivos em um prazo alongado, por vezes maior que os demais planejamentos.

4. Quando bem estruturado, consegue dar um sentido de coordenação e coerência às decisões da organização.

5. O planejamento estratégico funciona apenas se, primeiro, contar com a cooperação e o compromisso da alta direção da organização, a ponto de que tais "sentimentos" se irradiem pelos demais níveis hierárquicos, garantindo que todos estejam imbuídos do mesmo foco.

Nos últimos anos, algumas questões têm adquirido forte importância no ambiente organizacional, de modo que hoje é quase impossível a sua ausência nos planejamentos estratégicos, destacando-se as questões socioambientais. As organizações têm sido cobradas no sentido de externarem sua posição acerca de suas relações com o ambiente natural e social em que estão inseridas. Nesse sentido, temas como sustentabilidade, ecossistemas e responsabilidade social começaram a pautar os planejamentos de muitas organizações.

Gestão de organizações e sustentabilidade

A cada dia, somos surpreendidos com novas estatísticas sobre o real (e penoso) estado dos diversos ecossistemas existentes no planeta. O avanço tecnológico e o cres-

» **DICA**
Pesquise na internet sobre a vida e a obra do economista americano Milton Friedman.

» **NO SITE**
Assista ao vídeo produzido pela enciclopédia Barsa, disponível no ambiente virtual de aprendizagem, e saiba mais sobre planejamento estratégico.

cimento populacional em proporções geométricas são apenas dois fatores que poderiam explicar os inúmeros malefícios provocados pelo homem ao meio ambiente.

Em 1970, um artigo publicado no jornal *The New York Times* pelo economista Milton Friedman (1912 – 2006), fez uma defesa direta ao capitalismo clássico, baseado no consumo e na produção em massa. Friedman (1970) escreveu: "A responsabilidade social das empresas é, única e exclusivamente, se envolver em atividades destinadas a aumentar os lucros." Naquela década, tratar sobre gestão ambiental seria tão verídico quanto as obras de Júlio Verne no início do século XX.

Tais preocupações apenas sobrecarregavam os negócios, argumentava Friedman e diversos outros profissionais e agentes públicos, o que acarretaria em um ambiente econômico insustentável.

A posição de Friedman pelo livre mercado sintetiza uma das faces do debate que sempre ocupou as grandes empresas e as escolas e centros de pesquisa em administração. De um lado, líderes empresariais e grandes corporações, orientadas para o propósito único de geração de lucros. Do outro, teóricos e uma parcela da sociedade civil organizada que, muitas vezes com furor, defendiam que as obrigações das empresas vão muito além do aspecto econômico, de geração de emprego e renda.

É nessa queda de braço que se inicia a preocupação com o surgimento de modelos econômicos e gerenciais capazes de conciliar ambas as visões: a geração de lucros e a manutenção do meio ambiente. A verdade é que, após a Revolução Industrial, o homem tem abusado do uso dos recursos naturais, muitas vezes sem a devida preocupação com impactos dessa utilização indiscriminada.

A água é um bom exemplo. Segundo estimativas publicadas na *Época Negócios* (nº 02, de abril de 2007), no ano de 2030 um em cada três seres humanos não terá água suficiente para consumo próprio – ou correrá o risco de morrer, caso beba a água que estiver disponível. Tal perspectiva está levando muitos países a extrair água fóssil de poços naturais profundos, formados há milhões de anos. Em algumas regiões da Índia, retira-se água do solo a uma velocidade duas vezes maior que a capacidade da natureza de repor o recurso.

» PENSAMENTO CRÍTICO

Leia a matéria da revista *Época* na íntegra acessando o ambiente virtual de aprendizagem. Segundo a reportagem, não existe uma alternativa muito melhor do que essa: se a Índia parar de extrair água subterrânea, a produção de grãos diminuirá 25%, impossibilitando o país de alimentar sua população. Ninguém sabe ao certo por quanto tempo a situação pode se sustentar assim. Mas a resposta virá em décadas, e não mais em séculos. Por isso, não é surpresa que nos próximos anos, de acordo com o Banco Mundial, a escassez de água potável possa ser um dos principais entraves ao desenvolvimento econômico no mundo.

É nesse contexto que se quer focar a problemática da gestão organizacional e a sustentabilidade ambiental. Não se pode frear completamente o consumo. Isso provocaria, por certo, o fechamento de empresas, dando início a um ciclo econômico maléfico, com o aumento do desemprego, a queda do consumo e o fechamento de novas empresas. Igualmente, não se pode ignorar que se nada for feito, o planeta estará correndo sérios riscos de esgotamento total.

WWW.

» NO SITE
Para saber mais sobre o risco da escassez da água, acesse o ambiente virtual de aprendizagem.

A preocupação ambiental se tornou pauta importante da estratégia de qualquer organização. Existe uma crescente conscientização sobre a necessidade de preservação do ambiente. No caso específico das empresas, muitos consumidores estão exigindo na hora da compra o atendimento a requisitos ambientais e isso tem pressionado as empresas a mudar.

Para Donaire (1999), entre as principais fontes de pressão para a preservação do meio ambiente e para a qualidade de vida estão os:

- **Consumidores verdes**: que são aqueles consumidores que consideram as características ambientais do produto como determinantes na decisão de compra.
- **Grupos de pressão**: tais como o Greenpeace, com atuação mundial, ou em nível local, a Associação Gaúcha de Proteção ao Ambiente Natural (AGAPAN), com sede em Porto Alegre, é uma das primeiras organizações a pressionar empresas e governos no que tange a proteção ao meio ambiente. Essas entidades apoiam as práticas consistentes com a proteção do ambiente.
- **Empresas de seguro**: nos últimos anos ocorreu um aumento de legislações que responsabilizam as empresas poluidoras pela recuperação dos danos ambientais. Com isso, as empresas industriais poluidoras têm procurado se salvaguardar por meio de seguros.
- **Investidores verdes**: aqueles que investem somente em empresas com bom desempenho ambiental.

Percebe-se que a introdução da variável ambiental nas organizações, em especial nas empresas, tem demorado, uma vez que impõe modificações não somente nas plantas produtivas ou nos processos de trabalho, mas, sobretudo, na cultura e no modo de pensar e agir dessas organizações. A existência de grupos de pressão mais fortes junto a essas organizações propicia uma mudança de forma mais rápida e efetiva.

Desempenho empresarial aliado à sustentabilidade ambiental

A atenção à qualidade ambiental tem levado muitos setores industriais brasileiros a adotarem alternativas tecnológicas mais limpas a fim de reduzir o impacto e a degradação ambientais. A conscientização da sociedade e a legislação ambiental têm induzido as empresas a uma relação mais sustentável com o meio ambiente. Nesse sentido, diversos setores industriais têm buscado investir em modificações de processo, aperfeiçoamento de mão de obra, substituição de insumos, redução de geração de resíduos e racionalização de consumo de recursos naturais, como é o caso da indústria moveleira e de produtos plásticos.

» Agora é a sua vez!

Você conhece em sua cidade uma empresa que já esteja adotando filosofias "mais limpas" de produção e distribuição de produtos? Pesquise.

WWW.

» **NO SITE**
Acesse o ambiente virtual de aprendizagem e saiba mais sobre ecoeficiência.

A avaliação ambiental se torna cada vez mais valiosa e importante, além de ser cada vez mais incorporada aos processos de trabalho das empresas. Ela fornece as bases para a formulação de planos e projetos que possibilitam a gestão dos riscos das atividades produtivas, aumentando a ecoeficiência da organização. O diagnóstico da situação ambiental consiste em uma análise profunda de todos os impactos dos processos, serviços e produtos executados pela empresa.

No entanto, para elaboração de tais relatórios falta, na maioria das organizações, informações e registros sistematizados acerca de uma série de elementos fundamentais para a construção interna de indicadores da gestão ambiental, tais como: volumes de consumo de água, de matérias-primas (plásticas, biodegradáveis, tóxicas, etc.), de energia, de efluentes e resíduos, etc.

A ausência de tais informações sistematizadas dificulta a análise dos processos, bem como a implementação de medidas corretivas ou preventivas destes. Isso também implica um desconhecimento dos reais custos e benefícios ambientais que algumas medidas agregam às empresas, reforçando a visão equivocada de que investimentos em processos de gestão mais limpos geram, somente, um aumento dos custos operacionais e uma redução da competitividade da empresa.

Um maior conhecimento sobre os impactos ocasionados pelas atividades produtivas possibilita a seleção mais adequada de indicadores que podem ser utilizados para o processo de melhoria contínua do sistema de gestão ambiental (SGA). O estabelecimento desses indicadores é um dos principias problemas das empresas, não apenas no Brasil, mas também em nível internacional.

A dificuldade na escolha dos indicadores pode refletir no desempenho ambiental da empresa, ocasionando, por exemplo, a adoção de medidas equivocadas, implantação de equipamentos ou de outras práticas organizacionais que interfiram em um satisfatório sistema de gestão ambiental.

>> PARA SABER MAIS

Leia o artigo *Implantação de sistemas de gestão ambiental ISO 14001: uma contribuição da área de gestão de pessoas* (OLIVEIRA; PINHEIRO, 2010), disponível no ambiente virtual de aprendizagem, que aborda a importância do SGA em organizações.

Grande parte das empresas ainda desconhece as vantagens de se empregar indicadores de desempenho como uma ferramenta para o planejamento ambiental. Como as questões ambientais estarão, daqui para frente, intimamente presentes nos processos de planejamento das organizações, cabe aos gestores encarar tais mudanças nos processos como oportunidades que garantirão, até certo ponto, o aumento da competitividade e da sustentabilidade na produção.

>> PARA REFLETIR

Organizações públicas e privadas têm discutido a questão ambiental e produzido excelentes materiais sobre isso. Acesse os links indicados no ambiente virtual de aprendizagem, que trazem informações atualizadas e relevantes sobre essa temática – no Brasil e no exterior – e analise de que forma sua prática profissional pode colaborar com uma gestão organizacional aliada à sustentabilidade socioambiental.

JUNTANDO TUDO!

Considerando sua formação na área ambiental, responda as questões a seguir:

1) Para você o que é uma organização?

2) Quais as funções administrativas básicas de um gestor de uma organização?

3) Pensando em seu futuro profissional, que tipo de habilidades gerenciais você necessita desenvolver para assumir um cargo de gestor?

4) Pense na empresa que trata e distribui água em seu município. Que tipo de pressões você acredita que ela sofra, a fim de adotar formas de gestão mais sustentáveis? Você conhece algum caso concreto nesse sentido? Aponte.

5) Sua escola ou a empresa em que você trabalha possui planejamento estratégico? Você conhece? Participou da sua elaboração?

6) Você conhece alguma empresa de seu estado ou município que trabalha com o conceito de ecoeficiência? Que conclusões você pode tirar desse fato?

7) Na sua empresa ou na sua escola, as questões ambientais são tratadas como elementos de gestão? Elas fazem parte do planejamento estratégico?

8) Pense nas funções administrativas (planejamento, administração, direção e controle); de que forma tais funções estão ligadas ao sistema de gestão ambiental?

9) Aponte cinco benefícios para uma empresa privada adotar um sistema de gestão ambiental.

REFERÊNCIAS

CLEGG, S.; KORNBERGER, M.; PITSIS, T. *Administração e organizações*: uma introdução à teoria e à prática. Porto Alegre: Bookman, 2011.

DONAIRE, D. *Gestão ambiental na empresa*. 2. ed. São Paulo: Atlas, 1999.

FRIEDMAN, M. The social responsibility of business is to increase its profits. *New York Times Magazine*, p. 32, 1970. Disponível em: <http://www.colorado.edu/studentgroups/libertarians/issues/friedman-soc-resp-business.html>. Acesso em: 10 nov. 2012.

OLIVEIRA, O. J.; PINHEIRO, C. R. M. S. *Gest. Prod.*, v. 17, n. 1, p. 51-61, 2010. Implantação de sistemas de gestão ambiental ISO 14001: uma contribuição da área de gestão de pessoas. Disponível em: <http://www.scielo.br/pdf/gp/v17n1/v17n1a05.pdf>. Acesso em: 10 nov. 2012.

PAGNONCELLI, D.; VASCONCELLOS FILHO, P. *Sucesso empresarial planejado*. Rio de Janeiro: Qualitymark, 1992.

REVISTA ÉPOCA NEGÓCIOS. São Paulo: Globo, n. 2, 2007. Disponível em: <http://epocanegocios.globo.com/Revista/Common/0,,EIT210-16294,00.html>. Acesso em: 26 nov. 2012.

ROBBINS, S. P. *Administração*: mudanças e perspectivas. São Paulo: Saraiva, 2001.

ROUSSEAU, J. J. *O contrato social.* São Paulo: Martin Claret, 2012. Obra publicada orginalmente em 1762.

SHAKESPEARE, W. *O sonho de uma noite de verão.* São Paulo: Martin Claret, 2012. Obra publicada orginalmente em 1590.

STONER, J. A. F. *Administração*. Rio de Janeiro: Prentice-Hall do Brasil, 1985.